高等职业教育计算机类专业精品教材
“互联网+”新形态立体化教学资源特色教材

Java 程序设计

主　编　谢志伟
副主编　侯云霞　赵静宇　章　蕾　鞠　红　王艳玲
参　编　雷　鸣　刁雪强　夏庆英　王美秋

中国轻工业出版社

图书在版编目（CIP）数据

Java程序设计 / 谢志伟主编. -- 北京：中国轻工业出版社, 2025. 8. --（高等职业教育计算机类专业精品教材）. -- ISBN 978-7-5184-5178-4

Ⅰ. TP312. 8

中国国家版本馆CIP数据核字第2024V77E43号

责任编辑：刘　晶　　责任终审：李建华　　设计制作：锋尚设计
策划编辑：张文佳　李金慧　　责任校对：吴大朋　　责任监印：张　可

出版发行：中国轻工业出版社（北京鲁谷东街5号，邮编：100040）
印　　刷：三河市万龙印装有限公司
经　　销：各地新华书店
版　　次：2025年8月第1版第1次印刷
开　　本：787 × 1092　1/16　印张：21
字　　数：470千字
书　　号：ISBN 978-7-5184-5178-4　定价：59.80元
邮购电话：010-85119873
发行电话：010-85119832　010-85119912
网　　址：http://www.chlip.com.cn
Email：club@chlip.com.cn

240180J2X101ZBW

前言

Java是由Sun公司（现已被甲骨文公司收购）开发的一种面向对象、具有高度跨平台性和可移植性的编程语言，因其易学、易用且功能强大的特点而得到了广泛的应用。Java不仅可以用于编写桌面应用程序、Web应用程序，还适用于开发分布式系统和嵌入式系统应用程序等，其卓越的跨平台特性使得Java程序能够在大多数系统平台上运行，甚至包括移动电话、嵌入式设备以及消费类电子产品，真正实现了“一次编写，到处运行”的理念，因此成为应用范围极为广泛的开发语言之一。

本书采用由浅入深、循序渐进的讲解方式，围绕八个精心设计的实战项目，全面而深入地介绍了Java的基本原理和实用功能，具有极高的实用价值。通过学习本书，读者不仅能够扎实掌握程序设计的基本知识和应用技巧，还能够灵活运用Java进行实际工程项目的开发，实现理论知识与实践技能的完美结合。

一、本书特点

- 突出提升技能

本书致力于全面提升读者的Java程序设计实际应用能力，通过丰富的案例深入浅出地讲解Java的使用方法，让读者不仅能理解程序设计的基本原理，还能独立完成各种程序设计应用操作。

经过编者的精心提炼和改编，通过八个实战项目的讲解，确保读者不仅能学好知识点，更能掌握实战操作技能，有效培养读者的程序设计与开发实践能力。

- 技能思政相融

本书在讲解程序设计与开发专业知识的同时，紧密结合思政教育主旋律，巧妙地从专业知识角度出发，培养学生的政治素质。

- 项目实操性强

本书作为校企合作教材，汇聚了高职院校资深程序设计教学研究者与企业项目经理的智慧，他们不仅拥有丰富的教学实践经验，还深谙教材编写之道。前期出版的相关书籍在市场上广受好评，这充分证明了其深厚的专业底蕴。多年的教学生涯使他们对学生心理与实际需求有着精准的把握。

本书基于编者深厚的开发经验和丰富的教学心得精心打造，旨在全面、细致地展现程序设计与开发应用领域的功能和使用方法。尤为突出的是，本书采用项目式教学，将程序设计的理论知识巧妙分解，并融入每一个实践操作训练项目中，极大地增强了其实操性和实用性。

二、本书的基本内容

本书分为八个项目，具体名称为吃豆大作战、欢乐推箱子（散装版）、欢乐推箱子（封装版）、疯狂贪吃蛇、游戏框架GameK开发、飞机大战、生鲜超市管理系统、QQ聊天室。

项目一　吃豆大作战：开发“吃豆大作战”游戏，学习Java基础，包括开发环境搭建、数据类型、流程结构、数组等，结合游戏框架GameK进行开发实践。融入社会主义核心价值观、工匠精神及北大荒精神，培养学生的实践能力和创新意识，同时注重团队协作和责任感的培养。

项目二　欢乐推箱子（散装版）：开发经典益智游戏“欢乐推箱子”，采用面向过程编程思想，将代码封装为方法，提升逻辑设计与代码实现能力。通过精细设计游戏和严谨实现逻辑，培养学生的工匠精神、团队精神和创新意识，助力学生未来职业发展。

项目三　欢乐推箱子（封装版）：采用面向对象编程思想，学习封装性、继承性、多态性等知识，编写面向对象版本的“欢乐推箱子”。培养学生的面向对象编程思想，提升分析和解决问题的能力，同时注重创新思维和实践能力的培养。

项目四　疯狂贪吃蛇：实现“疯狂贪吃蛇”游戏，巩固和拓展面向对象编程基础，培养学生的精益求精、钻研精神和职业素养，同时注重团队协作和责任感的培养。

项目五　游戏框架GameK开发：开发游戏框架GameK，涉及Java GUI编程、多线程技术，需掌握窗体、面板、组件的使用及事件监听、异常处理和多线程实现。培养学生的技术能力和综合素质，注重勇于开拓、无私奉献精神的培养，同时强调严谨求实的科学家态度、创新意识和团队协作能力的重要性。

项目六　飞机大战：一款寓教于乐的经典射击游戏，结合北大荒精神，让你在“操控飞机”“对抗怪物”中学会编程。通过Java集合与矩形类等实战技术，深入理解面向对象编程，同时体验项目需求分析与问题解决过程。边玩边学，轻松掌握编程技巧，感受北大荒人的坚韧与奋斗精神，让学习编程之旅充满乐趣与挑战！

项目七　生鲜超市管理系统：开发“生鲜超市管理系统”，深化Java程序设计理解与应用，特别是JDBC API的使用，掌握数据库基本操作及GUI图形界面设计。融入大数据工程思维、数据安全意识、责任感与职业道德等思政元素，培养学生的综合职业素养和实践能力。

项目八　QQ聊天室：设计并实现功能完备的“QQ聊天室”，涉及Java网络编程、多线程处理、IO文件操作等高级应用编程技能。通过小组协作完成项目，培养学生的团队协作精神、严谨的科学态度和精益求精的职业精神，同时强调网络规范的重要性和责任感的培养。

三、关于本书的服务

为方便读者利用本书学习，本书附赠了多媒体电子资源，读者可以联系25632366@qq.com邮箱索要。本书由谢志伟担任主编，侯云霞、赵静宇、章蕾、鞠红、王艳玲担任副主编，雷鸣、刁雪强、夏庆英、王美秋参编。其中谢志伟编写项目一和项目六，并负责全书的总体策划与统稿，项目二由章蕾编写，项目三和项目七由侯云霞编写，项目四由王艳玲编写，项目五由鞠红编写，项目八由赵静宇编写，项目一到项目八的习题由刁雪强编写，项目一到项目四的课程思政部分由夏庆英设计，项目五到项目八的课程思政部分由王美秋设计，雷鸣负责全书的所有图例设计。

本书在编写过程中，中国铁路哈尔滨局集团有限公司等企业提供了编写建议、技术支持、案例及素材，在此表示衷心感谢。同时，本书在编写过程中还进行了大量的岗位调研，参考了大量的网络资源、书籍、报刊，衷心地感谢参与岗位调研的人员和参考文献的所有作者。

由于编者水平有限，书中难免存在不足之处，如果您在使用中发现了问题，请和我们联系，我们将真诚接受建议和批评，并及时进行修改。

编者

目录

项目一　吃豆大作战　1

项目五　游戏框架 GameK 开发　161

项目八　QQ 聊天室　285

项目一

吃豆大作战

项目引述

在广袤无垠的北大荒，金黄的麦田随风轻轻摇曳，宛如丰收的乐章，奏响着希望与梦想的旋律。在这片充满传奇色彩的土地上，我们即将踏上一段别出心裁的编程旅程——开发一款名为“吃豆大作战”的游戏（图1-1）。通过这一过程，不仅能够深入学习Java编程语言，还能深刻领会社会主义核心价值观的精髓，领悟工匠精神的内涵，以及传承和弘扬勇于开拓的北大荒精神。

图1-1　吃豆大作战游戏效果界面

学习目标

【知识目标】

1. 熟练掌握Java语言开发环境的搭建；
2. 理解和掌握Java基本数据类型；
3. 理解和掌握Java流程结构，包括条件判断、循环等；
4. 熟悉和掌握数组数据类型及其基本操作；
5. 熟练使用游戏框架GameK的使用；
6. 掌握使用所学知识进行“吃豆大作战”项目的开发。

【能力目标】

1. 能够搭建Java语言开发环境；
2. 能够使用Java的基本数据类型、流程结构、数组定义和绘制场地，实现吃豆的具体操作；
3. 能够使用GameK游戏开发框架，进行吃豆大作战项目的开发。

【素质目标】

培养编程兴趣，塑造严谨的科学态度，激发精益求精的工匠精神。通过学习勇于开拓的北大荒精神，在技术探索的道路上不畏艰难，持续进步，最终成为未来的技术领军者。

思维导图

吃豆大作战项目思维导图如图1-2所示。

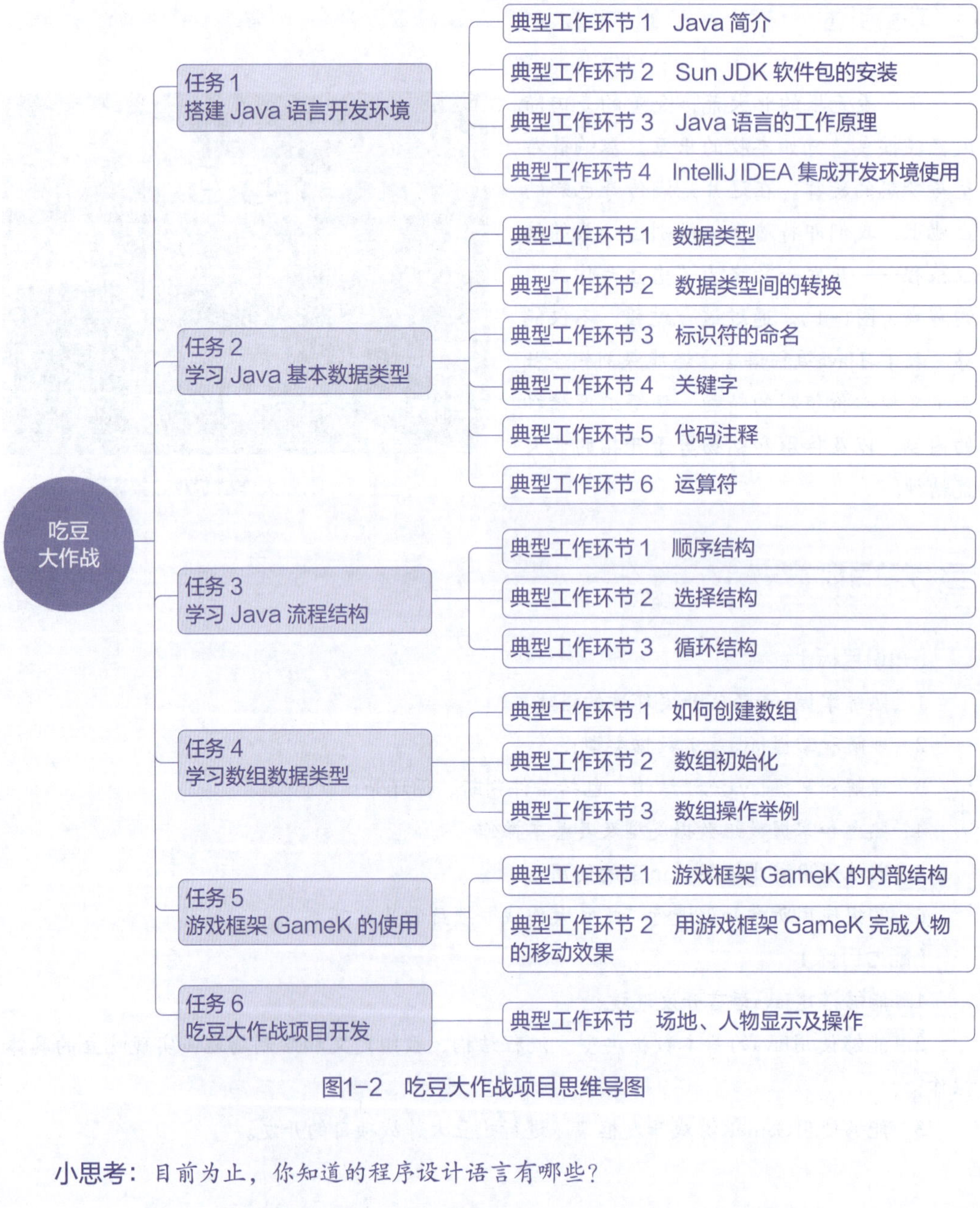

图1-2 吃豆大作战项目思维导图

小思考：目前为止，你知道的程序设计语言有哪些？

任务1　搭建 Java 语言开发环境

任务描述

在本任务中，我们将迈出Java编程之旅的第一步——搭建Java语言开发环境。这不仅是对Java语言特性和运行机制的一次初步了解，而且为后续编程实践奠定了基础。你将亲手安装Java运行环境，并细致地配置环境变量，确保Java程序能够顺利执行。同时，本任务还将引入功能强大的IntelliJ IDEA集成开发环境，帮助你更高效地编写、调试Java代码。

任务目标

熟悉Java语言背景特性，安装配置运行环境，熟练使用IntelliJ IDEA开发，并实践完整编程流程。

任务实现

典型工作环节1　Java简介

一、什么是Java

Java是由Sun公司（现已并入甲骨文公司）于1995年5月推出的高级计算机语言，以其出色的跨平台应用软件编写能力和全面面向对象的编程范式而备受瞩目。Java语言不仅语法简洁明了，易于学习和掌握，更以其卓越的安全性和稳定性赢得了业界的广泛认可。自诞生以来，Java及其相关技术日新月异，已经渗透计算机、移动电话、家用电器等众多领域，成为现代科技生活中不可或缺的一部分。

Java语言的简介

二、Java语言的特点

Java是一种面向对象的网络编程语言，以其独特优势在计算机编程领域占据重要地位。以下是Java语言的几大核心特点。

结构简单：Java类似于C++，但去除了C++中复杂且易出错的元素，如指针操作，使编程更为简洁高效。

面向对象：Java全面支持面向对象编程，包括封装、继承和多态，这有助于提升代码的可重用性和可维护性。

平台无关性：Java通过编译成字节码实现跨平台运行，只要有Java虚拟机，程序就能在任何计算机上执行，真正做到“一次编写，到处运行”。

高可靠性：Java设计之初就考虑了家用电子产品的需求，提供异常处理机制，有效防止程序崩溃。

安全性强：Java通过去除不安全的语言特性和运行前的多重测试，确保了程序运行的安全稳定。

支持多线程：Java内置多线程支持，使得程序能同时处理多个任务，增强了交互性和实时控制能力。

典型工作环节2 Sun JDK软件包的安装

一、软件包下载

打开甲骨文公司官方网站（https://www.oracle.com/index.html），点击“Products”标题，进入二级页面，在“Hardware and Software”中点击选择“Java”产品，在弹出的页面中点击“Download Java”按钮，弹出下载页面，如图1–3所示。

Sun JDK软件包的安装

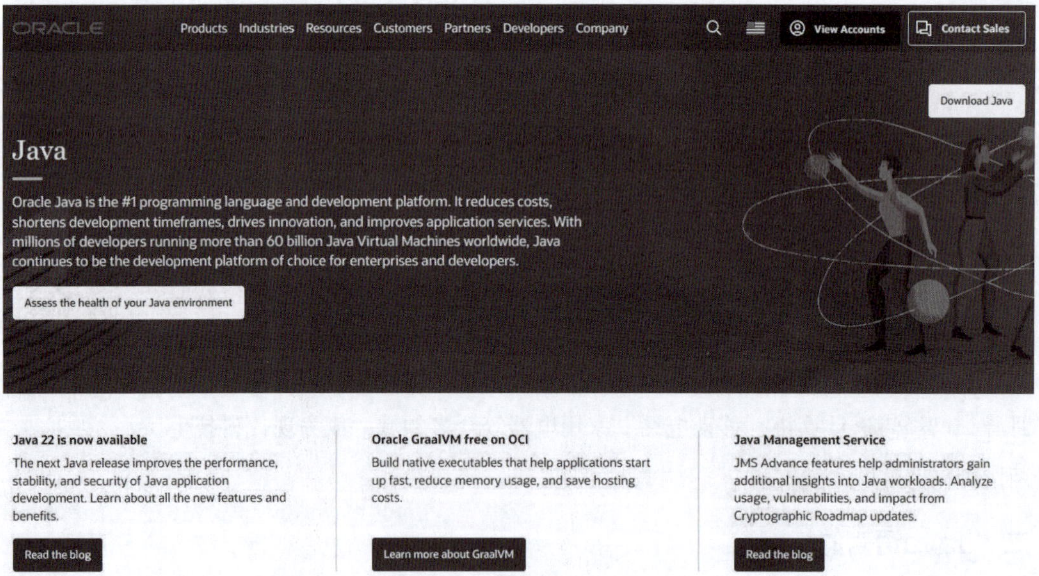

图1–3 JDK下载页面

本书的讲解以JDK 17为例，点击“Download Java”按钮，下载JDK 17，如图1–4所示。

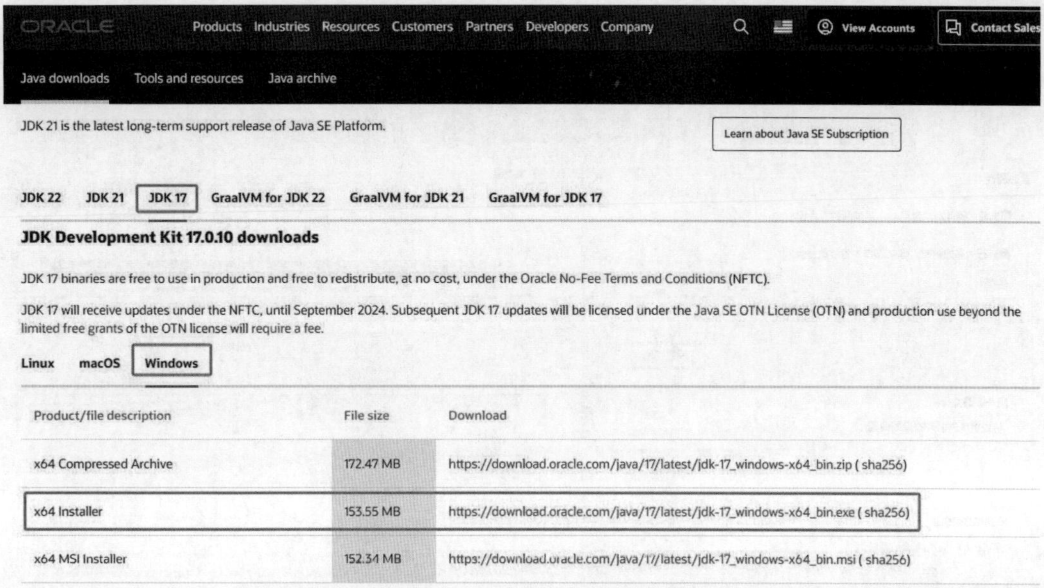

图1-4　JDK 17下载页面

二、安装图解说明

1. 安装

以管理员身份运行jdk-17_windows-x64_bin.exe安装文件，如图1-5所示。

2. 选择默认安装位置

默认安装位置是C:\ProgramFiles\Java\jdk-17\目录下，根据安装引导进行软件安装。查看C:\ProgramFiles\Java\jdk-17\目录，可以看到JDK 17文件，如图1-6所示。

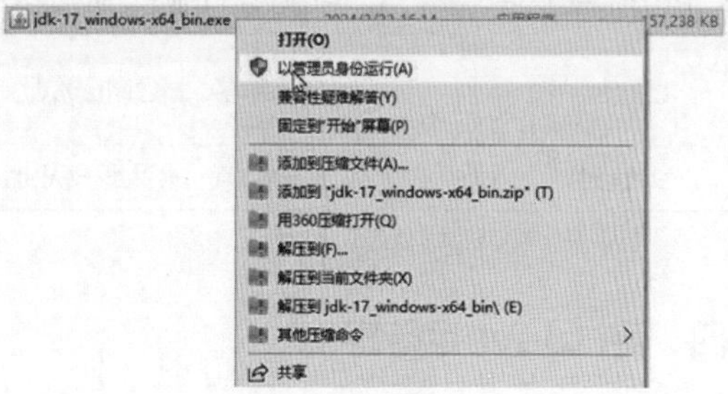

图1-5　运行JDK安装文件

三、配置环境变量

环境变量分两种：一种是系统环境变量，即所有用户共用的；另一种是当前用户的环境变量，配置完后只对当前用户起作用，其他用户登录后不能使用这些环境变量。

1. 调出“环境变量”

右键单击“我的电脑”，点击“属性”，打开“高级系统设置”对话框。在弹出的对话框中，可看见“环境变量”按钮，如图1-7所示。

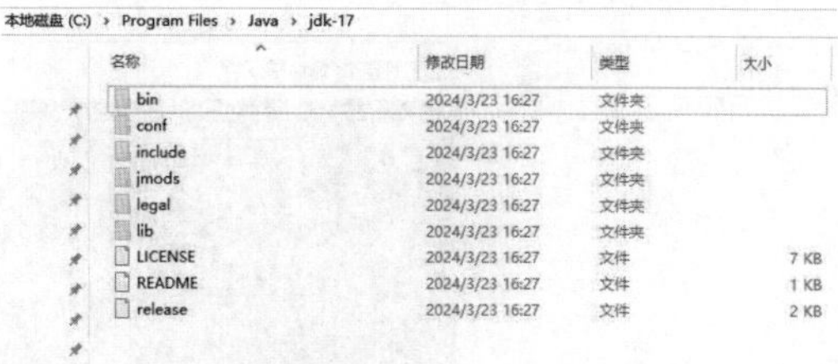

图1-6　JDK 17文件

2. 在环境变量中新建变量

点击“环境变量”，弹出如图1-8所示的界面。在系统变量中新建变量，参见表1-1。

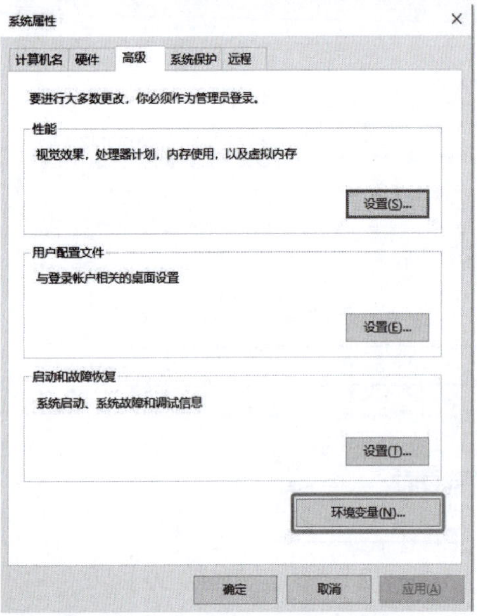

图1-7 属性中的“环境变量”按钮

图1-8 “环境变量”对话框

表1-1 Java中的变量

变量名	变量值	说明
JAVA_HOME	C:\ProgramFiles\Java\jdk-17	JDK的安装目录
classpath	%JAVA_HOME%\lib	Java运行时环境搜索类文件(.class)和相关资源文件的路径列表
path	%JAVA_HOME%\bin	path为环境变量，使用分号进行追加

四、测试Java运行环境

打开如图1-9所示的控制台。首先输入java -version查看当前JDK的版本号。出现如图1-10所示文字，说明配置成功。到此时，就可以进行程序开发了。

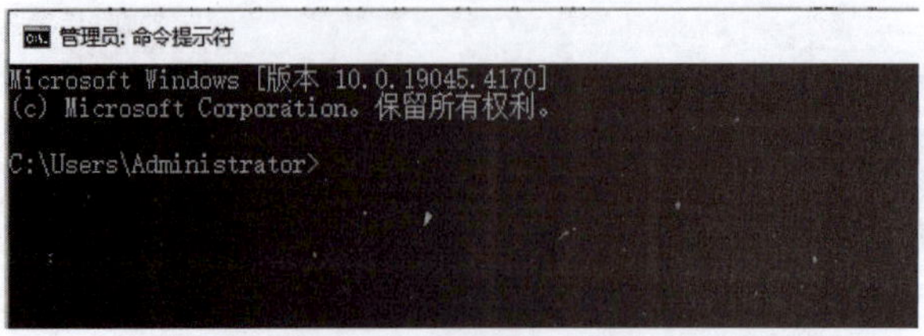

图1-9 控制台界面

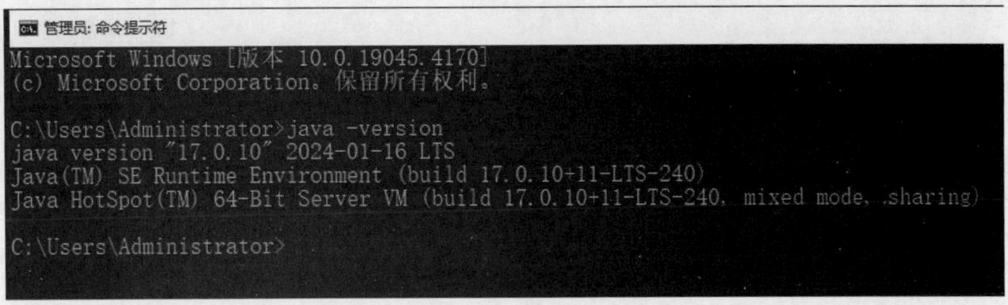

图1-10　测试成功界面

典型工作环节3　Java语言的工作原理

一、Java虚拟机

Java虚拟机（JVM）是Java平台的核心组件，它使得Java程序能够跨平台运行。Java程序首先被编译成字节码，这是一种中间代码，适用于各种操作系统。然后，JVM在程序运行时，将这些字节码动态翻译成特定计算机能理解的机器语言。这一过程确保了Java程序的平台无关性，即“一次编写，到处运行”。JVM不仅负责代码翻译，还根据每台计算机的具体特性进行优化，确保程序的高效执行。Java程序的编译和执行过程如图1-11所示。

Java语言的工作原理

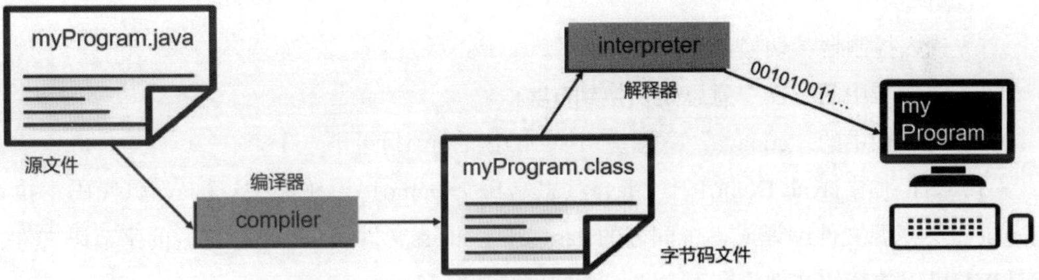

图1-11　Java程序的编译和执行过程

在Java程序中，系统会自动跟踪并管理对象的内存使用。当对象不再被使用时，其占用的内存会被系统自动回收并重新分配，这一机制称为废弃内存自动回收。这种机制简化了程序员的内存管理任务，使他们在编程时无须过多考虑内存分配问题，从而提高了开发效率和程序运行的稳定性。

二、编写第一个Java程序

范例1-1-1　使用记事本编写Java程序。

1. 创建源代码

在D盘创建一个名为Java的文件夹，创建一个txt文档，把下面的代码敲入其中：

```
//定义一个类名称为Demo1_1_1
class Demo1_1_1{
//类的主入口函数
  public static void main(String[]args){
    System.out.println("HelloWorld!");
  }
}
```

重命名这个文件为Demo1_1_1.java，文件名要和代码中类名一致。这样就完成了第一个类源代码的创建。

2. 代码解析

（1）Java是面向对象的语言，它的每个文件都被定义成类。源代码如下。

```
public class类名{
    语句体;
}
```

（2）类Demo1_1_1中定义了一个main方法，和C语言一样，main方法是程序的唯一入口。main方法前的修饰词public、static、void以及它的参数（String[] args是字符串类型的数组）都是固定格式的，后续章节有详解。

（3）在main方法中有一条语句，打印输出“HelloWorld!”。

3. 编译执行

首先进入控制台，切换到d:\java目录下。

（1）图1-12中的“D:”意思是切换到D盘。

（2）图1-12中的“cd java”意思是切换到D盘的java目录下。

（3）图1-13中javac Demo1_1_1.java意思是编译Demo1_1 _1.java这个Java源代码。执行完javac，会把源文件编译成一个同名的class文件。class文件是Java编译之后的字节码文件，它是JVM可以执行的文件。在下一步，我们就会执行它。

（4）java Demo1_1_1意思是让JVM执行Demo1_1_1.class这个程序。注意是Demo1_1_1，这里执行的时候没有文件后缀名。至此就可以看到程序执行的结果了。执行结果如图1-13所示。

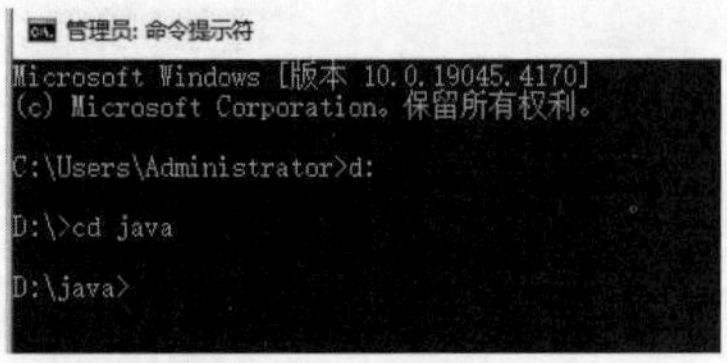

图1-12　目录切换

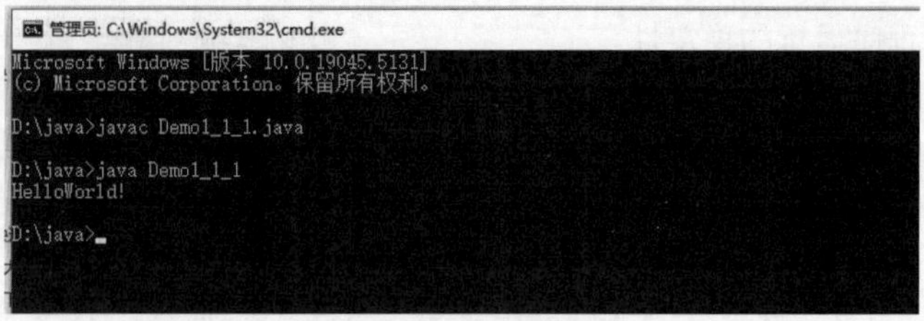

图1-13　执行结果

典型工作环节4 IntelliJ IDEA集成开发环境使用

一、IDEA的介绍

IntelliJ IDEA是一款由JetBrains公司开发的Java集成开发环境（Integrated Development Environment，IDE），被誉为Java开发者首选的高效智能开发工具。它以其卓越的代码自动补全、动态语法检测、重构功能以及对各种主流框架和前沿技术的深度支持而闻名。

IntelliJ IDEA集成开发环境使用

二、IntelliJ IDEA安装及配置

（1）进入IDEA官网：https://www.jetbrains.com/idea/，点击“Download”下载Community Edition（社区版），进行安装，如图1-14所示。

提示：

①Ultimate功能全面，插件丰富，但是收费，按年收费。

②Community Edition 为社区版，免费试用，功能不是很丰富。

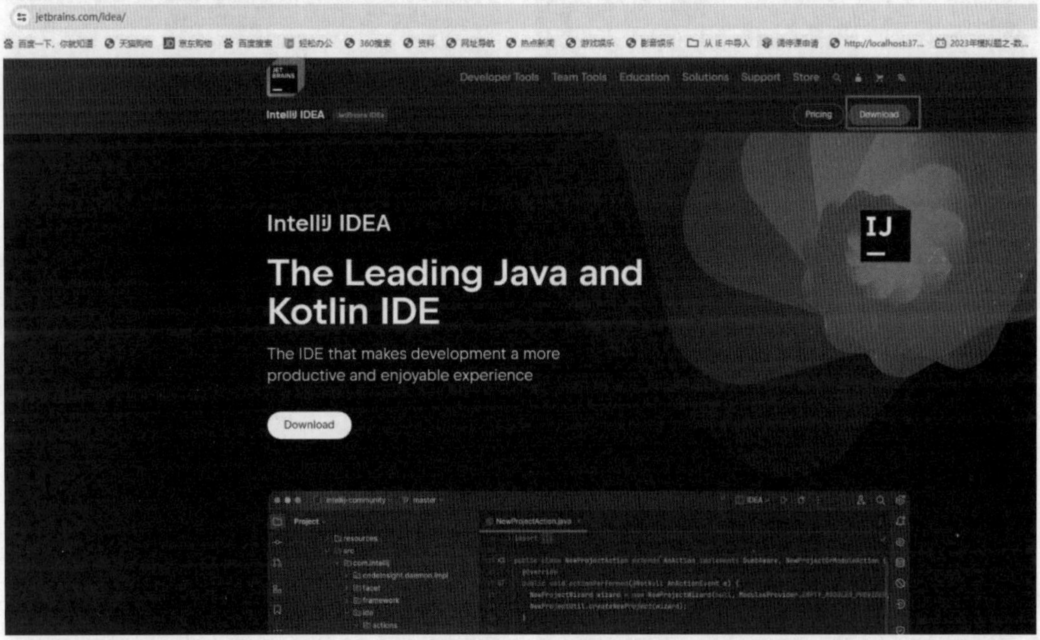

图1-14 IDEA官网

（2）创建Java项目：启动IDEA，创建New Project，如图1-15所示。

（3）如图1-16所示，创建一个名为demo1的Java项目。

（4）在src下创建一个包nkzy，并在包nkzy下创建一个名为HelloWorld的类，如图1-17、图1-18所示。

（5）在主方法内输入代码并运行HelloWorld程序，如图1-19、图1-20所示。

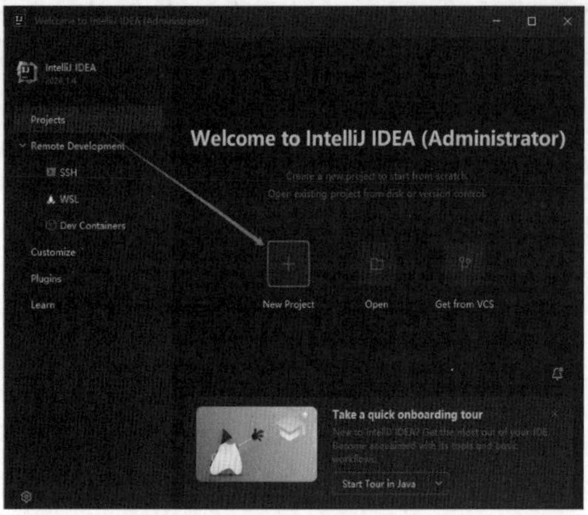

图1-15　IDEA创建新项目

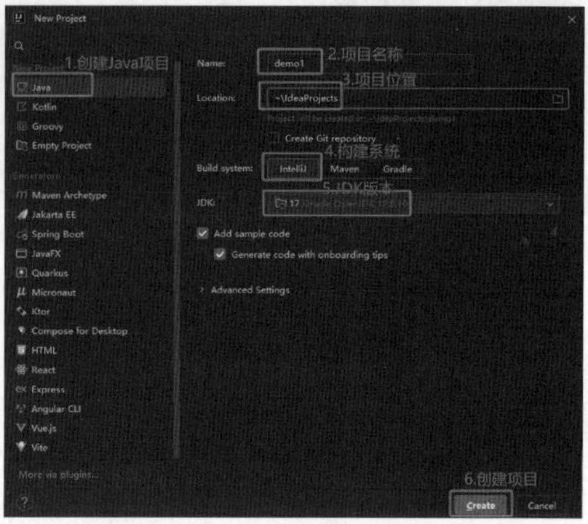

图1-16　在IDEA中创建Java项目

图1-17　src下创建包nkzy

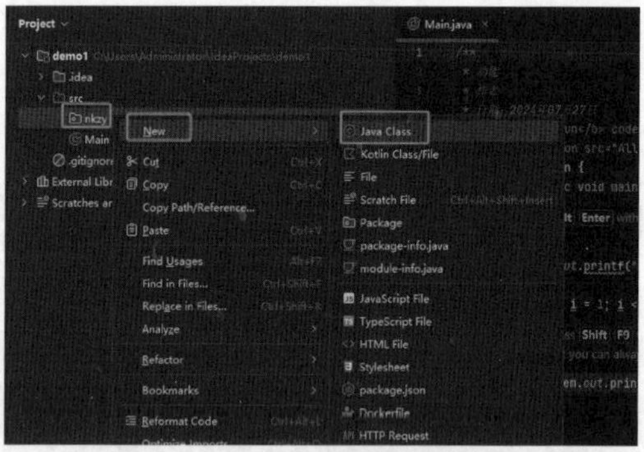

图1-18　包nkzy下创建HelloWorld

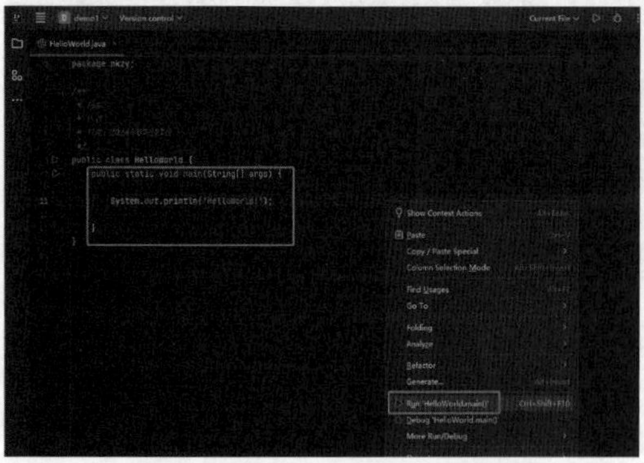

图1-19　运行HelloWorld程序

图1-20　HelloWorld程序运行结果

任务2 学习 Java 基本数据类型

任务描述

本任务旨在掌握Java的基本数据类型（如整型、浮点型等）及其转换，同时深入理解Java中的运算符（算术、关系、逻辑等），以提升编程基础技能，为后续Java学习及应用开发奠定坚实基础。

任务目标

掌握Java基本数据类型及转换技巧，熟练运用各类运算符进行编程操作。

任务实现

典型工作环节1 数据类型

数据类型

数据类型就是对数据的抽象描述，Java基本数据类型一共有8种，如int表示整型，float表示浮点类型，下面将针对部分类型做详细介绍。

一、整型

整型是Java数据类型中最基本的类型，用int表示。所谓整型，就好比日常生活中的十进制数，是没有小数点的数据。在Java中，整型是有符号的，且有正负之分，如–10、20。整型包括4种，根据表示数值的范围大小分别是byte、short、int和long。

Java整型数据可以使用三种进制的数来表示，下面就对这三种进制进行介绍。

1. 十进制

十进制数在日常生活中最常见，Java定义一个十进制数的源代码如下。

```
//int为基本数据类型,是最常用的基本数据类型
int a=10;      //正的十进制数
int b=-12;     //负的十进制数
```

2. 八进制

八进制数的进制规则是满8进1，包含0 ~ 7的8个数字，在整数前面添加一个“0”就表示为八进制数。

```
int a=010;    //正的八进制数
int b=-012;   //负的八进制数
```

3. 十六进制

十六进制数的进制规则是满16进1，由0～9、a～f（或大写A～F）组成，在整数前面添加一个“0x”表示十六进制数。

```
int i=0x10;    //正的十六进制数
int j=-0x12;   //负的十六进制数
```

整型取值范围，参见表1-2。

表1-2　整型的取值范围

类型	位（bit）	字节（byte）	取值范围
byte	8	1	$-2^{7}\sim2^{7}-1$
short	16	2	$-2^{15}\sim2^{15}-1$
int	32	4	$-2^{31}\sim2^{31}-1$
long	64	8	$-2^{63}\sim2^{63}-1$

提示：区分十进制数、八进制数和十六进制数的方法是通过数字前面的部分来判断。如果以“0X”或“0x”开头，则该数为十六进制数。如果以“0”开头，则该数为八进制数。

二、浮点型

浮点型同样也是Java数据类型中的基本类型，整型表示整数，浮点型则表示小数。所谓浮点类型，就好比日常生活中的十进制数加上小数点。在Java中浮点类型是有符号且有正负之分的，它包括float类型和double类型，其中double类型的精度是float的两倍。

1. float 单精度浮点数

声明为float类型的浮点数时，要在结尾加“F”或“f”，浮点类型默认的类型是double。

```
float a=11.2f;    //正的单精度浮点数
float b=-25.3f;   //负的单精度浮点数
```

2. double 双精度浮点数

声明为double类型时，结尾的“D”和“d”可加可不加，这里建议在double数据类型的数后面加上“D”或“d”，以便能够和单精度浮点数区分。

```
double a=11.2d;    //正的双精度浮点数
double b=-25.3d;   //负的双精度浮点数
```

浮点型取值范围，参见表1-3。

表1-3　浮点型的取值范围

类型	位（bit）	字节（byte）	有效数字	取值范围
float	32	4	6～7	±3.4E+38
double	64	8	15～16	±1.7E+308

提示：如果浮点型数据的结尾处没有字母，则该数据为一个双精度浮点数。

三、字符型（char）

字符型是一种表示字符的数据类型。char型表示一个字符，共16位，占用两字节，用于表示单一的字符，例如，'a' '人'等，用单引号来表示。Java定义一个字符型数据的源代码如下。

```
char c1='A';        //表示一个字符
char c2='\u005F';   //表示一个Unicode编码
char c3=68;         //表示一个整数
```

提示：Unicode（统一码、万国码）是一种在计算机上广泛使用的字符编码标准，旨在为世界上所有书写系统中的字符、符号以及表情符号提供一个统一且唯一的二进制编码。

Java中还有一种特殊的字符型数值，那就是转义字符。有一些特殊符号是不能通过一般字符来进行显示的，例如换行符和制表符。表1-4中列出了Java中比较常用的转义字符。

表1-4　常用转义字符

转义字符	名称	Unicode 码
\n	换行	\u000a
\r	回车	\u000d
\b	退格	\u0008
\t	制表符	\u0009
\"	双引号	\u0022
\'	单引号	\u0027
\\	反斜杠	\u005C

提示：转义字符是一种特殊的形式，在一些情况下是不可缺少的，后面将要学习的多行文本框，提交时必须使用转义字符进行操作。

四、布尔型（boolean）

布尔型是一种起判断作用的数据类型。布尔型数据的取值非常简单，就好比日常生活中的真与假，在Java中，使用true与false表示真与假。Java定义一个布尔型数据的源代码如下。

```
boolean b1=false;
boolean b2=true;
```

五、字符串型（String）

字符串（String）可以表示单个或多个字符元素，必须用双引号把单个或多个字符元素括起来，如"A" "Hi" "中国"等。

```
String guo="中国";
String di="昔日北大荒,现今大粮仓";
```

典型工作环节2 数据类型间的转换

数据类型间的转换

在Java中，整型、浮点型等都是基本的数据类型，它们是能够进行数据类型转换的。下面介绍不同数据类型之间的数据转换方式。

一、自动转换

自动转换就是不需要明确指出所要转换的类型是什么，而是由Java虚拟机自动转换。转换的规则就是小数据类型变大数据类型，通常不会破坏数据的精度。下面看一段代码。

范例1-2-1 自动转换的数据类型。

```
//定义各种数据类型
int i=123;
char c=22;
char c2='c';
byte b=2;
//自动转换的数据类型
int n=b;
long l=i;
```

思考：把byte类型转换成float类型时，为什么会影响数据的精度？

二、强制转换

强制转换带有强制性。也就是说，明明不能自动转换，却强制性地进行转换。看下面的例子。

范例1-2-2　强制转换数据类型。

```
//定义数据类型
int i=22;
long l=33;
//强制转换数据类型
char c=(char)i;
int n=(int)l;
```

其中，i 原来是一个int型，但要将它强行转换成char型。同样，l 原来是一个long型，但要将它强行转换成int型。通过前面的学习已经知道，long型的取值范围最大值可以为$2^{63}-1$，而int型的取值范围最大值只有$2^{31}-1$。所以，如果 l 大于$2^{31}-1$，在强制类型转换时就会丢失精度，使数值发生变化，这也是读者需要注意的地方。

提示：强制类型转换是会丢失精度的，经常会发生转换后数据发生变换的情况。但是在一些必要的地方又必须进行强制类型转换，所以要谨慎并准确地使用强制类型转换。

三、隐含转换

隐含转换和自动转换很相似，Java虚拟机根据数据类型的位数判断此数据类型是否能装载此数据，如果能，Java就默认进行了转换。

范例1-2-3　隐含转换数据类型。

```
byte b=111;
int i=222;
byte c=(byte)i;
```

上面语句中有两个转换：一个是111转换成byte类型的数据，因为byte类型的数据位数能装载下111，所以能进行转换，这就是隐含转换。另一个是把值为222的变量转换成byte类型的变量c就不能进行隐含转换，因为能进行隐含转换的只能是常量，而不能是变量。

典型工作环节3　标识符的命名

标识符的命名

在Java里，方法名、类名、成员变量名都是标识符。所谓标识符，就好比日常生活中一个物品的名称一样，是一个代号，用来表示该物品。命名标识符的好处就是让人一下就能了解这个标识符的用途。下面介绍怎样命名标识符。

一、标识符的命名规则

标识符是赋予类、方法或者变量的名称。在Java中使用标识符来标识类名、变量名、方法名和文件名。标识符要以英文字母或_开头，由英文字母、数字、$、_组成，其他的符号不能出现在标识符里。

标识符的具体说明如下。

- 英文字母是大写的A ~ Z或小写的a ~ z，以及“_”和“$”。
- 数字包括0 ~ 9。
- 其他的符号不能出现在标识符里。
- 不能用Java所保留的关键字。
- Java标识符是区分大小写的。

提示：符合标识符的命名规则并不是一种最好的命名方法。给一个标识符命名，首先要符合命名规范，其次，要符合特定的含义。

下面将演示正确和错误的标识符。

```
int i=22;
int I=65;
char 2i=52;
float float=5f;
```

（1）整型 i 和整型 I 为两个不同的标识符，因为在Java里标识符是区分大小写的。

（2）2i标识符的第一个字母为数字，所以是错误的标识符。

（3）float为Java保留的关键字，不能用在标识符里，而是另有用途的。

二、不好的标识符命名

一个良好的标识符能体现此标识符所描述的方法、成员变量或类的含义。

范例1-2-4 不好的标识符命名程序。

```
//定义了一个类a
public class a{
  //定义成员变量
  int i=2;
  char c=3;
  //定义方法b
  public void b(){
    System.out.println("b");
  }
```

```
}
  //Java的主入口方法
  public static void main(String args[]){
    System.out.println("main");
  }
```

定义一个类，名称为“a”，其他人不知道这个a类所描述的是完成什么功能的类。对于成员变量“i”和“c”，其他人也不知道具体完成什么功能。对方法b同样如此，不知道这样的表述能有什么好处。这样的标识符的命名是不合适的，不仅其他人看不明白，时间一长，程序员自己也可能看不懂。

三、良好的标识符命名——见名知意

范例1-2-5　良好的标识符命名程序。

```
//定义了一个类Bike,所描述的是一个自行车
public class Bike{
  //定义成员变量
  String bike_color;//自行车的颜色
  String bike_size;//自行车的尺寸,即26或28
  //描述的是自行车的基本信息
  public void bike_info(){
    System.out.println("自行车的组成与出厂信息");
  }
}
```

这样定义类名、成员变量名、方法名后，几乎所有的人通过标识符名称就能知道类、成员变量和方法的作用。程序开发者要养成良好的标识符命名习惯，这样既有利于自己，也帮助了别人。

典型工作环节4　关键字

关键字是指系统中保留使用的标识符，它不可以作为类、方法或变量的名称。Java保留了很多关键字，这些关键字都有其各自的用途。在编写代码的时候，Java关键字是不能作为标识符使用的，否则将会出现编译错误。

关键字

Java所保留的关键字，参见表1-5。

提示：关键字都是小写的，所以如果为大写的，肯定不是关键字。

表1-5 Java关键字列表

abstract	boolean
break	byte
case	catch
char	class
continue	default
do	double
else	extends
false	final
finally	float
for	if
implements	import
instanceof	int
interface	long
native	new
null	package
private	protected
public	return
short	static
super	switch
synchronized	this
transient	true
try	void
volatile	while

典型工作环节5 代码注释

代码注释就好比平时听老师讲课时所做的笔记，可以解释知识点，帮助加强记忆。在Java程序中通常给出一些解释，可以提示某段代码的作用，这就是Java中的代码注释。注释只是给人看的，为了让别人读懂这段代码，注释的内容是不被编译的，所以不用担心执行效率的问题。

代码注释

1. 行注释

行注释就是一整行的注释信息，单行注释是最常用的，行注释的符号是“//”，注释符号后面一整行都被作为注释信息。

范例1-2-6 一个单行注释的程序。

```
public class HelloWorld{
  //这是Java程序的入口方法
  public static void main(String[]args){
    System.out.println("欢迎使用Java来编写程序!");
  }
}
```

提示：单行注释是一种常用的注释，本书中大部分地方将使用这种注释方法，以便读者学习示例代码。

2. 块注释

块注释和行注释的作用相同，都是注释信息，起到提示的作用。块注释的符号是“/* */”，即以“/*”开始，以“*/”结束，在这个区域内的文字都将作为注释信息。

范例1-2-7　一个块注释的程序。

```
/*
这是一个块注释。
它可以包含多行文本。
这种注释在编译时会被忽略。
*/
public class HelloWorld{
  public static void main(String[]args){
    System.out.println("Hello,World!");
  }
}
```

3. 文档注释

文档注释以/**开始，以*/结束，主要用于生成开发文档。通过文档注释，可以为类、方法、属性等提供详细的描述和说明，包括参数、返回值、异常、使用示例等信息。文档注释是生成Javadoc文档的关键。

范例1-2-8　一个文档注释的程序。

```
/**计算两个整数的和。
*@param a 第一个整数
*@param b 第二个整数
*@return 两数之和
*/
static int add(int a,int b){
  return a+b;
}
```

思考：请读者使用Javadoc命令为【范例1-2-8】生成Javadoc文档。

典型工作环节6 运算符

Java中的运算符就好比数学中的运算符号，起到运算的作用，下面将介绍这些运算符。

一、算术运算符

运算符

算术运算符是开发者最熟悉不过的，主要用于算术表达式中，比如“+”“-”“*”“/”，本节先来介绍如何应用算术运算符，以及有哪些注意事项。

1. “+”加法运算符

加法运算符和数学中“+”是一样的，都是做两个数值的加法运算。下面举例其在Java中的形式。

```
//声明两个整数
int i=33;
int j=44;
int n=i+j;  //将33和44做加法运算
```

2. “-”减法运算符

减法运算符和数学中的“-”是一样的，都是做两个数值的减法运算。下面举例其在Java中的形式。

```
//声明两个整数
int i=66;
int j=77;
int n=i-j;  //将66和77做减法运算
```

3. “*”乘法运算符

乘法运算符“*”和数学中“×”类似，只是符号不一样而已，都是做两个数值的乘法运算。下面举例其在Java中的形式。

```
//声明两个整数
int i=6;
int j=7;
int n=i*j;  //将6和7做乘法运算
```

4. “/”除法运算符

除法运算符“/”和数学中的“÷”号类似，只是符号不一样而已，都是做两个数值的除法运算。下面举例其在Java中的形式。

```
//声明两个整数
int i=24;
int j=2;
int n=i/j;  //将24和2做除法运算
```

5. “%”求余运算符

求余运算符“%”和数学中的除法求余类似，也是求两个数值的除法运算的余数。任何数都不可以对0求余。下面举例其在Java中的形式。

```
//声明两个整数
int i=24;
int j=5;
//将24和5做求余运算
int n=i%j;
```

6. “++”“--”自增自减运算符

自增运算符“++”，就是变量和数字 1 做加法运算，将运算的结果赋值给做运算的变量。该运算符放置到变量的前面或者后面，都可以改变变量的结果，源代码如下。

```
//声明两个整数
int i=24;
i++;
int j=5;
j--;
System.out.pringln(i);
System.out.pringln(j);
```

提示：自增和自减运算符放在数字的前面和放在数字的后面是有很大不同的，读者可以实践一下。

二、关系运算符

关系运算符用来确定一个操作数和另一个操作数之间的关系，既然描述的是关系，那么结果就是对或不对。在Java里就表示为真或假。下面是关系运算符的分类。

- “==”等于
- “!=”不等于
- “>=”大于或等于
- “<=”小于或等于

- “>” 大于
- “<” 小于

关系运算符对基本数据类型运算时，是比较的值是否相等。如果用“==”和“!=”比较对象，就表示比较对象的引用是否相等。

1. “==”“!=”

等于和不等于运算符比较的是运算数的等于和不等于，结果为true或false，即真或假。Java中的任何类型都可以使用“==”来比较是否相等，使用“!=”来比较是否不等。源代码如下。

```
//定义两个整型变量
int i=4;
int j=4;
boolean b1=i==j;  //结果:true
boolean b2=i!=j;  //结果:false
//创建两个对象
String s1=new String();
String s2=new String();
boolean b3=b1==b2;  //结果:false
boolean b4=s1!=s2;  //结果:true
```

2. “>”“<”“>=”“<=”

这4个运算符比较的是运算数的大小关系，结果为true或false，即真或假。只有数字类型可以比较大小。例如，下面是使用这些关系运算符的例子。

```
//定义两个整型变量
int i=4;
int j=4;
boolean b1=i>j;  //结果:false
boolean b2=i<j;  //结果:false
boolean b3=i>=j;  //结果:true
boolean b4=i<=j;  //结果:true
```

三、逻辑运算符

逻辑运算符其实就是比较二进制数的逻辑关系，运算结果为true或false。逻辑运算符包括以下三种：

- “&&”与运算符
- “||”或运算符
- “!”非运算符

1. “&&”与运算符

“&&”运算符比较的是符号两边的表达式的真或假。使用逻辑与时，如果表达式的结果可以由左侧的操作数单独决定，Java就不会再对右边的操作数进行运算。

```
boolean n=(4>3)&&(2<8);
System.out.println(n);//结果:true
```

2. “||”或运算符

“||”运算符比较的是符号两边表达式的真或假。

```
boolean n=(4>3)||(2<8);
System.out.println(n);//结果:true
```

3. “!”非运算符

“!”运算符是把符号右边的表达式的结果取反。如果为true，则取反为false；如果为false，则取反为true。

```
boolean n=! (4>3);
System.out.println(n);//结果:false
```

逻辑运算符总结：

- “&&”运算符：符号的两边表达式值都为true时，结果为true；只要有一边不为true，结果即为false。
- “||”运算符：符号的两边表达式值只要有一边为true，结果就为true；如果都为false，结果即为false。
- “!”运算符：原表达式值为true，结果为false；原表达式值为false，结果即为true。

四、三元运算符

三元运算符是对3个表达式进行集中比较，条件判断语句的值为true时，结果就为第二个表达式值；条件判断语句的值为false时，结果就为第三个表达式值，语法如下。

条件判断语句?表达式1：表达式2;

```
boolean n=4>3?true:false;
System.out.println(n);//结果:true
```

五、赋值运算符

赋值运算符就是把一个值赋给一个变量，如进行a=3操作后，就可以用a表示3这个数值。

1. 一般赋值运算符

一般赋值运算符使用“=”，在编写代码时最常用，也很容易理解。

例如：int n=3；

这一条语句的含义是把数值3赋值给整型变量n。

2. 运算赋值运算符

运算赋值运算符和一般赋值运算符很相似，也是赋值用的，但它具有运算的功能。

```
int i=12;
int n=10;
n+=j;
System.out.println(n);//结果:22
```

运算赋值运算符有很多，这里不一一举例，下面给出这些运算赋值运算符的含义。

- a+=b相当于a=a+b；
- a-=b相当于a=a-b；
- a*=b相当于a=a*b；
- a/=b相当于a=a/b；
- a%=b相当于a=a%b；

3. 运算符之间的优先级

和数学中的“先乘除后加减”运算法则一样，运算符之间也有比较严格的优先级。运算符的优先性决定了表达式中运算执行的先后顺序。括号拥有最高的优先级，接下来是一元运算符，最后是二元运算符，见表1-6。

表1-6 各运算符的优先级

运算符优先级从高到低	含义
()	括号
++ --	自增和自减运算符
+ - * / %	算术运算符
< <= > >=	关系运算符
== !=	关系运算符
&&	逻辑与运算符
||	逻辑或运算符
?:	三元选择运算符
= += -= *= /= %= ++ --	赋值运算符

任务 3　学习 Java 流程结构

任务描述

在Java中，流程控制语句用于管理程序的执行顺序，类似于日常生活中安排早晨的活动，如洗脸、刷牙或根据喜好选择观看电视节目。Java中的流程控制包括顺序、选择和循环语句，它们分别管理着不同情况下的程序执行路径。本任务将介绍这些控制流程的方法，以实现灵活的程序逻辑。

任务目标

熟悉Java语言的顺序、选择与循环结构，掌握程序的基本控制流程。

任务实现

典型工作环节1　顺序结构

在顺序结构中，程序是由上而下逐行执行的，一条语句执行完之后才继续执行下一条语句，一直到程序的末尾。顺序结构是程序设计中最常用的结构，因为大部分程序基本上都是按由上而下的流程来设计。

顺序结构

范例1-3-1　顺序结构程序。

```
//做第一件事情
System.out.println("做第一件事情");
//做第二件事情
System.out.println("做第二件事情");
//做第三件事情
System.out.println("做第三件事情");
```

代码执行结果：做第一件事情
做第二件事情
做第三件事情

典型工作环节2 选择结构

选择结构首先要依据判断条件的成立与否，再决定要执行哪些语句。选择结构包括if语句和switch语句。

选择结构

一、if语句的语法

一个if 语句由保留字if、布尔表达式和位于其后的语句构成，其用法有以下几种：

- 简写形式：if…
- 一般形式：if…else
- 完整形式：if…else if…else

1. if语句的简写形式

if（条件表达式）{
  语句;
}

范例1-3-2 if单分支结构程序。

```
int n=7;
if(n>3){
  System.out.println("变量n大于3");//结果：变量n大于3
}
```

代码执行结果：变量*n*大于3

2. if语句的一般形式

if（条件表达式）{
  语句;
}else{
  语句;
}

在条件为true时，执行一条命令的同时还需要考虑到条件为false时的情况，这时就需要使用到if…else语句。

范例1-3-3 if双分支结构程序。

```
int n=2;
if(n>3){
  System.out.println("变量n大于3");
}else{
  System.out.println("变量n小于等于3");
}
```

代码执行结果：变量n小于等于3

3. if语句的完整形式

if…else if语句是一种用于根据不同条件执行不同代码块的控制结构。它允许程序根据条件的真假分支执行特定的操作，基本形式如下：

```
if（条件表达式）{
  语句;
}else if（条件表达式）{
  语句;
}else{
  语句;
}
```

范例1-3-4　if多分支结构程序。

```
int n=0;
if(n>5){
  System.out.println("变量n大于5");
}else if(n>2){
  System.out.println("变量n小于等于5,大于2");
}else{
  System.out.println("其他");
}
```

代码执行结果：其他

二、switch 分支语句及语法

switch语句和if…else语句相似，但是switch比if…else语句优越，它是根据条件表达式的值来判断执行的程序语句。在日常生活中也经常有这样的情况，例如根据星期几来判断是否上课；如果为星期一到星期五中的一天，就上课；如果为星期六或星期日，就不上课。switch分支语句要比if语句复杂得多，但当判断的条件很多时，switch分支语句要比if语句方便很多。

switch分支语句和if语句一样，通过表达式与case的常量列表匹配与否，来选择执行哪条语句。先来看一下switch语句的组成部分。

```
switch(表达式){
  case 常量1:
    //表达式的结果与常量1匹配时，所执行的方法体
    break;
  case 常量2:
```

```
        //表达式的结果与常量2匹配时，所执行的方法体
        break;
    case 常量3:
        //表达式的结果与常量3匹配时，所执行的方法体
        break;
default:
        //其他的条件不满足，就执行这个方法体
        break;
}
```

switch分支语句表达式的使用有一定的条件，一般能使用具体的整型数值和一些有顺序的数列。也就是说，switch表达式中只能是整数类型和有顺序的数列。Java 1.7开始支持String类型。

范例1-3-5 switch多分支结构程序。

```
int n=7;
switch(n){
  case 0:
    System.out.println("case分支0");
  break;
  case 1:
    System.out.println("case分支1");
  break;
  case 2:
    System.out.println("case分支2");
  break;
  case 3:
    System.out.println("case分支3");
  break;
  default:
    System.out.println("其他分支n");
  break;
}
```

代码执行结果：其他分支*n*

典型工作环节3 循环结构

循环结构又称为重复结构，指在程序中需要反复执行某个功能而设置的一种程序结构。它由循环体中的条件判断继续执行某个功能还是退出循环。循环结构包括for、while和do while语句。

循环结构

一、for循环语句

for循环语句就是明确了循环的次数再进行循环。如果已经知道需要执行语句块的次数，就需要使用for循环。

for循环语句的语法

for循环语句通过判断表达式的成立与否来决定循环的次数，其基本语法如下：

for（变量初始化;表达式;循环表达式）{
  语句;
}

for循环中主要有3个部分：变量初始化、表达式、循环表达式，每一个部分需要使用逗号隔开。

for循环的执行过程为：首先执行初始化部分，接下来计算表达式的值，如果值为true，则继续循环，反之退出循环；然后执行语句；最后执行循环表达式。在以后的循环中，会跳过变量初始化部分，直接进入判断表达式的值。

for循环语句的变量是为循环设定循环次数的初始值，每次递增变量后，判断表达式成立与否来决定循环的次数。

范例1-3-6 for循环结构程序。

```
for(int shu=1;shu<=100;shu++){
  System.out.println(shu);
}
```

代码执行结果：1
2
3
…
100

二、while 循环语句

while 循环是 Java 中的一种循环形式，就是先进行判断，再进行循环的语句。通过判断表达式的值来决定具体的循环次数。

while 循环语句的语法

通过判断表达式的成功与否来决定循环的次数，其基本语法如下。

while（表达式）{
  语句;
}

使用while循环语句时，一般不知道要循环的次数，通过判断表达式结果的真与假，来决定具体的循环次数。如果表达式的值为真，则执行语句，然后依次循环执行，直到表达式的值为false，跳出循环。

范例1-3-7 while循环结构程序。

```
int sum=0;
int i=1;
while(i<=100){
  if(i%2==0){
    sum=sum+i;
  }
  i++;
}
System.out.println(sum);
```

代码执行结果：2550

三、do while 循环语句

所谓do while循环语句，就是先进行循环，再进行表达式的判断，如果表达式不成立，就退出循环。

do while 循环语句的语法

do while循环语句是先进行循环再进行判断，其基本语法如下：

do{
  方法体;
}while（表达式）;

do while循环总是先执行循环体，然后计算表达式的值，如果表达式的值为true，则继续循环，否则跳出循环。使用do while循环语句时，无论表达式的结果是真是假都进行一次循环。

范例1-3-8 do while循环结构程序。

```
int sum=0;
int i=1;
do{
  if(i%2!=0){
    sum=sum+i;
  }
  i++;
}while(i<=100);
System.out.println(sum);
```

代码执行结果：2500

四、如何中断和继续语句的执行

在学校，有时会发生临时放假的情况，可能会临时放假一天，也可能会一直放假。Java循环语句中也有这种情况，可以使用break语句和continue语句中断程序，就好比中断上课一样。中断和继续在Java里用break和continue关键字来表示。

1. break 中断语句执行

break关键字在前面学习的switch分支语句中已经使用过了，是用来跳出一个循环。下面直接用代码进行说明。

范例1-3-9　break中断语句程序。

```
for(int shu=1;shu<=10;shu++){
  if(shu>5){
    break;
  }
  System.out.println(shu);
}
```

代码执行结果：1
2
3
4
5

2. continue 中断语句执行

continue语句表示跳出本循环，继续执行下一次循环，强制一个循环提前返回，也就是让循环继续执行，但不执行本次循环中剩下的语句。

范例1-3-10　continue中断语句程序。

```
for(int shu=1;shu<=10;shu++){
  if(shu%2==0){
    continue;
  }
  System.out.println(shu);
}
```

代码执行结果：1
3
5
7
9

任务 4 学习数组数据类型

任务描述

在日常生活中，盒子用于分类存储物品，例如，衣服和食品会分别存放在专用的盒子里。在Java编程中，数组就像这样的盒子，用于有序地存储数据。每个数组都有其数据类型，只能存放相应类型的数据。本任务让读者全面掌握Java数组的声明、初始化、访问、操作及应用技巧，为高效处理程序数据打下坚实基础。

任务目标

掌握数组的创建与初始化，包括一维与多维数组，并能熟练运用数组解决实际问题。

任务实现

典型工作环节1 如何创建数组

数组就是一组数的集合，而且这些数的类型必须是相同的。假设现在有100个苹果，如果分散存放会很不好管理，此时可以把它们放在一个盒子里。在Java里也是这样，如果100个苹果都放在一个变量里，代码会显得很凌乱，如果用数组存放，则代码会显得很整洁，所以说数组是一种存放数据的数据结构。下面讲解数组是如何创建的。

如何创建数组

一、创建一维数组

定义9个int 型的变量，分别存放数字1～9，源代码如下。

```
int i0=1;
int i1=2;
int i2=3;
int i3=4;
int i4=5;
int i5=6;
int i6=7;
int i7=8;
int i8=9;
```

这样定义完后代码看起来很长，使用起来也不方便。如果把上面的代码转换成一维数组，源代码如下。

```
//定义了一个一维数组长度为9,数组的名称为i
int[]i=new int[9]{1,2,3,4,5,6,7,8,9};
System.out.println(i[5]);
System.out.println(i[9]);
```

上面一段代码将在编译的时候提示错误，因为数组的长度为10，也就是说，有10个元素。因为数组的下标为0 ~ 9，i[9]没有这个元素，所以是错误的。将9改为0 ~ 8的任意一个数字后，程序将编译通过。

二、创建二维数组

在一座楼中通常有多个单元，一个单元中又有多个房间。在Java中，多维数组就是这种设计，多维数组是一种嵌套的数组，一维数组的每个元素又是一个一维数组。创建多维数组的源代码如下。

```
//定义了int型的二维数组,长度为4×4,即16个元素
int[][]k=new int[4][4];
k[1][5]=6;
System.out.println(k[1][5]);
```

上面一段代码在编译的时候会提示错误，因为该数组是二维数组，每一维的每个元素又是一个一维数组，所以元素为16个，而且数组的第二维长度也是从0开始的，所以k[1][5]是错误的。

典型工作环节2　数组初始化

数组初始化是为数组中的元素进行赋值，数组的赋值有创建赋值和动态赋值两种。这就好比确定一座楼有多少个单元，一个单元中又有多少个房间。下面介绍数组的赋值方法，并举例说明。

数组初始化

一、创建并初始化数组

数组的初始化是数组创建完后，系统对各个元素进行的默认赋值，系统对各个基本类型的默认初值，参见表1-7。

数组中对象类型的系统初始值默认为null。数组的初始化有两种方式：一种是直接用花括号将数组的成员括起来；另一种是使用new关键字新建一个数组，并在其后使用花括号将数组成员括起来。

表1-7 数组中各种数据类型的默认初值

类型	初值
boolean	false
byte	0
char	'u0000'
short	0
int	0
long	0L
float	0.0F
double	0.0
对象类型	null

范例1-4-1 数组的两种创建方式。

```
//直接用花括号创建int型数组i,包含5个元素
int[]i={5,4,5,4,4};
System.out.println(i[0]);

//使用new关键字创建boolean型数组bo,有2个元素,默认值为false
boolean bo[]=new boolean[2];
System.out.println(bo[0]);

//使用new关键字创建一个String型数组,长度为2
String[]str=new String[]{"java","c++","python","c#"};
System.out.println(str[0]);
```

代码执行结果：5

false

java

二、循环初始化

除了可以在创建的时候对数组进行初始化，也能在运行期间对数组各个元素进行赋值。对数组的循环赋值通常使用for循环来完成，对数组中的每一个元素进行初始化。

范例1-4-2 数组循环初始化程序。

```
//定义了int型的数组,长度为5
int[]a=new int[5];
for(int i=0;i<a.length;i++){
  a[i]=i+1;
  System.out.println("数组的各个元素的值为"+a[i]);
}
```

代码执行结果：数组的各个元素的值为1
数组的各个元素的值为2
数组的各个元素的值为3
数组的各个元素的值为4
数组的各个元素的值为5

典型工作环节3　数组操作举例

前面介绍了创建一维数组及多维数组的方法，并演示了数组的初始化等操作，下面介绍操作数组的常用方法。

数组操作举例

一、数组元素值的复制

数组里各个元素的值可以用数组的引用和使用循环对其赋值，但要注意两个不同长度的数组进行复制的时候下标越界的问题，要对数组的下标进行判断。下面通过代码来演示。

范例1-4-3　数组元素值的复制。

```
//下面创建一个int型的数组,数组的长度为5
int[]a=new int[5];
int[]b=new  int[a.length];  //a.length为数组a的长度
System.out.print("数组a的各个元素的值为：");
//先通过for循环对数组a进行初始化
for(int i=0;i<a.length;i++){
  a[i]=i+1;
  System.out.print(a[i]+"");//打印数组a的各个值
}
System.out.println("");
System.out.print("数组b的各个元素的值为：");
for(int i=0;i<a.length;i++){
  b[i]=a[i];
  System.out.print(b[i]+"");//打印数组a的各个值
}
System.out.println("");
```

用for循环语句来对数组a各个元素进行初始化，即对其赋值；再通过for循环遍历数组a的各个元素并把值赋给数组b。

注意：两个不同长度的数组进行复制的时候一定要注意下标越界的问题，请读者自行验证代码输出结果。

二、数组元素冒泡排序

数组元素的排序在数组的操作中是很常见的。下面介绍一种数组元素冒泡排序方法。

范例1-4-4 数组元素冒泡排序。

```
//定义一个数组a
int a[]={1,3,2,5,6,8,4};
for(int i=0;i<a.length;i++){
//第二层循环从第一层循环的元素后面哪个元素开始
  for(int j=i+1;j<a.length;j++){
    if(a[j]<a[i]){
      int n=a[i];
      a[i]=a[j];
      a[j]=n;
    }
  }
}
//打印数组各个元素
for(int i=0;i<a.length;i++){
  System.out.println(a[i]);
}
```

注意：一个排序错乱的数组通过第二个元素和第一个元素进行比较，如果第二个元素小的话就换位置，再和下一个元素进行比较，直到元素顺序正确为止。请读者自行运行程序，验证代码输出结果。

任务 5 游戏框架 GameK 的使用

任务描述

为了激发同学们对游戏开发的兴趣，本书推出了GameK游戏框架。GameK不仅能让游戏开发的各个环节更加流畅，还能大大提升开发效率和代码质量。本任务学习如何使用GameK游戏框架，为后续开发“吃豆大作战”这款游戏打下坚实的基础。

任务目标

熟悉游戏框架GameK原理，掌握各功能模块切入点，并熟练使用其完成各种操作。

任务实现

典型工作环节1　游戏框架GameK的内部结构

游戏框架GameK的使用

GameK 是一款由校企教师携手打造、专为课程运行定制的游戏学习框架。该框架集成变量声明与初始化、菜单、键盘、鼠标及定时监听操作，还有绘图操作等核心功能。学习者无须深究框架细节，只需熟知各功能所在位置，填入相应代码，就能轻松将创意转化为精彩作品。

功能点如下。

（1）变量的声明，对所使用的变量进行声明，这里所声明的变量是全局的，在整个游戏框架中都是可见的。

（2）变量的初始化，对上述声明的变量赋初始值。在这里基本变量直接赋值，引用型变量需要先new，然后再进行赋值。

（3）菜单监听操作，对游戏框架中的菜单进行监听操作。

（4）键盘监听操作，对游戏框架中的键盘进行监听，包括按下、敲击、释放键盘监听操作。

（5）鼠标监听操作，对游戏框架中的鼠标进行监听，包括按下、点击、进入、释放、退出、拖拽、移动鼠标监听操作。

（6）定时监听操作，对游戏框架中的定时处理模块进行定时处理操作。

（7）绘图操作，对矩形、圆形、图片进行绘制，完成游戏框架的显示功能。

典型工作环节2　用游戏框架GameK完成人物的移动效果

用游戏框架GameK完成人物的移动效果

步骤1　新建一Java项目，在src下创建包nkzy.demo1_5_1包，将GameK.java复制到demo1_5_1下，导入需要移动的人物素材。

步骤2　在GameK框架的各功能切入点的源代码如下。

- 变量的声明代码

```
//fang为人物的方向
int  fang;
//x为人物的横坐标,y为人物的纵坐标
int  x,y;
```

- 变量的初始化代码

```
//人物方向初始朝上  3：左，1：右，4：上，2：下
fang=4;
```

```
//人物的横坐标为100,人物的纵坐标为100
x=100;
y=100;
```

- 游戏显示功能代码

```
//创建背景图片类Image对象,注意：需要导包
Image bj=(new ImageIcon("src/nkzy/demo1_5_1/背景.png")).getImage();
//绘制背景图片,注意位置定位在左上角0,0点
g.drawImage(bj,0,0,null);
//显示人物图片路径
String pic="src/nkzy/demo1_5_1/ren"+fang+".png";
//创建人物图片类Image对象,注意：需要导包
Image ren=(new ImageIcon(pic)).getImage();
//绘制人物图片
g.drawImage(ren,x,y,null);
```

- 键盘监听操作代码

```
左键：fang=3;//按下左键,改变人物的方向朝左
右键：fang=1;//按下右键,改变人物的方向朝右
上键：fang=4;//按上上键,改变人物的方向朝上
下键：fang=2;//按上下键,改变人物的方向朝下
```

步骤3　运行项目，效果如图1-21所示。

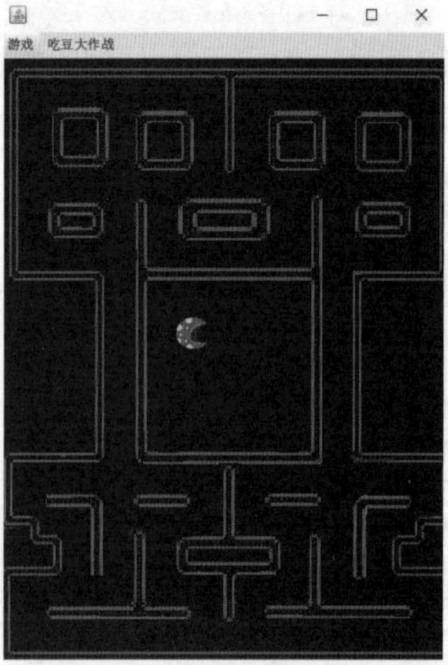

图1-21　人物的移动效果

任务6　吃豆大作战项目开发

任务描述

前面任务已经学习了数据类型、流程结构、游戏框架GameK等知识点，本任务综合运用前面所学知识开发一款趣味横生的“吃豆大作战”游戏。这不仅是对之前学习成果的一次实战检验，更是将理论知识转化为实际技能的一次宝贵机会。让我们蓄势待发，共同迎接这场编程与创意的盛宴吧。

任务目标

掌握游戏框架功能切入点，熟练使用GameK框架实现人物“吃豆”操作。

任务实现

典型工作环节　场地、人物显示及操作

场地、人物显示及操作

步骤1　新建一Java项目，在src下创建包nkzy.demo1_6_1包，将GameK.java复制到demo1_6_1下，导入吃豆大作战游戏所需要的素材。

步骤2　在GameK框架的各功能切入点的源代码如下。

- 变量的声明

```
//fang为人物的方向
int fang;
//人物所在的行和列
int rh;
int rl;
//cdss为吃豆大作战游戏的布局数组
int[][] cdss;
```

- 变量的初始化

```
//人物方向初始朝上  3: 左,1: 右,4: 上,2: 下
fang=4;
//定义18行14列的二维场地 0-地面图,1-墙图,2-豆2图,3-豆3图,4-豆4图
```

```
cdss=new int[][]{
  {1,1,1,1,1,1,1,1,1,1,1,1,1,1},
  {1,0,0,0,0,0,0,0,0,0,0,0,0,1},
  {1,0,0,0,0,0,0,0,0,3,3,3,0,1},
  {1,0,0,0,0,0,0,0,0,3,3,3,0,1},
  {1,0,0,0,0,4,4,0,0,3,3,3,0,1},
  {1,0,0,0,0,4,4,4,0,0,0,0,0,1},
  {1,0,0,0,4,4,4,4,0,0,0,0,0,1},
  {1,0,0,0,4,4,4,4,0,0,0,0,0,1},
  {1,0,0,0,0,4,4,0,0,0,0,0,0,1},
  {1,0,0,0,0,2,2,0,0,2,0,0,0,1},
  {1,0,0,0,0,2,0,0,2,0,0,0,0,1},
  {1,0,2,0,0,2,0,2,0,0,0,0,0,1},
  {1,0,2,2,0,2,0,2,0,0,0,0,0,1},
  {1,0,0,2,0,2,2,0,0,0,0,0,0,1},
  {1,0,0,0,2,2,2,0,0,0,0,0,0,1},
  {1,0,0,0,2,2,0,0,0,0,0,1,0,1},
  {1,0,0,0,0,2,2,0,0,1,0,1,0,1},
  {1,1,1,1,1,1,1,1,1,1,1,1,1,1}
};
```

• 游戏显示功能点

```
//1.显示场地
for(int hang=0;hang<cdss.length;hang++){//18行
  for(int lie=0;lie<cdss[hang].length;lie++){//14
    //显示地板,所有位置都显示地板
    Image di=(new ImageIcon("src/nkzy/demo1_6_1/pic/地0.PNG")).getImage();
    g.drawImage(di,lie*30,hang*30,null);
    if(cdss[hang][lie]==1){//1:显示墙
      Image qiang=(new ImageIcon("src/nkzy/demo1_6_1/pic/墙1.PNG")).getImage();
      g.drawImage(qiang,lie*30,hang*30,null);
    }else if(cdss[hang][lie]==2){//2:显示豆2图
      Image dou=(new ImageIcon("src/nkzy/demo1_6_1/pic/豆2.PNG")).getImage();
      g.drawImage(dou,lie*30,hang*30,null);
    }else if(cdss[hang][lie]==3){//3:显示豆3图
      Image dou=(new ImageIcon("src/nkzy/demo1_6_1/pic/豆3.PNG")).getImage();
      g.drawImage(dou,lie*30,hang*30,null);
    }else if(cdss[hang][lie]==4){//4:显示豆4图
      Image dou=(new ImageIcon("src/nkzy/demo1_6_1/pic/豆4.PNG")).getImage();
      g.drawImage(dou,lie*30,hang*30,null);
    }
```

```
    }
  }
  //2.显示人物
  String pic="src/nkzy/demo1_5_1/pic/ren"+fang+".png";
  Image ren=(new ImageIcon(pic)).getImage();
  g.drawImage(ren,rl*30,rh*30,null);
```

• 键盘监听操作

```
//1.左移代码:
fang=3;//人的方向向左
rl--;//人左移
///人所在的位置为豆2、豆3、豆4图时
if(cdss[rh][rl]==2||cdss[rh][rl]==3||cdss[rh][rl]==4){
  //人所在的位置是地面
    cdss[rh][rl]=0;
}
//2.右移代码:
fang=1;//人的方向向右
rl++;//人右移
///人所在的位置为豆2、豆3、豆4图时
if(cdss[rh][rl]==2||cdss[rh][rl]==3||cdss[rh][rl]==4){
  //人所在的位置是地面
    cdss[rh][rl]=0;
}
//3.上移代码:
fang=4;//人的方向向上
rh--;//人上移
///人所在的位置为豆2、豆3、豆4图时
if(cdss[rh][rl]==2||cdss[rh][rl]==3||cdss[rh][rl]==4){
  //人所在的位置是地面
    cdss[rh][rl]=0;
}
//4.下移代码:
fang=2;//人的方向向下
rh++;//人下移
if(cdss[rh][rl]==2||cdss[rh][rl]==3||cdss[rh][rl]==4){///人所在的位置为豆2、豆3、豆
4图时
  //人所在的位置是地面
    cdss[rh][rl]=0;
}
```

步骤3 运行项目，效果如图1-22所示。

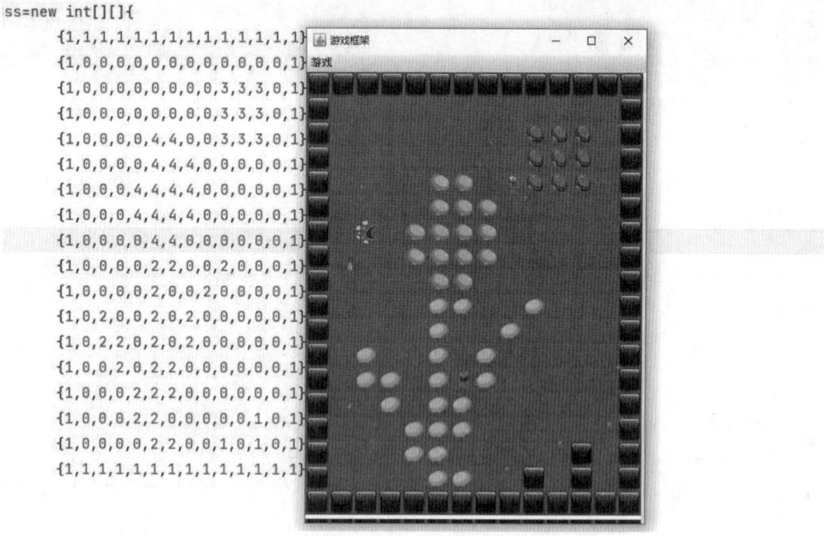

图1-22 吃豆大作战游戏最终效果

巩固与提高

一、单选题

1. Java 中的基本数据类型不包括（   ）。

   A．字符型　　B．浮点型
   C．枚举类型　　D．整数型

2. 在 Java 中，用于表示逻辑真的常量是（   ）。

   A．false　　B．true
   C．1　　D．'

3. 以下哪种流程控制结构用于在多个分支中选择一个执行？（   ）

   A．循环　　B．顺序
   C．选择　　D．跳转

4. Java 中用于实现循环的关键字是（   ）。

   A．while　　B．do
   C．for　　D．all of the above

5. 在Java中，以下哪个语句用于结束当前循环并继续执行后续代码？（   ）

   A．break　　B．continue
   C．return　　D．all of the above

二、简答题

1．Java有哪些基本数据类型？

2．请描述Java中的流程控制结构。

3．在Java中，if语句的作用是什么？

三、编程题

1．计算1到100的所有整数中出现多少数字9。

2．输出1000到2000之间所有的闰年。

3．判断素数。

项目二

欢乐推箱子（散装版）

项目引述

“欢乐推箱子”是一款Java经典益智游戏。本项目是对“项目一 吃豆大作战”的拓展，采用面向过程的编程思想进行项目开发，如图2-1所示。通过本项目的学习，不仅能熟练使用Java中方法对代码进行封装，还能在精细设计游戏和严谨实现逻辑中培养工匠精神、团队精神和创新意识，助力未来成长。

学习目标

【知识目标】

1. 熟悉Java中方法的定义格式；
2. 掌握方法的使用；
3. 掌握使用方法实现场地、人物的定义和初始化；
4. 掌握使用方法实现人物、场地的显示；
5. 掌握使用方法实现移动操作。

【能力目标】

1. 能够定义和使用方法；
2. 能够使用方法完成推箱子游戏中的初始化；
3. 能够使用方法完成人物等显示；
4. 能够使用方法实现箱子的移动操作。

【素质目标】

通过项目实战全面提升逻辑思维、工匠精神、团队协作以及创新能力，提升分析和解决问题的能力。

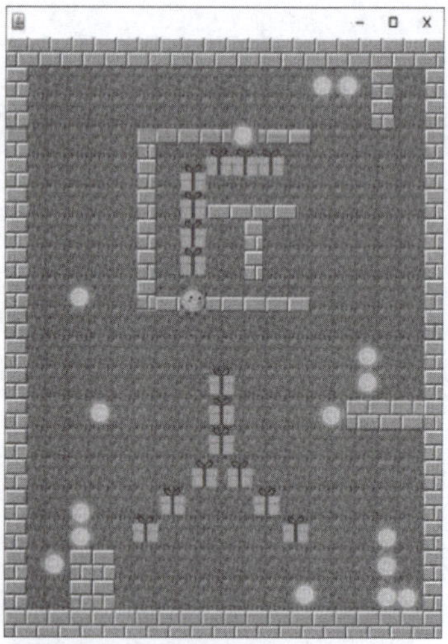

图2-1 欢乐推箱子（散装版）游戏效果

思维导图

欢乐推箱子（散装版）项目思维导图如图2-2所示。

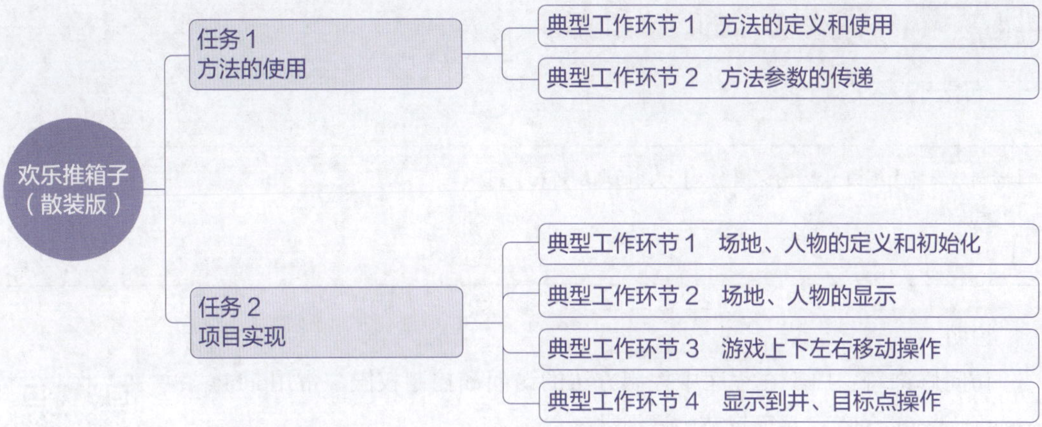

图2-2　欢乐推箱子（散装版）项目思维导图

小思考：我们总提到“方法”这个词，你知道Java程序语言中的方法是什么吗？

任务1　方法的使用

任务描述

在Java中，方法是一段用于执行特定任务的代码块。通过调用这些方法，可以重复使用代码，从而提高代码的效率和可读性。通过本任务的学习，能够熟练掌握和高效运用Java中的方法，优化程序结构，提高代码复用率。

任务目标

熟练掌握Java中方法的定义与使用；实现代码的高效复用和组织，优化程序结构，提高软件开发效率。

任务实现

在Java中，方法是一种将具有独立功能的代码块组织成为一个整体的方式，使其具有特殊的功能，并且可以被重复调用。方法必须先定义才能使用，这个过程称为方法的定义。定义方法时，可以指定其参数列表和返回类型，以适应不同的功能需求。方法的调用则需要通过特定的语法来触发其执行。

典型工作环节1 方法的定义和使用

一、方法的定义

```
【访问修饰符】返回类型 方法名称(【方法的参数列表】){
  方法体;
}
```

说明

访问修饰符：用于在程序中控制方法的访问和控制权限。常用public、private、protected等，后面章节中详细讲解。

方法的定义和使用

返回类型：表示方法返回值的数据类型。

（1）方法不返回值时，必须声明为void（空）类型，否则必须使用return语句。

（2）方法返回值类型必须与return语句后的表达式数据类型一致。数据类型可以为任意的类型，如string、boolean、int。

方法名称：可以是任何Java合法标识符，通常要求方法名字要有意义，且首字母小写。

方法的参数列表：参数用于方法接收调用者的信息。

（1）参数可以是多个，用逗号分开，也可以没有参数。

（2）每一个参数都要包含数据类型和参数名。

（3）方法中的参数定义时一般称为形式参数（简称形参），而由调用者传入的参数称为实际参数（简称实参）。

下面是定义一个方法实例。

```
//创建了一个方法,实现两个数相加,参数有两个,都为int类型的
public static int add(int a,int b){
  return a+b;
}
```

二、方法的使用

方法格式:【数据类型 接收变量名=】方法名（[实参1，实参2，……]）;

说明:

（1）定义方法时，如果有返回值，可以将方法赋值给一个接收的变量。

（2）定义方法时，如果无返回值，可以直接使用方法。

下面用一个完整的例子来演示创建方法。

范例2-1-1　使用方法实现加法功能，将输入的两个整数相加并输出。

```
public class demo2_1_1{
  //创建了一个方法,参数有两个,都为int类型
  public static int add(int a,int b){
    return a+b;
  }
  //程序的运行方法,即主方法
  public static void main(String args[]){
    //调用方法add,并传入两个参数值
    int sum=add(123,456);
    System.out.println(sum);
  }
}
```

代码执行结果：579

注意：此范例涉及静态（static）方法，在此读者只需关心方法的定义和调用即可，后面的章节会详细讲解。

典型工作环节2 方法参数的传递

在Java中，方法参数的传递有两种形式：一种是通过值传递；另一种是通过对象传递。本项目主要讲通过值进行传递参数。这意味着当你调用一个方法并传递参数时，传递的是参数值的一个拷贝，而不是参数本身。本项目传递的数据类型都是基本数据类型。

方法参数的传递

范例2-1-2 使用方法实现加法功能，定义参数，当传递类型为基本类型时，传递的是该类型的值。

创建Demo2_1_2.java文件，源代码如下。

```
public class Demo2_1_2{
  //方法add是把传入的参数进行+1,并显示其结果
  public static void add(int  i){//这里的i为形式参数
    i=i+1;
    //打印i的值
    System.out.println("计算后形参的值"+i);
  }
  //程序的运行方法,即主入口方法
  public static void main(String args[]){
    //基本类型的局部变量
    int size=44;
    //打印初始变量的值
```

```
        System.out.println("传递前实参的值"+size);
        //调用函数,并在函数中输出值
        add(size);//这里的size为实际参数
        //打印调用方法后的值
        System.out.println("传递后实参的值"+size);
    }
}
```

代码执行结果：传递前实参的值44

计算后形参的值45

传递后实参的值44

在调用add方法中，参数为基本类型进行传递，传递的是这个值的备份，即第二份。不论在方法中怎么改变这个参数，都不是操作原来的数据（即实参数据），所以原来变量的值是不会改变的。

任务 2 项目实现

任务描述

在前面任务中，已对Java的基础知识进行了初步的介绍，本任务通过学习推箱子游戏的场地、人物的声明、初始化和显示、游戏移动等操作，巩固前面的知识，并使用方法完成推箱子游戏。

任务目标

运用方法实现推箱子游戏中的场地、人物的声明、初始化、显示；实现游戏中的上下左右移动操作；实现游戏中显示到井、目标点操作。

任务实现

典型工作环节1 场地、人物的定义和初始化

场地、人物的定义和初始化

在前面的吃豆大作战项目中，我们已经学会运用二维数组定义和初始化游戏中的场地，现在带领大家通过定义方法的形式来实现推箱子游戏中场

图2-3　推箱子游戏中的场地

地、人物的初始化。

推箱子游戏中，场地可以看成二维数组，由若干行和若干列组成，我们可以通过数字表示游戏中的元素，0代表地面图，1代表墙图，2代表箱子图，3代表目标点图，场地的最终显示效果如图2-3所示。

步骤1　新建Java项目，名称为“推箱子”；在src下新建一个包，名称为TuiXiangZiGame；将预先写好的GameK框架和推箱子游戏所用到的素材pic文件夹拷贝到该项目的src中。

步骤2　在GameK类中，各功能切入点的源代码如下。

• 变量的声明

在框架代码切入点“TODO　变量声明在此”声明人物位置的变量rh、rl，代表场地的二维数组变量cdss。

```
//TODO 变量声明在此
int  rh; //人行：人所在的行
int  rl; //人列：人所在的列
int[][] cdss; //场地：0-地面图,1-墙图,2-箱子图,3-目标点图
```

• 创建init()方法

在GameK类的“TODO　变量初始化在此”功能点位置反向创建init()方法。

```
public GameK(){
   //TODO 变量初始化在此
   //调用初始化方法init()
   init();
     ......
}
```

创建init方法，在方法中对rh、rl、cdss进行初始化。

```
//定义方法,对人物和场地初始化
public void init(){
   //人物所在位置【14,5】,
   rh=14;
   rl=5;
   //定义26行21列的二维场地 0-地面图,1-墙图,2-箱子图,3-目标点图
   //场地中4个目标点的位置:【7,11】,【14,10】,【19,9】【19,11】
   cdss=new int[][]{
```

```
            {1,1,1,1,1,1,1,1,1,1,1,1,1,1,1,1,1,1,1,1,1},
            {1,0,0,0,0,0,0,0,0,0,0,0,0,0,0,0,0,0,1,0,1},
            {1,0,0,0,0,0,1,1,1,1,1,1,1,1,1,0,0,0,1,0,1},
            {1,0,0,0,0,0,1,0,0,0,0,0,0,0,0,0,0,0,1,0,1},
            {1,0,0,0,0,0,1,0,1,1,1,1,1,1,0,0,0,0,0,0,1},
            {1,0,0,0,0,0,1,0,1,0,0,0,0,0,0,0,0,0,0,0,1},
            {1,0,0,0,0,0,1,0,1,1,1,1,1,1,0,0,0,0,0,0,1},
            {1,0,0,0,0,0,1,0,1,0,0,3,0,0,0,0,0,0,0,0,1},
            {1,0,0,0,0,0,1,0,1,0,0,1,0,0,0,0,0,0,0,0,1},
            {1,0,0,0,0,0,1,0,1,0,0,1,0,0,0,0,0,0,0,0,1},
            {1,0,0,0,0,0,1,0,1,0,0,1,0,0,0,0,0,0,0,0,1},
            {1,0,0,0,0,0,1,0,0,0,0,1,0,0,0,0,0,0,0,0,1},
            {1,0,0,0,0,0,1,1,1,1,1,1,1,1,1,0,0,0,2,0,1},
            {1,0,0,0,0,0,0,0,0,0,0,0,0,0,0,0,0,0,1,1,1},
            {1,0,0,0,0,0,0,0,0,0,0,3,0,0,0,0,0,0,0,0,1},
            {1,0,0,0,0,0,0,0,0,0,0,1,0,0,0,0,0,0,0,0,1},
            {1,0,0,0,0,0,0,0,0,0,0,1,0,0,0,0,0,0,0,0,1},
            {1,0,0,0,0,0,0,0,0,0,0,1,0,0,0,0,0,0,0,0,1},
            {1,0,0,0,0,0,0,0,0,0,0,1,0,0,0,0,0,0,0,0,1},
            {1,0,0,0,0,0,0,0,0,0,3,1,3,0,0,0,0,0,0,0,1},
            {1,0,0,0,0,0,0,0,0,1,0,0,0,1,0,0,0,0,0,0,1},
            {1,0,0,0,0,0,0,0,1,0,0,0,0,0,1,0,0,0,0,0,1},
            {1,0,2,0,0,0,1,0,0,0,0,0,0,0,0,1,0,0,0,0,1},
            {1,0,1,0,0,2,0,0,0,0,0,0,0,0,0,0,2,0,0,0,1},
            {1,0,1,0,0,0,0,0,0,0,0,0,0,0,0,0,0,0,0,0,1},
            {1,1,1,1,1,1,1,1,1,1,1,1,1,1,1,1,1,1,1,1,1}
        };
}
```

典型工作环节2 场地、人物的显示

场地的显示和吃豆大作战游戏项目中场地的显示类似，实质上就是遍历二维数组，具体操作时需要注意：先显示场地，再显示人物，否则背景会将人物覆盖；场地中行列变量值不能颠倒，否则布局会乱。

场地、人物的显示

步骤1　在GameK类中，找到框架显示功能切入点“TODO:绘图在此”。

```
class 新面板 extends JPanel{
  @Override
  public void paint(Graphics g){
    //TODO:绘图在此
  }
}
```

步骤2　框架显示功能切入点的源代码如下。

- 使用循环嵌套语句，外层显示行，内层显示列。

```
//TODO:绘图在此
//显示场地,外层显示行,内层显示列
for(int hang=0;hang<cdss.length;hang++){
  for(int lie=0;lie<cdss[hang].length;lie++){
    ......
  }
}
```

- 在内层循环中，使用多分支判断语句，调用相应的显示方法。

```
//显示场地：外层显示行,内层显示列
for(int hang=0;hang<cdss.length;hang++){
  for(int lie=0;lie<cdss[hang].length;lie++){
    //使用多分支判断语句,分别判断二维数组中的数字是否为代表地面、
    //墙、箱子、目标点的四个数字0、1、2、3;
    if(cdss[hang][lie]==0){
      showDiMian(g,lie,hang);  //调用显示地面的方法
    }else if(cdss[hang][lie]==1){
      //调用显示墙的方法
      showQiang(g,lie,hang);
    }else if(cdss[hang][lie]==2){
      showBox(g,lie,hang);//调用显示箱子的方法
  }else{
      showDou(g,lie,hang);//调用显示目标点的方法
  }
  showRen(g,lie,hang);//调用显示人物的方法
  }
}
```

- 外部创建方法有3个形参，分别是绘图笔刷对象、行、列。

```
//定义显示地面的方法
private void showDiMian(Graphics g,int lie,int hang){
  Image dm=(new ImageIcon("src/pic/场地/0.GIF")).getImage();
  g.drawImage(dm,lie*30,hang*30,null);
}
//定义显示墙的方法
private void showQiang(Graphics g,int lie,int hang){
  Image qiang=(new ImageIcon("src/pic/场地/1.GIF")).getImage();
```

```
    g.drawImage(qiang,lie*30,hang*30,null);
}
//定义显示箱子的方法
private void showBox(Graphics g,int lie,int hang){
    //判断箱子的行列坐标是否与目标点位置重合,重合则显示到井图片
    //否则显示箱子的图片
    //有4个目标点:【7,11】,【14,10】,【19,9】【19,11】
    if(hang==7&&lie==11||hang==14&&lie==10||hang==19&&lie==9||hang==19&&lie==11){
        Image box=(new ImageIcon("src/pic/箱子/到井.png")).getImage();
        g.drawImage(box,lie*30,hang*30,null);
    }else{
        Image box=(new ImageIcon("src/pic/箱子/箱子.png")).getImage();
        g.drawImage(box,lie*30,hang*30,null);
    }
}
// 定义显示目标点的方法
private void showDou(Graphics g,int lie,int hang){
    Image dou=(new ImageIcon("src/pic/场地/3.GIF")).getImage();
    g.drawImage(dou,lie*30,hang*30,null);
}
//定义显示人的方法
private void showRen(Graphics g,int lie,int hang){
    Image ren=(new ImageIcon("src/pic/人.png")).getImage();
    g.drawImage(ren,rl*30,rh*30,null);
}
```

运行项目效果如图2-4所示。

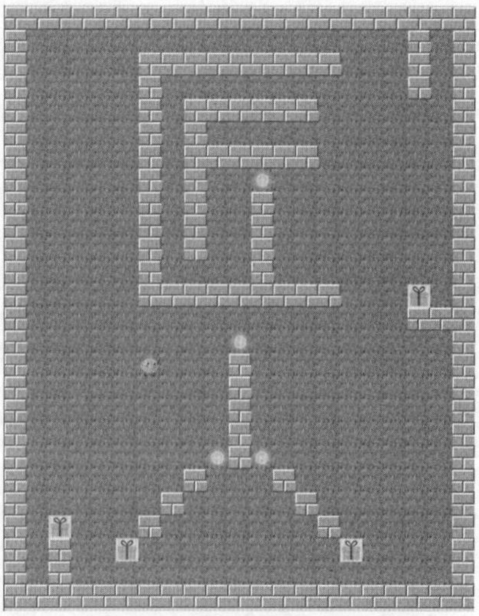

图2-4 场地、人物的显示运行效果图

典型工作环节3　游戏上下左右移动操作

推箱子游戏中移动操作规则，就是人物要向左移动一列，这时需要判断：如果是墙，需要归位，即执行rl++操作；如果是箱子，那么还要判断箱子左面有没有墙或其他箱子（这里统称为障碍物），这时也需要归位操作，执行rl++操作；若箱子的左侧没有障碍物，需要把箱子左移，箱子所在的位置改为地面。

游戏上下左右移动操作

步骤1　在GameK类中，找到框架代码切入点“TODO　键盘处理”。

```
//TODO 键盘处理
@Override
public void keyPressed(KeyEvent e){
}
```

步骤2　框架键盘按下切入点源代码如下。

- keyPressed()方法中，先获取按键的键值，控制台测试输出键值。

```
//TODO键盘：按下
int key=e.getKeyCode();//获取按键的键值
System.out.println(key);//控制台输出键值
```

- 多分支语句switch...case，判断四个方向按键键值。

其中：37表示左键，38表示上键，39表示右键，40表示下键。

```
switch(key){
  case 37:break;
  case 38:break;
  case 39:break;
  case 40:break;
  case 32:break;
}
```

- 以左键37为例，先反向调用左移的方法，再在方法外部定义左移的方法。

```
case 37:调用左移方法
  moveLeft();
  repaint();
  break;
```

定义左移的方法：首先人物的列坐标先向左移1步；如果碰到墙，则退回一步；如果碰到箱子，且箱子的左面是障碍物（1–墙或2–箱子），则退回1步；如果碰到箱子，箱子的左侧无其他障碍物，则当前位置变为地面，箱子的左侧变为箱子，实现了箱子左移。

//定义左移方法

```
private void moveLeft(){
  System.out.println("左键");
  rl--;//左移1步
  if(cdss[rh][rl]==1){//如果是墙,则退回1步
    rl++;
  }else if(cdss[rh][rl]==2&&(cdss[rh][rl-1]==1||cdss[rh][rl-1]==2)){
    //如果是箱子,且箱子的左面是障碍物:1-墙或2-箱子,则退回1步
    rl++;
  }else if(cdss[rh][rl]==2){
    //如果是箱子,箱子的左侧无其他障碍物,则当前位置变为地面
    //箱子的左侧变为箱子,实现了箱子左移
    cdss[rh][rl]=0;
    cdss[rh][rl-1]=2;
  }
}
```

• 参照左键的代码，完成右键、上键、下键的移动和空格键的操作。

调用方法：

```
case 38:
  //调用上移方法
  moveUp();
  repaint();
  break;
case 39:
  //调用右移方法
  moveRight();
  repaint();
  break;
 case 40:
  //调用下移方法
  moveDown();
  repaint();
  break;
case 32:
  System.out.println("空格键");
  repaint();
  break;
```

• 定义上键、右键、下键的移动方法。

//定义上移方法

```
private void moveUp(){
  System.out.println("上键");
  rh--;//上移1步
  if(cdss[rh][rl]==1){//如果是墙,则退回1步
    rh++;
  }else if(cdss[rh][rl]==2&&(cdss[rh-1][rl]==1||cdss[rh-1][rl]==2)){
    //如果是箱子,且箱子的左面是障碍物:1-墙或2-箱子,则退回1步
    rh++;
  }else if(cdss[rh][rl]==2){
    //如果是箱子,箱子的左侧无其他障碍物
    //则当前位置变为地面,箱子的左侧变为箱子,实现了箱子左移
    cdss[rh][rl]=0;
    cdss[rh-1][rl]=2;
  }
}
```

//定义右移方法

```
private void moveRight(){
  System.out.println("右键");
  rl++;右移1步
  if(cdss[rh][rl]==1){//如果是墙,则退回1步
    rl--;
  }else if(cdss[rh][rl]==2&&(cdss[rh][rl+1]==1||cdss[rh][rl+1]==2)){
    //右移1步后,是箱子,且箱子的左面是障碍物:1-墙或2-箱子,则退回1步
    rl--;
  }else if(cdss[rh][rl]==2){
    //如果是箱子,箱子的左侧无其他障碍物,则当前位置变为地面
    //箱子的左侧变为箱子,实现了箱子左移
    cdss[rh][rl]=0;
    cdss[rh][rl+1]=2;
  }
}
```

//定义下移方法

```
private void moveDown(){
  System.out.println("下键");
  rh++;下移1步
```

```
    if(cdss[rh][rl]==1){//如果是墙,则退回1步
     rh--;
    }else if(cdss[rh][rl]==2&&(cdss[rh+1][rl]==1||cdss[rh+1][rl]==2)){
      //如果是箱子,且箱子的左面是障碍物:1-墙或2-箱子,则退回1步
      rh--;
    }else if(cdss[rh][rl]==2){
      //如果是箱子,箱子的左侧无其他障碍物,则当前位置变为地面,箱子的左侧变为箱子,实现了箱子左移
      cdss[rh][rl]=0;
      cdss[rh+1][rl]=2;
    }
  }
```

典型工作环节4 显示到井、目标点操作

人物将箱子推到目标点后，首先需要解决人物与目标点重合的问题，如果人物与目标点重合时，场地当前位置变为目标点，否则场地当前位置变为地板；其次需要解决箱子与目标点重合的问题，如果箱子与目标点坐标位置重合，显示素材中的“到井”图片，否则仍显示“箱子”图片。

显示到井、目标点操作

步骤1 观察场地数组，目标点（3表示目标点）的位置坐标。当前有4个目标点：[7，11]，[14，10]，[19，9]，[19，11]。

步骤2 判断人物与目标点是否重合的代码。

• 以左移为例，继续在典型工作环节3的左移代码后，调用判断人物与日标点重合的方法。

```
case 37:
  moveLeft();//调用左移方法
  renAndMubiao();//调用判断人物与目标点重合的方法
  repaint();
  break;
```

• 在外部定义判断人物的坐标是否与目标点位置重合的方法，重合则数组中当前位置为目标点，否则数组中当前位置为地板。

```
//定义判断的人物与目标点重合的方法
private void renAndMubiao(){
  //目标点在【7,11】,【14,10】,【19,9】【19,11】,判断的人物与目标点重合时
  //场地元素变为目标点,否则在目标点的四周时,场地元素变为地板
  if(rh==7&&rl==11||rh==14&&rl==10||rh==19&&rl==9||rh==19&&rl==11){
    cdss[rh][rl]=3;
  }else{
```

```
    cdss[rh][rl]=0;
  }
}
```

步骤3　左移中的代码复制到上移、右移、下移中。

```
case 38:
  //调用上移方法
  moveUp();
  //调用判断的人物与目标点重合的方法
  renAndMubiao();
  repaint();
  break;
case 39:
  moveRight();//调用右移方法
  renAndMubiao();//调用判断的人物与目标点重合的方法
  repaint();
  break;
case 40:
  moveDown();//调用下移方法
  renAndMubiao();//调用判断的人物与目标点重合的方法
  repaint();
  break;
```

运行效果如图2-5所示。

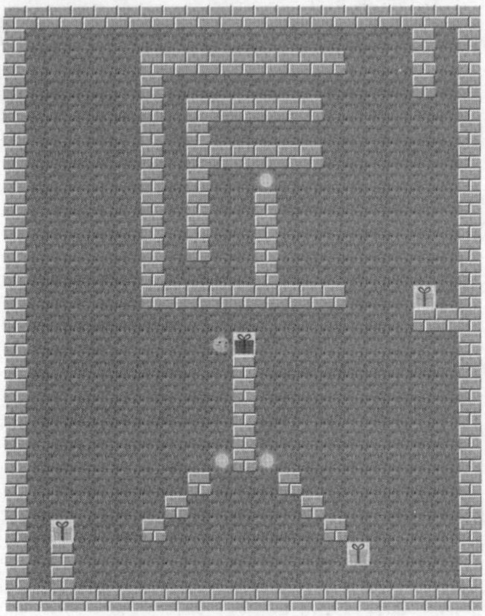

图2-5　人物与目标点重合

巩固与提高

一、单选题

1．下列方法定义中，正确的是（　　）。

A．int x(int a,b){ return (a-b); }　　B．double x(int a,int b){ int w; w=a-b; }

C．double x(a,b){ return b; }　　D．int x(int a,int b) { return a-b; }

2．阅读下列代码

```
public class Test{
  public static void main(String args[]){
    System.out.println((3>2)?4:5);
  }
}
```

其运行结果是（　　）。

A．2　　B．3　　C．4　　D．5

3．void的含义：（　　）。

A．方法体为空　　B．定义的方法没有形参

C．定义的方法没有返回值　　D．方法的返回值不能参加算术运算

二、简答题

1．简述什么是方法。

2．简述如何定义方法。

3．简述如何调用方法。

三、编程题

编程一个程序，定义方法实现2个整数的相减，并在控制台上输出运算结果。

项目三

欢乐推箱子（封装版）

项目引述

“项目一 吃豆大作战”和“项目二 欢乐推箱子（散装版）”是采用面向过程编程思想完成的游戏项目，本项目给大家带来另一种编程体验——面向对象编程。通过学习面向对象的封装性、继承性、多态性等知识来编写封装版的欢乐推箱子，如图3-1所示，从而感受到面向对象编程思想的优越性，在学习过程中不仅具有使用面向对象思想分析和解决问题的能力，还能够培养起甘于奉献、勇于开拓、顾全大局、团结协作的精神。

图3-1 欢乐推箱子（封装版）游戏效果

学习目标

【知识目标】

1. 了解类、对象概念和关系；
2. 掌握类的封装性、继承性、多态性；
3. 熟悉抽象类和接口；
4. 掌握面向对象思想编写欢乐推箱子游戏的方法。

【能力目标】

1. 能够定义类及实例化对象；
2. 能够编写类，实现类的三大特性；
3. 能够使用抽象类和接口实现编程；
4. 能够使用面向对象思想编写欢乐推箱子游戏。

【素质目标】

通过面向对象的知识学习和项目实战，激发面向对象编程兴趣，提升团队协作能力，培养甘于奉献、勇于开拓、顾全大局的精神。

思维导图

欢乐推箱子（封装版）项目思维导图如图3-2所示。

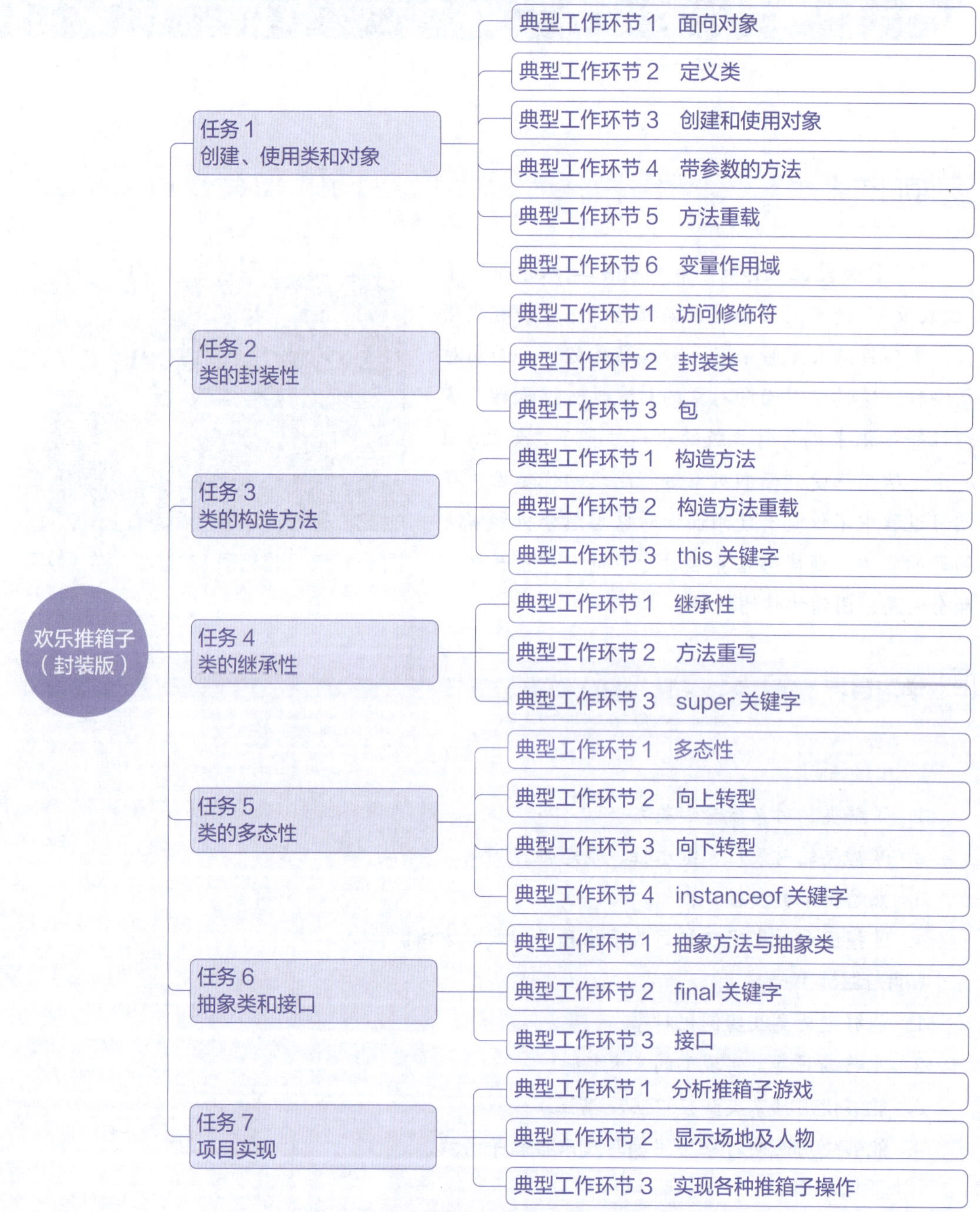

图3-2 欢乐推箱子（封装版）项目思维导图

小思考：目前为止，你知道的Java面向对象的技术有哪些？

任务 1 创建、使用类和对象

任务描述

面向对象编程（Object Oriented Programming，OOP）是一种程序设计模型，将对象作为程序的基本单元，以提高软件的可重用性、灵活性和扩展性。本任务主要学习面向对象思想、定义类、创建和使用对象、带参数的方法、方法重载及变量作用域。

任务目标

深入理解面向对象编程的核心思想，熟悉类与对象的基本概念，明确二者之间的内在联系与区别；掌握如何定义类以及实例化对象的方法；熟练运用类中方法的多样功能，实现编程任务的灵活处理。

任务实现

典型工作环节1 面向对象

一、面向对象思想

面向对象编程更加符合人类的思维模式，编写的程序更加强大。更重要的是，面向对象编程更有利于系统开发时责任的分工，能有效地组织和管理一些比较复杂的应用程序开发。面向对象程序设计的特性主要是封装性、继承性和多态性。

面向对象

1. 封装性

面向对象编程的核心思想之一就是将对象的属性和方法封装起来，使用户知道并使用对象提供的属性和方法，而不需要知道对象的具体实现。它有两层含义：一是把对象的特征和行为看成密不可分的整体，将这两者组合在一起即封装在对象中；二是指信息隐藏，将不想让外界知道的信息隐藏起来，例如，一个微信账号就是一个封装的对象，当使用微信发送消息时只需要找到微信好友，然后输入消息发送即可，而不需要知道微信内部是如何发送消息的。

2. 继承性

继承是在已有类的基础上生成新类的过程，已有类是一般类，新类是特殊类，主要描述的是类与类之间的关系。继承具有传递性，类B继承自类A，而类B也可以作为一般类派生出类C，则在继承过程中C不但可以继承B类的属性和方法，还可以间接继承A类的属性和方法，即继承可以一层层传递，体现了现实生活中事物的分类关系。如图3-3所示，学校类派生出幼儿园、小学、中学和大学类，大学类又派生出专科和本科类，专科类不仅继承了大学类的属性和方法，还继承了学校类的属性和方法。Java语言只支持单继承，即一个子类只能有一个父类，而一个父类可以派生多个子类。

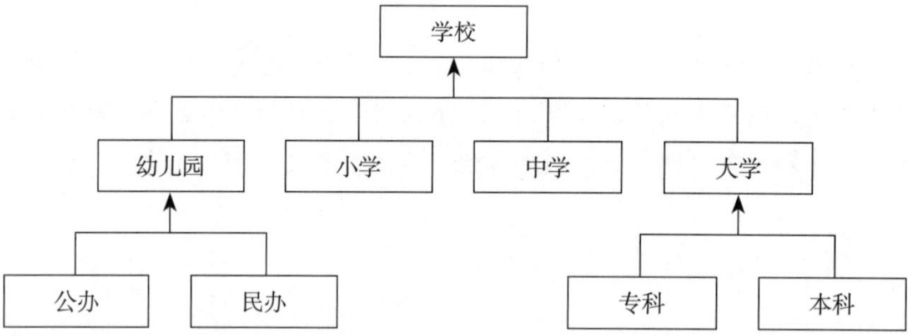

图3-3 学校分类

3. 多态性

多态性是指在一个类中定义的属性和方法被其他类继承后，它们可以具有不同的数据类型或表现出不同的行为，这使得同一个属性和方法在不同的类中具有不同的语义。例如，汽车、轮船和飞机同样是交通工具，都有一个行驶功能（run），汽车在陆地上行驶，轮船在水里行驶，而飞机在天空中飞行，所以不同的对象表现的行为是不一样的，如图3-4所示。多态的特性使程序更抽象、便捷，有助于开发人员设计程序时分组协同开发。

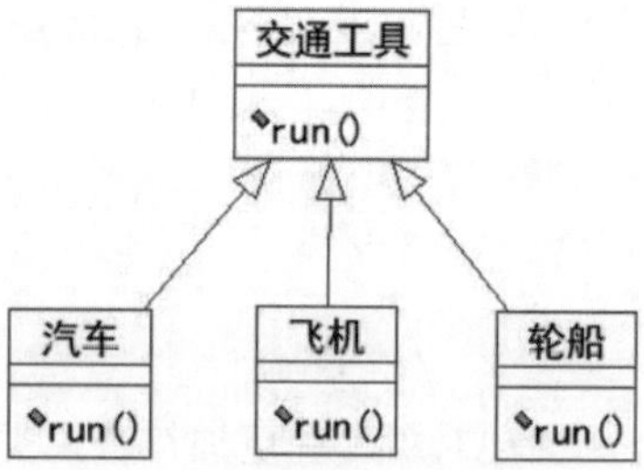

图3-4 交通工具类之间的继承关系

二、类和对象

在面向对象方法中，为了做到让程序对事物的描述与事物在现实中的形态保持一致提出了两个概念，即类和对象。在Java程序中类和对象是基本、重要的单元。

1. 对象

对象是用来描述客观事物的一个实体。用面向对象编程解决问题时，就要对现实世界中的对象进行分析、归纳，找出哪些对象与要解决的问题是相关的。例如，联想（Lenovo）拯救者R7000游戏笔记本电脑、惠普星Book15笔记本电脑、华为MateBook14笔记本电脑，虽然这几种电脑都是对象，但是它们之间具有不同的特征。具体来讲就是品牌不同、性能不同、价格不同等。

2. 类

类是对某一类事物的抽象描述。类与对象的关系就如同模具和用这个模具制作出的物品之间的关系。一个类给出它的全部对象的一个统一定义，它的每个对象则是符合这种定义的一个具体实体。因此类和对象的关系就是抽象和具体的关系，类是多个对象进行综合抽象的结果，是实体对象的概念模型，一个对象则是一个类的实例。类与对象的关系如图3-5所示，电脑可以看作一个类，联想R7000、惠普星Book15、华为MateBook 14都是电脑类的对象。

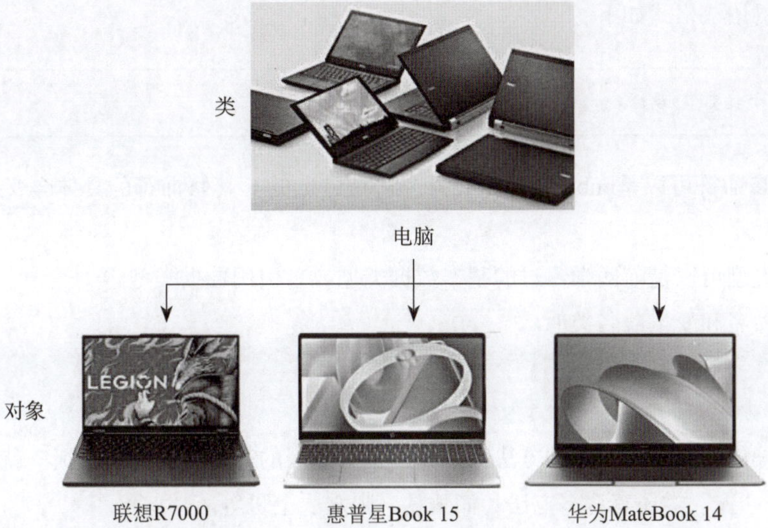

图3-5　类和对象之间的关系

典型工作环节2　定义类

面向对象设计的过程一般分3步来完成，即抽象的过程。

步骤1　发现类：类定义了对象所拥有的特征和行为，即属性和方法。

步骤2　发现类的属性：对象所拥有的静态特征在类中表示时称之为类的属性。

定义类

步骤3　发现类的方法：对象执行的操作在类中表示时称之为类的方法。

一、类的定义

定义类的语法格式如下。

```
[访问修饰符]class 类名{
....../类的内部具体的属性代码
....../类的内部具体的方法代码
}
```

（1）访问修饰符可以是public或者没有，它是可选的，其修饰类的具体含义会在本项目任务2中讲解。

（2）class是声明类的关键字，不可省略。

（3）按照命名规范，类名首字母要求大写，其他命名规则与标识符相同。

二、属性

Java中类的内部主要包含的是属性和方法。对象所具有的特征在类中表示时称为类的属性。定义属性的语法格式如下。

```
[访问修饰符] 数据类型 属性名;
```

（1）访问修饰符可以是public、private等，它是可选的，其修饰符的具体含义会在本项目任务2中讲解。

（2）数据类型可以是前面学习过的基本数据类型或者引用数据类型。

（3）属性命名和变量命名类似。

三、方法

对象执行操作的行为称为类的方法。例如，人有吃饭的行为，因此“吃饭”就是“人”类的一个方法。“人”类还有许多方法，如睡觉、喝水、上班等。

定义方法的语法格式如下。

```
[访问修饰符] 返回类型 方法名称(参数类型 参数名1,参数类型 参数名2,…){
……//方法体具体代码
   [return *]
}
```

（1）访问修饰符是可选的，与属性相同。

（2）返回类型必须有，可以是数据类型，也可以是void，在定义方法时，返回类型为void 时表明没有返回值，方法体中不必使用“return”关键字返回具体值，但是可以使用“return”关键字退出方法。返回类型如果不是“void”，那么在方法体中一定要使用“return”关键字返回对应类型的结果，否则程序会出现编译错误。

（3）小括号中的内容称为参数列表。当需要在方法执行的时候为方法传递参数时需要参数列表，如果不需要传递参数就可以省略，但小括号不可以省略，传递多个参数时，以半角逗号分隔。

四、编写类文件

范例3-1-1 创建项目project3，在src下创建包，在该包下定义一个Student学生类，并定义该类的属性和方法。

```
public class Student{
  public String name;//姓名属性
  public String sex;//性别属性
  public int age;//年龄属性
  /**
  *实现愿望方法
  */
  public void wish(){
      System.out.println(this.name+"的愿望是：通过自己的努力使家人的生活更好！");
  }
}
```

在上述代码中定义了Student类，其中Student为类名，name、sex、age为属性，也叫成员变量，wish()为成员方法，在该方法中可以直接访问成员变量。

典型工作环节3　创建和使用对象

一、创建对象

创建和使用对象

范例3-1-1中定义了Student类，要使用这个类，必须创建该类的对象。Java程序中使用new关键字来创建对象，具体格式如下。

```
格式1：类名 对象名;
      对象名=new 类名();
格式2：类名 对象名=new 类名();
```

其中格式1先声明对象再实例化对象，格式2声明对象后直接实例化。

二、使用对象

创建对象后，可以使用对象访问类中的某个属性或方法，通过（.）运算符实现，具体格式：

```
对象名.属性名
对象名.方法名([参数列表])
```

范例3-1-2　使用【范例3-1-1】创建的Student类创建对象并测试对象的属性和方法。

```
public class Test{
  public static void main(String[]args){
    Student st1=new Student();
```

```
        st1.name="赵心童";
        st1.sex="女";
        st1.age=18;
        System.out.println("姓名: "+st1.name+"\t"+"性别: "+st1.sex+"\t"+"年龄: "+st1.age);
        st1.wish();
        Student st2=new Student();
        st2.name="李强";
        st2.sex="男";
        st2.age=19;
        System.out.println("姓名: "+st2.name+"\t"+"性别: "+st2.sex+"\t"+"年龄: "+st2.
    age);
        st2.wish();
      }
    }
```

在main方法中，使用new关键字创建两个对象，分别对这两个对象调用name、sex、age属性赋值并输出，最后调用wish()方法，其运行结果如图3-6所示。

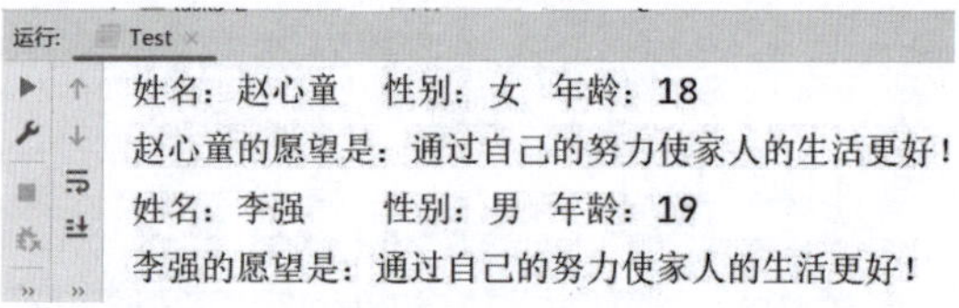

图3-6　对象的创建和使用运行结果

使用new关键字创建的对象在内存中会占用两块内存空间（堆内存和栈内存），其中new Student()创建的对象放在堆内存中，是一个真正对象，而Student类型的对象st1和st2存放在栈内存中，它是一个引用，会指向堆内存中存储的真正对象。如图3-7所示，对象st1和st2在调用wish()方法时打印的name值不同，原因是st1和st2在内存中是两个独立的个体，它们分别拥有各自的name、sex和age属性，对st1对象的name、sex、age赋值不会影响st2对象的name、sex和age属性值，st1和st2分别指向各自的堆内存空间。

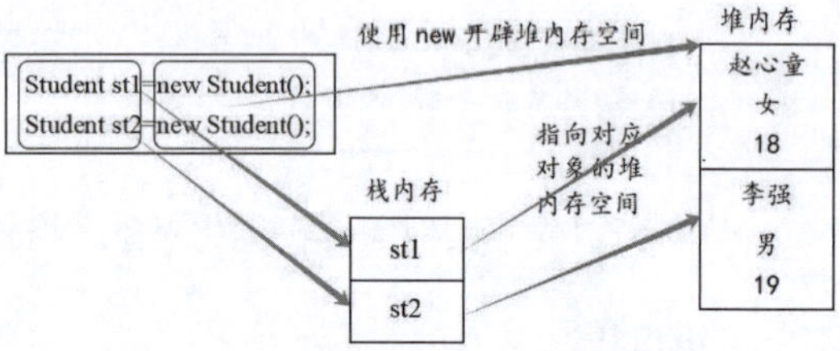

图3-7　st1和st2对象的内存变化

典型工作环节4　带参数的方法

在典型工作环节2中学习了无参数的方法，实际应用中还会经常使用带参数的方法或者有返回值的方法。

范例3-1-3　在【范例3-1-1】的Student类中添加eat()方法和total()方法。

步骤1　在Student类中添加方法的源代码如下。

带参数的方法

```
public class Student{
  public String name;//姓名属性
  public String sex;//性别属性
  public int age;//年龄属性
  /**
  *实现愿望方法
  */
  public void wish(){
    System.out.println(this.name+"的愿望是：通过自己的努力使家人的生活更好！");
  }
  /**
  *实现吃的方法
  *@param food
  */
  public void eat(String food){
    System.out.println(this.name+"今天吃的食物是："+food);
  }
  /**
  *实现期末总分的计算,其中dailyScore为平时成绩,finalScore为期末成绩
  *@param dailyScore
  *@param finalScore
  *@return
  */
  public double total(double dailyScore,double finalScore){
    double totalScore=dailyScore*0.6+finalScore*0.4;//计算总分
    return totalScore;//返回总分
  }
}
```

步骤2　在包下创建测试类和主方法，测试带参数和返回值的方法，源代码如下。

```
public class Test{
  public static void main(String[]args){
    Student stu=new Student();
    stu.name="张敏";
    stu.wish();
    stu.eat("红烧排骨");
    double score=stu.total(89,91);
    System.out.println(stu.name+"期末总分为："+score);
  }
}
```

在Student类中eat()方法带有一个参数，total()方法带有两个参数并且使用return返回计算的值，在方法中定义的参数称形式参数，简称形参，在测试类Test中调用方法时传递的参数称实际参数，简称实参。运行结果如图3-8所示。

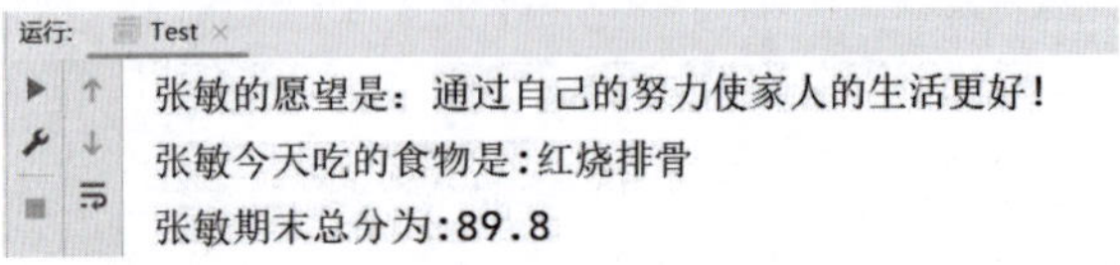

图3-8　带参数和返回值方法运行效果

典型工作环节5　方法重载

在Java中同一个类中可以定义多个同名的方法，但要求每个方法具有不同的参数类型或者参数个数，即不同的参数列表，这称之为方法重载。

方法重载

范例3-1-4　在Student类中定义两个wish()方法，一个无参数wish()方法，一个带参数的wish()方法。

步骤1　在项目下创建包，在该包下创建Student类、定义属性、两个wish()方法，源代码如下。

```
public class Student{
  public String name;//姓名属性
  public String sex;//性别属性
  public int age;//年龄属性
  /**
  *实现无参数愿望方法
  */
  public void wish(){
    System.out.println(this.name+"的愿望是：通过自己的努力使家人的生活更好！");
  }
  /**
  *实现有参数愿望方法
  *@param str
  */
  public void wish(String str){
    System.out.println(this.name+"的愿望是："+str);
  }
}
```

步骤2　在包下创建测试类和主方法，测试类源代码如下。

```
public class Test{
  public static void main(String[]args){
    Student stu=new Student();
    stu.name="张敏";
    stu.wish();
    stu.wish("投身信息技术热潮,实现蓝色科技梦想");
  }
}
```

在测试代码中，当wish()方法形成重载后，在对象名后面使用（.）时会出现如图3-9所示的提示信息，提示有两种wish()方法供选择，并且在弹出的智能提示中给出参数信息和返回类型，使用上下键或者鼠标单击都可以选择所要使用的方法，其运行结果如图3-10所示。

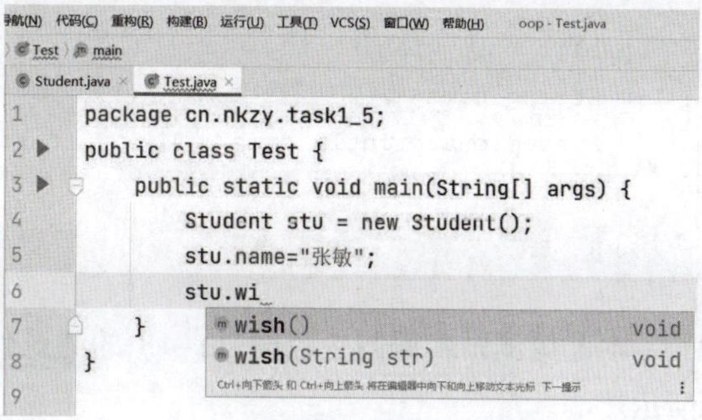

图3-9　重载代码智能提示

1. 方法重载的特点

（1）同一个类中。

（2）方法名相同。

（3）参数个数或参数类型不同。

（4）与方法返回值无关。

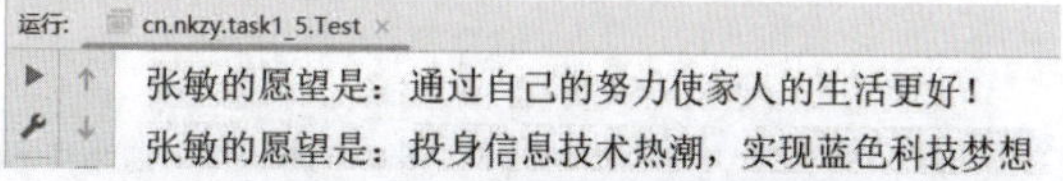

图3-10　方法重载运行结果

2. 方法重载优点

它是对原有方法的升级，可以根据参数的不同采用不同的实现方法，且不需编写多个方法名，简化了类调用方法的代码。

典型工作环节6　变量作用域

变量分为两种：一种是直接定义在类中，这种变量是类的属性，也称为成员变量，它定义在方法的外部，在声明时可以赋初值；另外一种是定义在方法中的变量，称为局部变量。

变量作用域

范例3-1-5　在Student类的wish()方法中定义局部变量name并赋值。

```
public class Student{
  public String name;//姓名属性
  public String sex;//性别属性
  public int age;//年龄属性
```

```
  /**
  *实现无参数愿望方法
  */
  public void wish(){
    System.out.println(this.name+"的愿望是：通过自己的努力使家人的生活更好！");
  }
  /**
  *定义name局部变量,实现有参数愿望方法
  *@param str
  */
  public void wish(String str){
    String name="刘瑞";
    System.out.println(name+"的愿望是："+str);
  }
}
```

本范例测试代码与【范例3-1-4】的测试代码相同不需要修改，其运行结果如图3-11所示。

其中第一条输出语句是调用无参数的wish方法的输出结果，其name值为成员变量的值；第二条输出语句是调用有参数的wish方法的输出结果，其name是局部变量的值。

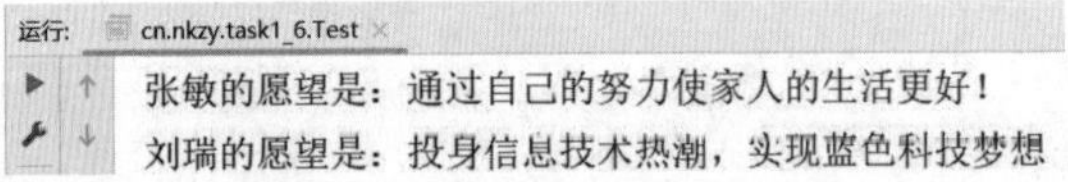

图3-11 变量作用域运行结果

注意：

（1）同一个方法中不允许有同名的局部变量，不同的方法中可以有同名的局部变量。

（2）局部变量和成员变量可以同名，并且在使用时，局部变量具有更高的优先级。

（3）作用域不同，局部变量的作用域只能在定义它的方法内有效，在该方法外无法访问它；成员变量的作用域在整个类内部都可见，所有成员方法都可以使用它，如果访问权限允许，在类外部也可以使用成员变量。

（4）初始值不同，如果在类中定义的成员变量没有给它赋初值，Java会给它一个默认值，基本数据类型的值为0，引用类型的值为null。但是Java不会给局部变量赋初值，因而局部变量必须要先定义、赋值后再使用。

任务2　类的封装性

任务描述

封装反映了事物的相对独立性，有效避免了外部错误对此对象的影响，并且能对对象使用者由于大意产生的错误操作起到预防作用。同样，面向对象编程提倡对象之间实现松耦合关系，本任务我们将学习和封装有关的访问修饰符、封装性、包等知识。

任务目标

熟悉类和成员的访问修饰符，掌握如何运用类的封装特性来组织代码，并熟练了解包的定义及在项目中的使用方法。

任务实现

典型工作环节1　访问修饰符

Java中访问修饰符是用来控制类、属性和方法可见范围的，也用于限制和制约类之间的访问关系。

访问修饰符

一、类的访问修饰符

类的定义中在class关键字前有修饰符，这个修饰符就是类的访问修饰符，它用于控制类的可见范围，见表3-1。

表3-1　外部类的访问修饰符

作用域	修饰符	
	public	default
同一包	√	√
不同包	√	×

二、成员的访问修饰符

类的成员包括属性和方法，它们的访问修饰符，见表3-2。

表3-2　成员访问修饰符

作用域	修饰符			
	public	protected	default	private
同一包中的类	√	√	√	×
同一类	√	√	√	√
子类	√	√	√/×	×
其他	√	×	×	×

当类或者成员没有给定访问修饰符时就使用了默认访问修饰符，对于类默认访问修饰符只能允许同一包中的类使用。四种访问修饰符的级别由高到低为public、protected、default、private。

范例3-2-1　创建包，在该包下创建Person类，设置使用不同访问修饰符修饰类和类的成员。

```
public class Person{
  public String name;;//姓名
  protected String id;//身份证号
  String sex;//性别
  private int age;//年龄
  public void wish(){
      System.out.println("努力挖掘自己的特长！");
  }
  private class Doctor{
    //私有内部类
  }
  protected class Farmer{
    //保护内部类
  }
  class Teacher{
    //默认的内部类
  }
  public class Worker{
    //公有内部类
  }
  public static class Student{
    //静态内部类
  }
}
```

注意：

外部类的访问修饰只能是public和default，所以Person类只能使用public和default修饰符，而内部类可以使用四种访问修饰符（public，private，protected，default）和一个额外的static修饰符（静态内部类）。其中，默认不需要写出，就是没有修饰符，私有内部类只能被外部类访问，保护内部类可以被外部类以及外部类的子类访问，公有内部类对所有类可见，静态内部类是外部类的一个静态成员，因此可以在没有外部类实例的情况下创建内部类的实例。

典型工作环节2　封装类

一、封装性

Java中封装的实质是将类的状态信息（属性）隐藏在类的内部，不允许外部所有程序直接访问，而是通过该类提供的方法来实现对隐藏信息的操作。封装的好处在于隐藏类的实现细节，让使用者只能通过规定的方法来访问数据，可以方便地加入存取控制修饰符来限制不合理操作。

封装性

二、封装步骤

步骤1　修改属性访问修饰符，将属性的访问修饰符修改为private。

步骤2　设置getter()/setter()方法，我们可以手动添加getter()/setter()方法，也可以使用alt+insert组合键后选择getter()和setter()方法选择属性进行封装，其中getter()方法用于读取属性，setter()方法用于写入属性，即为属性赋值。

步骤3　设置属性存取权限，可以在setter()方法中利用条件判断语句或者异常对属性合法性进行赋值限制。

范例3-2-2　实现Student类属性封装。

步骤1　创建包，在该包下创建Student类并定义属性，实现对Student类属性的封装。源代码如下。

```
public class Student{
  //1.修改属性可见性为private
  private String name;//姓名属性私有化
  private String sex;//性别属性私有化
  private int age;//年龄属性私有化
  //2.设置getter()/setter()方法
  public String getName(){
    return name;
  }
  /**
  *限定姓名长度为20字符以内
  *@param name
  */
  public void setName(String name){
```

```
    if(name.length()<=20){
      this.name=name;
    }else{
      System.out.println("姓名不合法,请重新输入! ");
    }
  }
  public String getSex(){
    return sex;
  }
  /**
  *限定性别只能为"男"或"女"
  *@param sex
  */
  public void setSex(String sex){
    if(sex.equals("男")||sex.equals("女")){
      this.sex=sex;
    }else{
      System.out.println("性别不合法,请重新输入");
    }
  }
  public int getAge(){
    return age;
  }
  /**
  *限定年龄在0～150岁
  *@param age
  */
  public void setAge(int age){
    if(age>0&&age<=150){
      this.age=age;
    }else{
      System.out.println("年龄不合法,请重新输入");
    }
  }
}
```

步骤2　在包下创建测试类，测试类的封装性，源代码如下。

```
public class Test{
  public static void main(String[]args){
    Student stu=new Student();
    stu.setName("王璐");
    stu.setSex("女");
```

```
    stu.setAge(-19);
    System.out.println(stu.getName()+"\t"+stu.getSex()+"\t"+stu.getAge());
  }
}
```

在Student类中我们首先对类的name、sex、age三个属性进行了私有化即信息隐蔽，然后通过getter()和setter()方法实现属性的封装，最后使用setter()方法对name、sex和age属性进行了输入限制，通过在setter()方法中设置限制条件，避免了姓名、性别和年龄的错误输入问题。

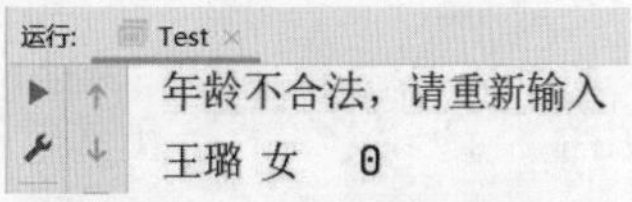

图3-12　封装运行结果

运行结果如图3-12所示。

包

典型工作环节3　包

一、包的作用

（1）防止类名冲突。Java中只有在不同包中的类才允许重名。不同的编码人员命名同名的类在所难免。有了包，类名就容易管理了。例如程序员小张定义了一个类Person，封装在包nkzy中，程序员小李定义了一个类Person，封装在包software中，为了区别小张和小李分别定义的Person类，可以通过包名区分开，如nkzy.Person和software.Person，分别对应于小张和小李定义的Person类。

（2）包允许将类组合成较小的存放文件单元，易于找到和使用相应的类文件代码，类似于文件夹管理文件。

（3）允许在更大范围内保护类、属性和方法。根据访问规则，包外的代码有可能不允许访问该类。

二、包的定义

定义包的语法格式如下。

```
package  包名;
```

（1）package是定义包的关键字。

（2）包的声明必须是Java源文件中的第一条非注释性语句，而且一个源文件只能有一个包声明语句，设计的包需要与文件系统结构相对应。因此，在命名包时，要遵守以下编码规范。

①一个唯一的包名前缀通常是全部小写的ASCI字母，并且是一个顶级域名，如com、edu、gov、net及ong等，通常使用组织的网络域名的逆序，例如，如果域名为nkzy.org.cn，

可以声明包为package cn.org.nkzy。

②包名的后续部分依不同机构各自内部的规范不同而不同。这类命名规范可能以特定目录名的组成来区分部门、项目、机器或注册名。

三、包的使用

范例3-2-3 在package cn.nkzy.task2_3包中创建Test类，测试package cn.nkzy.task2_2包中的Student类的对象及其属性。

```
package cn.nkzy.task2_3;//将Student类放入cn.nkzy.task2_3包中
import cn.nkzy.task2_2.Student;//使用cn.nkzy.task2_2中的Student类时需要导入该类
public class Test{
  public static void main(String[]args){
    Student stu=new Student();
    stu.setName("王璐");
    stu.setSex("nv");
    stu.setAge(19);
    System.out.println(stu.getName()+"\t"+stu.getSex()+"\t"+stu.getAge());
  }
}
```

运行结果如图3-13所示。

如果将package cn.nkzy.task2_2中建立Student类的访问修饰符修改为默认，则在package cn.nkzy.task2_3中创建的Test测试类中将无法访问package cn.nkzy.task2_2中的Student类，如图3-14所示，即使用包需要在类的可见范围内。

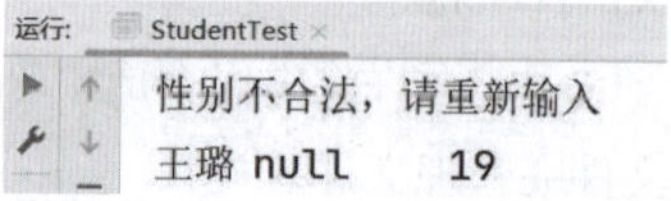

图3-13 使用不同包测试Student类

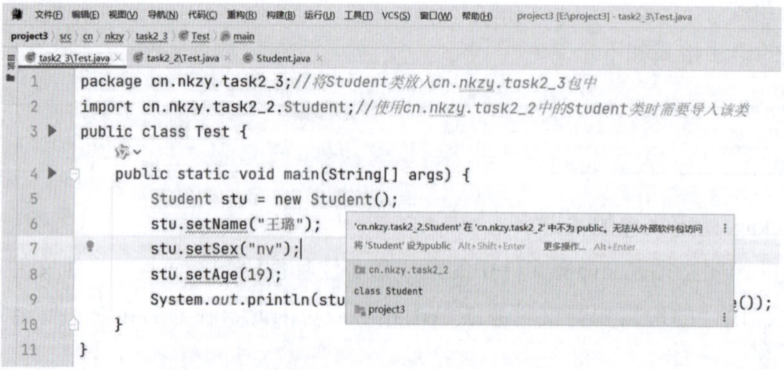

图3-14 所示包不在类的可见范围内运行结果

四、引入类库中的类

引入类库中的类需要使用import关键字来导入。

import语句语法格式：

import 包名1[.包名2.…].类名|*;

当存在多个包名时，各个包名之间使用(.)分隔，同时包名与类名之间也使用(.)分隔。

*：表示包中所有的类。

一个Java源程序中可以有多个import语句，它们必须写在package语句和源文件中类的定义之间。下面列举部分Java类库中的包：

java.lang：包含所有的基本语言类。

javax.swing：包含抽象、窗口、工具等的图形、文本、窗口GUI类。

java.io：包含所有的输入输出类。

java.util：包含实用类。

java.sql：包含操作数据库的类。

范例3-2-4　输出系统当前时间。

```
package cn.nkzy.task2_3;
import java.text.SimpleDateFormat;
import java.util.Date;//引入util包中的Date类
public class Demo{
  public static void main(String[]args){
    //创建日期格式化对象
    SimpleDateFormat sdf=new SimpleDateFormat("yyyy-MM-dd HH:mm:ss");
    //获取当前时间并进行格式化
    String currentTime=sdf.format(new Date());
    //打印输出结果
    System.out.println("当前系统时间为："+currentTime);
  }
}
```

该类导入了两个类：一个是Date类，一个是SimpleDateFormat类，它们在不同的包中，因此需要两个import语句对它们进行导入，其输出结果如图3-15所示。

图3-15　输出当前时间运行结果

任务 3 类的构造方法

任务描述

从前面所学的知识可以发现，实例化一个对象后，如果要为这个对象中的属性赋值，则必须直接访问对象的属性或调用setter()方法。如果需要在实例化对象时为这个对象的属性赋值可以通过构造方法实现。构造方法是类的一个特殊方法，在类实例化对象时自动调用。

任务目标

了解构造方法在类实例化过程中的作用，熟悉构造方法的定义方式及其在程序中的应用，并掌握构造方法的重载技巧以及this关键字在构造方法中的使用方法。

任务实现

典型工作环节1 构造方法

构造方法又被称为构造函数/构造器（Constructor），它是一个类的特殊方法，为对象中的属性进行初始化，其名称必须与类名一致，名称前不能有任何返回值类型的声明，不能在构造方法中使用return返回一个值，但可以单独写return语句作为方法的结束。

构造方法

定义构造方法的语法格式：

```
[访问修饰符] 构造方法名（[形参列表]）{
  构造方法体
}
```

创建构造方法可以手动创建，也可以使用快捷键alt+insert调出对话框来快速创建它。

范例3-3-1 定义Student类，创建构造方法并测试。

步骤1 创建Student类及其构造方法，源代码如下。

```
public class Student{
  String name;//姓名属性
  String sex;//性别属性
  int age;//年龄属性
  //构造方法
```

```
    public Student(){
        this.name="罗蕊";
        this.sex="女";
        this.age=18;
    }
}
```

步骤2 测试类源代码如下。

```
public class Test{
    public static void main(String[]args){
        Student stu=new Student();
        System.out.println(stu.name+"\t"+stu.sex+"\t"+stu.age);
    }
}
```

在main()中new Student()调用的就是构造方法，其运行结果如图3-16所示。

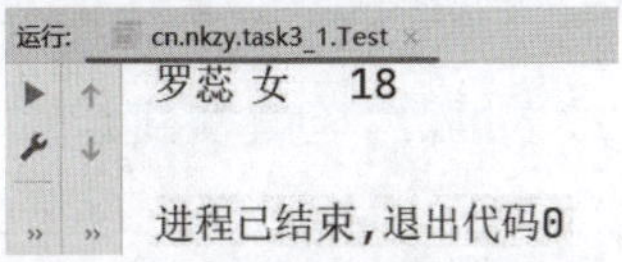

图3-16 构造方法运行结果

典型工作环节2 构造方法重载

前面我们介绍了方法重载，构造方法也是方法，它同样可以形成重载，即在同一个类中可以定义多个构造方法。

构造方法重载

范例3-3-2 定义Student类，创建3个构造方法并测试。

步骤1 定义Student类，并创建三个不同参数的构造方法，源代码如下。

```
public class Student{
    String name;//姓名属性
    String sex;//性别属性
    int age;//年龄属性
    /**
    *无参数构造方法
    */
    public Student(){
        this.name="罗蕊";
        this.sex="女";
        this.age=18;
    }
    /**
    *一个参数构造方法
```

```
  *@param name
  */
  public Student(String name){
    this.name=name;
  }
  /**
  *三个参数构造方法
  *@param name
  *@param sex
  *@param age
  */
  public Student(String name,String sex,int age){
    this.name=name;
    this.sex=sex;
    this.age=age;
  }
}
```

步骤2 创建测试类，并测试不同参数的构造方法。源代码如下。

```
public class Test{
  public static void main(String[]args){
    Student st1=new Student();//调用无参数构造方法
    System.out.println(st1.name+"\t"+st1.sex+"\t"+st1.age);
    Student st2=new Student("孙伟");//调用一个参数构造方法
    System.out.println(st2.name+"\t"+st2.sex+"\t"+st2.age);
    Student st3=new Student("马壮","男",20);//调用三个参数构造方法
    System.out.println(st3.name+"\t"+st3.sex+"\t"+st3.age);
  }
}
```

在Student类中创建了三个构造方法，分别为无参数构造方法、一个参数构造方法和三个参数构造方法，在main()中分别创建了三个Student对象调用了不同的构造方法，其运行结果如图3-17所示。

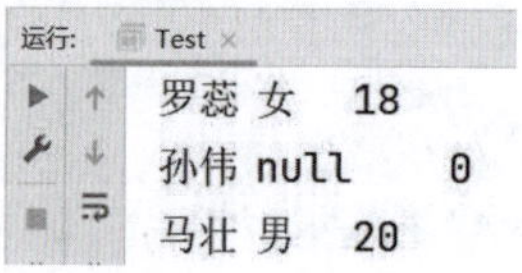

图3-17 构造方法重载运行效果

典型工作环节3 this关键字

在上面的构造方法中多次使用到this关键字，this是什么意思，能够干什么呢？

this关键字是对一个对象的默认引用，每个方法内部都有一个this引用变

this关键字

量指向调用这个方法的对象。

在Java中，当成员变量和局部变量发生重名时，需要使用this关键字区分成员变量和局部变量，Java中的this关键字语法比较灵活，其作用有3个。

1. 使用this 关键字调用本类中的属性

范例3-3-3　定义Student类，创建构造方法及输出信息方法并测试。

```
public class Student{
  String name;//姓名属性
  String sex;//性别属性
  int age;//年龄属性
  public Student(String name,int age){
    name=name;
    age=age;
  }
  public void print(){
    System.out.println("我的名字叫"+name+",我今年"+age+"岁");
  }
  public static void main(String[]args){
    Student st=new Student("吕强",18);
    st.print();
  }
}
```

运行效果如图3-18所示。

图3-18　不使用this运行效果

st对象姓名为null，年龄为0，这表明构造方法中的赋值没有成功，因为构造方法参数名称与对象成员变量名称相同，编译器无法确定哪个名称是当前对象的属性。为了解决这个问题，Java提供了关键字this指代当前对象，通过this可以访问当前对象的成员。修改范例3-3-3中的构造方法源代码如下。

```
public Student(String name,int age){
  this.name=name;
  this.age=age;
}
```

运行效果如图3-19所示。

2. 使用this关键字调用本类中的方法

范例3-3-4　定义Person类，创建name属性和info()方法并在print()方法调用info()方法，源代码如下。

图3-19　使用this调用属性运行效果

```
public class Person{
  String name;
  public void info(){
    System.out.println("我叫"+this.name);
  }
  public void print(){
    this.info();
    System.out.println("调用了info()方法");
  }
  public static void main(String[]args){
    Person per=new Person();
    per.name="王晓庆";
    per.info();
    per.print();
  }
}
```

this.info()表示调用本类的info()方法，其运行结果如图3-20所示。

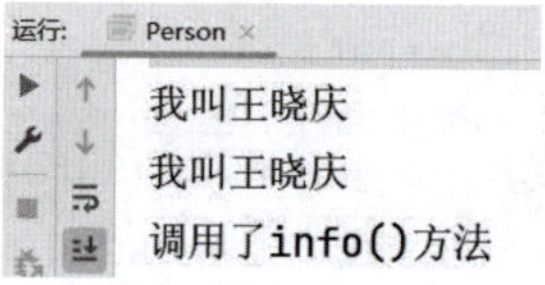

图3-20 使用this调用成员方法运行结果

3. 使用this 关键字调用本类中的构造方法

范例3-3-5 创建Teacher类，定义属性和两个构造方法，源代码如下。

```
public class Teacher{
  String name;//姓名属性
  String sex;//性别属性
  int age;//年龄属性
  public Teacher(){
    this.name="张亮亮";
  }
  public Teacher(String sex,int age){
    this();//调用无参的构造方法
    this.sex=sex;
    this.age=age;
  }
  public static void main(String[]args){
    Teacher tch=new Teacher("男",38);
    System.out.println(tch.name+"\t"+tch.sex+"\t"+tch.age);
  }
}
```

在Teacher类中定义了一个无参的构造方法和一个有两个参数的构造方法，并在有参数的构造方法中调用了无参数的构造方法，姓名就是通过调用无参数的构造方法得到的，其运行结果如图3-21所示。

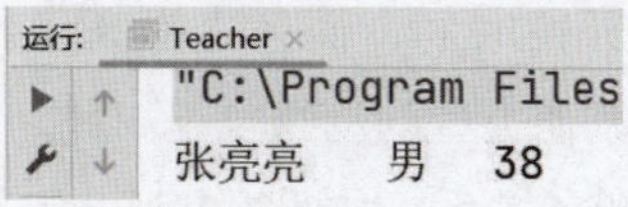

图3-21　使用this调用类的构造方法运行结果

使用this调用类的构造方法需要注意以下3点。

（1）只能在构造方法中使用this调用其他的构造方法，不能在成员方法中通过this 调用构造方法。

（2）在构造方法中使用this调用其他构造方法的语句必须位于第一行，且只能出现一次。

（3）不能在两个构造方法中使用this相互调用。

任务 4　类的继承性

任务描述

继承是面向对象编程的三大特征之一，继承可以降低代码编写的冗余度，提高编程的效率。通过继承，子类可以获得父类的哪些成员？一个子类如何继承父类的属性和方法？如何修改从父类继承过来的方法？本任务将学习类的继承性、方法重写和super关键字。

任务目标

了解类的继承性原理，掌握子类和父类之间的继承关系以及如何在实际编程中应用继承，同时熟练掌握方法重写技巧以及super关键字在子类调用父类成员时的使用方法。

任务实现

典型工作环节1　继承性

继承一般是指子辈从父辈那里继承财产，也可以说是子女拥有父母所给予他们的东西。在面向对象程序设计中，继承的含义与此类似，所不同的是，这里继承的实体是类，也就是说继承是子类拥有父类的成员。

继承性

在动物园中有许多动物，而这些动物又具有相同的属性和行为，这时就可以编写一个动物类Animal，该类中包含所有动物均具有的特征和行为，即父类。但是不同类型的动物又具有它自己特有的特征和行为。例如，狗类具有看家的行为，这时就可以编写一个狗类Dog，由于狗类也属于动物类，所以它也具有动物类所共同拥有的属性和行为。因此，在编写狗类时，就可以使Dog类继承父类Animal。这样不但可以节省程序的开发时间，而且也提高了代码的可重用性。其他类型的动物也是如此，它们与Animal类的继承关系，如图3-22所示。

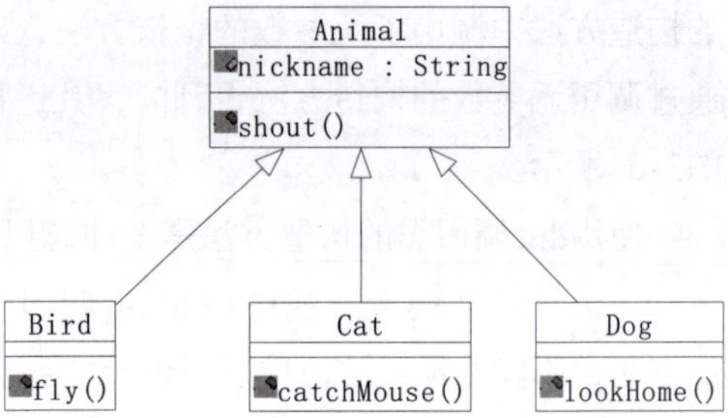

图3-22 动物类之间的继承关系

继承最基本的作用就是使得代码可重用，增加软件的可扩充性。Java中只支持单继承，即每个类最多只能有一个直接父类，而且除了Object类之外每个类都有一个父类。Java基础类中有一个类Object，它是所有类的直接父类或者间接父类，如果在定义一个类时没有说明该类继承自哪个类，则该类的父类是Object。前面我们定义的所有类的父类都是Object类。

继承的语法格式如下。

```
[访问修饰符] class 子类 extends 父类{
}
```

访问修饰符如果是public，那么该子类在整个项目中可见，如果为默认访问修饰符，则该子类只在本包中可见。

范例3-4-1 创建Person类和Student类，让Student类继承Person类并测试继承性。

步骤1 创建Person类及其属性、方法，封装属性，源代码如下。

```
public class Person{
  private String name;//姓名属性
  private String sex;//性别属性
  private int age;//年龄属性
  public String getName(){
    return name;
  }
  public void setName(String name){
    this.name=name;
  }
  public String getSex(){
    return sex;
  }
  public void setSex(String sex){
    this.sex=sex;
  }
  public int getAge(){
    return age;
  }
  public void setAge(int age){
```

```
        this.age=age;
    }
    public Person(){
        this.sex="女";
    }
    public Person(String name,String sex,int age){
        this.name=name;
        this.sex=sex;
        this.age=age;
    }
    protected void wish(){
        System.out.println(this.name+"的愿望是：为中华文化增砖添瓦");
    }
    void sleep(String str){
        System.out.println(this.name+"睡觉的时候"+str);
    }
}
```

步骤2　Student类继承Person类，源代码如下。

```
public class Student extends Person{
}
```

步骤3　测试类的继承性，源代码如下。

```
public class Test{
    public static void main(String[]args){
        Student stu=new Student();//无参数的构造方法
        //stu.name;//private修饰的成员无法直接继承
        stu.setName("吕彤桐");//通过封装的共有的方法可以继承name值
        System.out.println(stu.getName()+"\t"+stu.getSex());
        stu.wish();//protected修饰的可以继承
        stu.sleep("爱说梦话");//default修饰的可以继承
        //Student st=new Student("张晓赫","男",20);//有参数的构造方法无法继承
    }
}
```

运行结果如图3-23所示。

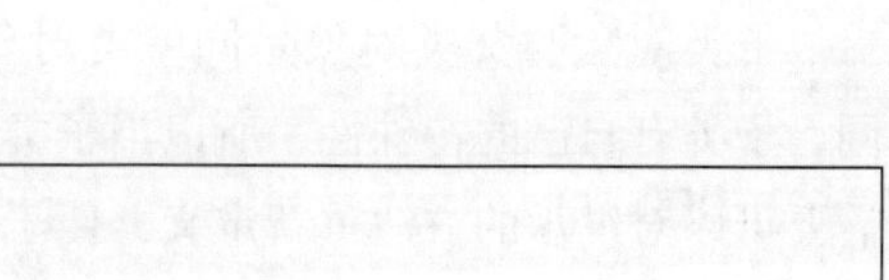

图3-23　子类继承父类运行结果

子类除了可以继承父类的一些属性和方法外，还可以定义自己特有的属性和方法。修改范例3-4-1中的Student类和Test类，新增子类Student的特有属性和方法。

步骤1 在Student中添加特有的属性和方法，修改源代码如下。

```
public class Student extends Person{
  String sno;//子类特有的属性
  //子类特有的方法
  public void study(String course){
    System.out.println(this.sno+"正在学"+course);
  }
}
```

步骤2 在上面的测试类中添加源代码如下。

```
stu.sno="0101";//为子类特有的属性赋值
stu.study("Java程序设计课程");//调用子类特有的方法
```

运行结果如图3-24所示，其中Student类中新增了sno属性和study()方法，在测试类中可以调用子类自己特有的属性和方法。

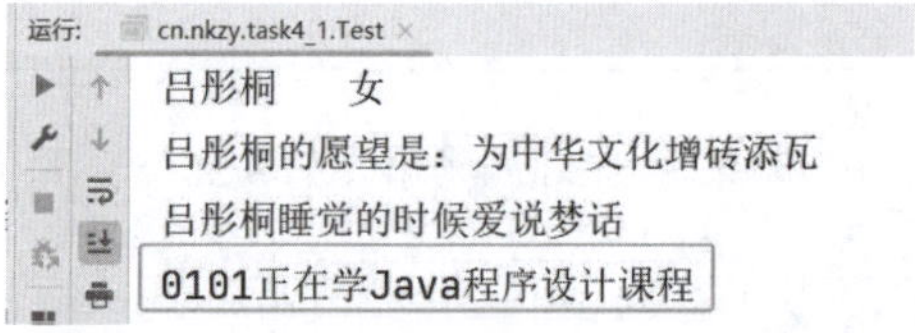

图3-24 继承父类后添加特有成员运行结果

典型工作环节2 方法重写

子类对象与父类对象是同一类对象，但子类对象不完全与父类对象相同，子类有自己的特殊性，所以当子类继承父类的方法后，子类根据自身的需要可以对继承的方法重新定义，便于子类对象表现出与父类对象不同的行为。这种对方法重新定义的过程称为方法的重写（Override），也称方法覆盖，子类重写的方法需要和父类中被重写的方法具有相同的方法名、参数列表和返回值类型。方法重写体现了子类补充或者修改父类方法的能力，通过重写可以使一个方法在不同的子类中表现出不同的行为。

方法重写

范例3-4-2 创建包，在包中创建Teacher类和Doctor类，让Teacher和Doctor类都继承【范例3-4-1】中Person类并对其中的同名方法进行重写，测试方法重写。

步骤1 创建Teacher类继承自Person类，并重写wish()方法，源代码如下。

```
public class Teacher extends Person{
  String tno;//子类特有的属性
  //子类特有的方法
  public void teach(){
    System.out.println(this.tno+"努力教好我的每一位学生！");
  }
  //Teacher子类重写Person父类的wish()方法
```

```
  protected void wish(){
    System.out.println(this.tno+"的愿望是：希望每一位学生都能成为国家栋梁");
  }
}
```

步骤2　创建Doctor类继承自Person类，并重写wish()方法，源代码如下。

```
public class Doctor extends Person{
  String dno;//子类特有的属性
  //子类特有的方法
  public void operate(String type){
    System.out.println(this.dno+"正在做"+type+"手术");
  }
  /**
  *Doctor子类重写Person父类的wish()方法
  */
  public void wish(){
    System.out.println(this.dno+"的愿望是：治病救人,救死扶伤！");
  }
}
```

步骤3　测试Student和Teacher类的对象属性、方法和重写的方法，源代码如下。

```
public class Test{
  public static void main(String[]args){
    //测试教师对象
    Teacher t=new Teacher();
    t.tno="010101";
    t.setName("张烁");
    t.teach();//调用的Teacher特有的方法
    t.wish();//调用Teacher重写后的wish()方法
    //测试医生对象
    Doctor d=new Doctor();
    d.dno="100001001";
    d.setName("姜宏利");
    d.operate("阑尾炎");//调用Doctor特有的方法
    d.wish();//调用Doctor重写后的wish()方法
  }
}
```

在Teacher类和Doctor类分别对Person类中的wish()方法进行了重写操作，在测试类中调用wish()方法的时候，其输出结果为子类重写父类的wish()方法的内容，运行结果如图3-25所示。

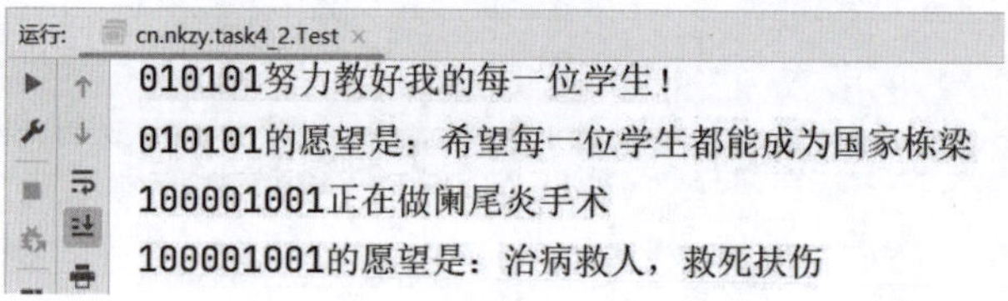

图3-25　方法重写的运行结果

前面我们学习了方法重载和方法重写，其名字非常相似，那么它们有何异同呢？

相同点：都是类中的同名方法，即方法名相同。

不同点：

（1）方法重载是同一个类中的同名方法，方法重写是父类和子类中的同名方法。

（2）方法重载要求参数列表不同，方法重写要求参数列表相同。

（3）方法重载与返回值类型无关，方法重写要求返回值类型也必须相同。

（4）方法重载与方法的访问修饰符无关，方法重写要求子类不能缩小重写后父类同名方法的访问修饰符。

典型工作环节3　super关键字

当子类重写父类的方法后，子类对象将无法访问父类中被子类重写过的方法。为了解决该问题，Java提供了super关键字，可以在子类中访问父类的非私有属性、普通方法、构造方法。

super访问父类成员

1. super访问父类的非私有成员

```
访问非私有属性格式：super.属性
访问非私有方法格式：super.方法([参数列表])
```

范例3-4-3　创建Person类和Student类，让Student类继承Person类，重写sleep方法()，调用父类的sleep()方法，并测试。

步骤1　创建Person类及其属性、方法，源代码如下。

```
public class Person{
  String name;//姓名属性
  String sex;//性别属性
  int age;//年龄属性
  void sleep(){
    System.out.println(this.name+"睡觉的时候打鼾");
  }
}
```

步骤2　创建Student类继承自Person类，并使用super调用父类的方法，源代码如下。

```
public class Student extends Person{
  String sno;//子类特有的属性
  //子类特有的方法
  public void study(String course){
    System.out.println("学习"+course);
  }
  /**
  *子类重写父类的sleep()方法
  */
  public void sleep(){
    super.sleep();//调用父类的方法
    System.out.println(super.name+"还经常说白天学习的代码");//调用的父类的属性
  }
}
```

步骤3　测试使用super调用父类的属性和方法，源代码如下。

```
public class Test{
  public static void main(String[]args){
    Student stu=new Student();
    stu.name="赵宇";
    stu.sleep();//调用Student重写后的wish()方法
  }
}
```

在Student类中重写sleep()方法时，先调用了父类Person的sleep()方法，又调用了父类的name属性，运行结果如图3-26所示。

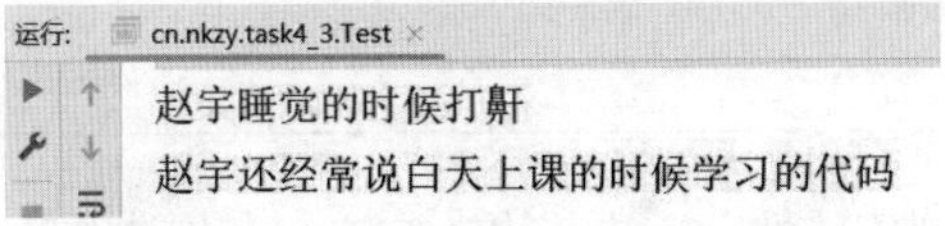

图3-26　super调用成员运行效果

super访问父类的构造方法

2. super关键字访问父类的构造方法

```
语法格式：super([参数列表])
```

范例3-4-4　创建Person类和Student类，在Person类中对属性进行封装，并设置三个参数的构造方法，让Student类继承Person类，创建Student类的构造方法，然后重写sleep()方法。

步骤1 创建Person类及其属性、方法、构造方法，对属性进行封装，源代码如下。

```
public class Person{
  private String name;//姓名属性
  private String sex;//性别属性
  private int age;//年龄属性
  public String getName(){
    return name;
  }
  public void setName(String name){
    this.name=name;
  }
  public String getSex(){
    return sex;
  }
  public void setSex(String sex){
    this.sex=sex;
  }
  public int getAge(){
    return age;
  }
  public void setAge(int age){
    this.age=age;
  }
  public Person(String name,String sex,int age){
    this.name=name;
    this.sex=sex;
    this.age=age;
  }
  void sleep(){
    System.out.println(this.name+"睡觉的时候磨牙");
  }
}
```

步骤2 创建Student类继承自Person类，创建属性、方法、构造方法，在构造方法中调用父类的构造方法，源代码如下。

```
public class Student extends Person{
  private String sno;//子类特有的属性
  public String getSno(){
     return sno;
  }
```

```
  public void setSno(String sno){
    this.sno=sno;
  }
  public Student(String name,String sex,int age,String sno){
    super(name,sex,age);//调用父类的构造方法
    this.sno=sno;
  }
  //子类特有的方法
  public void study(String course){
    System.out.println(super.getName()+"正在学"+course);//调用父类的封装方法
  }
  /**
  *Student子类重写Person父类的sleep()方法
  */
  void sleep(){
    super.sleep();//调用父类的sleep()方法
    System.out.println(this.getSno()+"还经常说课堂的精彩内容");
  }
}
```

步骤3　测试使用super调用父类的构造方法，源代码如下。

```
public class Test{
  public static void main(String[]args){
    Student stu=new Student("赵玉珍","女",20,"0302");
    stu.study("Java程序设计");//调用子类特有的方法
    stu.sleep();//调用Student重写后的sleep方法
  }
}
```

在Student类的构造方法中调用了父类的三个参数的构造方法，并传递了三个参数name、sex、age，在study()方法中调用了父类的getName()方法，用于获取name值，并且在子类重写父类的方法中使用super调用了父类Person的sleep()方法，在子类中还使用this关键字调用了子类的getSno()方法获取学生对象的学号，其运行结果如图3-27所示。

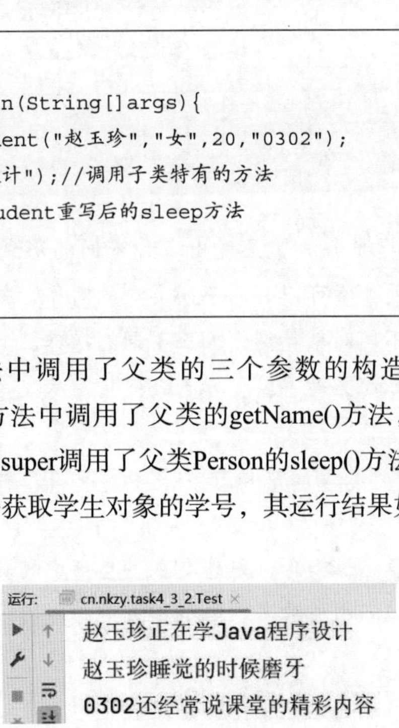

图3-27　super调用父类构造方法运行效果

值得注意的是Test类中stu对象调用的sleep()方法是Student子类的sleep()方法，这说明如果在子类中重写父类的sleep()方法，使用子类对象调用sleep()方法时会自动调用子类中sleep()方法。通过super调用父类的构造方法的代码必须位于子类构造方法的第一行代码，且只能出现一次。

super与this关键字的作用非常相似，都是访问属性以及调用方法和构造方法的，但是两者之间还是有一定区别，见表3-3。

表3-3 this与super关键字的区别

区别	this	super
调用构造方法	调用本类构造方法，必须放在构造方法的第一行	调用父类构造方法，必须放在子类构造方法的第一行
调用成员	如果本类中没有该成员，则从父类中继续查找	直接调用父类中的非私有成员

值得注意的是this和super 不可以同时出现，因为使用this和super 调用构造方法的代码都要求必须放在构造方法的首行。

任务5 类的多态性

任务描述

多态一词的通常含义是指事务能够呈现出多种不同的形式或形态。而在程序设计语言中，它意味着一个特定类型的变量可以引用不同类型的对象，并且能自动地调用引用对象的方法，也就是根据作用到的不同对象类型，响应不同的操作。本任务主要学习类的多态性、向上转型、向下转型、instanceof关键字。

任务目标

了解面向对象编程中的多态性概念，熟悉类在多态性中的具体体现，并掌握多态的向上转型、向下转型操作以及instanceof关键字在类型判断中的使用方法。

任务实现

典型工作环节1　多态性

多态是面向对象思想中的一个非常重要的概念。在Java中多态是指不同类型的对象在调用同一个方法时表现出的多种不同行为，例如要实现一个输出动物叫声的方法，由于每种动物的叫声是不同的，因此可以在调用叫的方法中接收一个动物类型的参数，当传入马类型对象时就发出马的叫声，当传入牛类对象时就发出牛的叫声，像这种在同一个方法中由于参数类型不同而导致执行结果不同的现象就是多态。

多态性

范例3-5-1　有一个动物类Animal，它有几个子类，如Cow(奶牛)、Sheep(羊)等，其中动物类定义了叫的方法shout()，子类分别重写了shout()方法。请在main()方法中分别实例化各种具体的动物，并调用shout()方法。

步骤1　创建Animal类、属性及方法，源代码如下。

```
public class Animal{
  String Color;
  public void shout(){
    System.out.println("zzz...");
  }
}
```

步骤2　创建Cow类继承自Animal类，并对Animal的shout方法进行重写，源代码如下。

```
public class Cow extends Animal{
  public void shout(){
    System.out.println("哞哞哞...");
  }
}
```

步骤3　创建Sheep类继承自Animal类，并对Animal的shout方法进行重写，源代码如下。

```
public class Sheep extends Animal{
  public void shout(){
    System.out.println("咩咩咩...");
  }
}
```

步骤4　测试类的多态性，源代码如下。

```
public class Test{
  public static void main(String[]args){
    Animal a1=new Cow();
    a1.shout();
    a1=new Sheep();
    a1.shout();
  }
}
```

运行效果如图3-28所示，测试类里定义的是Animal类型的对象，但实际执行时都是调用Animal子类重写后的shout()方法，其中的代码就体现了类的多态性。多态意味着在一次方法调用中根据作用到的对象实际类型（即实际的子类对象类型）来决定应该调用哪个方法，而不是由用来存储对象引用变量的类型决定的。当调用方法时，为了实现多态的操作，这个方法既是在父类中声明过的，也必须是在子类中重写过的方法，即方法重写是实现多态的基础。

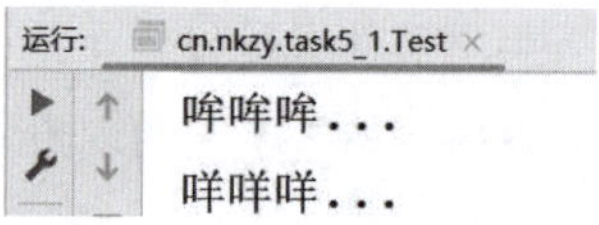

图3-28　多态体现运行结果

典型工作环节2 向上转型

子类向父类的转换称为向上转型，父类的对象可以调用子类重写父类的方法，这样当需要新增功能时，只需要新增一个子类，在子类中对父类的功能进行扩充，而不更改父类的代码，保证了程序的安全性。向上转型程序自动完成，语法格式如下。

向上转型

```
父类型 父类对象名=new 子类型();
```

它类似于前面学习的基本数据类型转换中的低类型自动转换高类型。

例如：int a=34;

double b=a;

范例3-5-2 有一个动物类Animal，它有Cow(奶牛)、Sheep(羊)两个子类，其中动物类定义了color属性、shout()方法，子类分别重写了shout()方法，并添加了子类特有的属性和方法。

步骤1　创建Animal类、属性及方法，源代码如下。

```
public class Animal{
  public String color;
  public void shout(){
    System.out.println("zzz...");
```

```
    }
    public void sleep(){
      System.out.println("ccc...");
    }
}
```

步骤2　创建Cow类继承自Animal类，定义其特有的属性和方法，并对Animal的shout方法进行重写，源代码如下。

```
public class Cow extends Animal{
  public int count;//出奶量
  public void milk(){
    System.out.println("该头奶牛的产奶量为"+this.count+"升");
  }
  public void shout(){
    System.out.println("哞哞哞...");
  }
}
```

步骤3　创建Sheep类继承自Animal类，定义其特有的方法，并对Animal的shout方法进行重写，源代码如下。

```
public class Sheep extends Animal{
  public void eat(){
    System.out.println("只吃青草,请爱护青青草原！");
  }
  public void shout(){
    System.out.println("咩咩咩...");
  }
}
```

步骤4　测试向上转型，源代码如下。

```
public class Test{
  public static void main(String[]args){
    Animal a=new Cow();//向上转型
    a.color="黑白花";
    system.out.println("该头奶牛的颜色为"+a.color);
    //a.count;//调用不到子类特有的属性
    a.shout();//调用重写后的叫方法
    a.sleep();//调用继承父类的方法
```

```
    //a.milk();//调用不到子类特有的方法
    a=new Sheep();//向上转型
    a.shout();//调用重写后的叫方法
    //a.eat();//调用不到子类特有的方法
    a.sleep();//调用继承父类的方法
  }
}
```

在测试类中Animal a=new Cow()和a=new Sheep()都是子类向父类的转换，是自动完成的，调用shout()方法也分别是子类重写后的shout()方法的内容，体现了类的多态性和向上转型，运行结果如图3-29所示。

从以上代码可以总结出子类转换成父类时的规则。

（1）向上转型，系统会自动进行类型转换。

（2）通过父类引用变量调用的方法是子类覆盖或继承了父类的方法。

（3）通过父类引用变量无法调用子类特有的属性和方法。

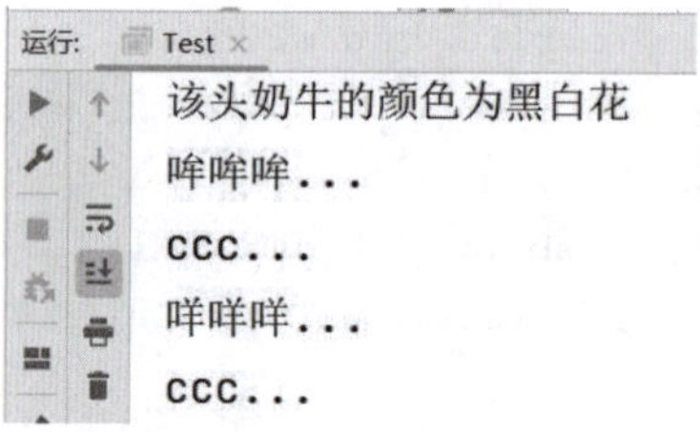

图3-29　向上转型运行结果

典型工作环节3　向下转型

通过刚刚学习的向上转型我们知道父类引用变量不能调用子类特有的属性和方法，如果需要调用子类特有的成员时，可以通过父类对象转换为子类对象实现。

向下转型

将一个指向子类对象的父类引用赋给一个子类对象的引用，即将父类型转换为子类型，称为向下转型，此时需要进行强制类型转换。

向下转型的语法格式如下。

```
子类型 子类对象=(子类型)父类对象;
```

范例3-5-3　创建测试类，对【范例3-5-2】中的Animal、Cow和Sheep进行向下转型测试。

源代码如下。

```
public class Test{
  public static void main(String[]args){
    Animal a=new Cow();//向上转型,自动完成
    a.color="白色";
    system.out.println("该头奶牛的颜色为"+a.color);
```

```
        Cow cow=(Cow)a;//向下转型,强制完成
        cow.count=25;//通过向下转型后的对象,可以调用它特有的属性
        cow.milk();
        a=new Sheep();
        a.shout();
        ((Sheep)a).eat();//向下转型后直接调用子类特有的方法
    }
}
```

其中Cow cow=（Cow）a；进行了向下转型，将Animal类型的对象a强制转换为Cow类型的对象并保存到cow中，此时cow对象就可以调用Cow类特有的属性和方法了，((Sheep)a).eat()是使用快捷键进行的强制转换，直接将a强制转换Sheep类型的对象后调用了Sheep对象的特有方法，运行结果如图3-30所示。

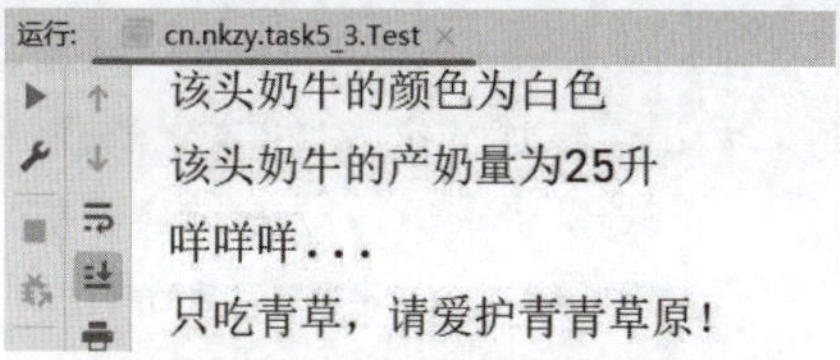

图3-30　向下转型运行结果

典型工作环节4　instanceof关键字

在向下转型的过程中，如果不是转换为真实的子类型，会出现类型转换异常。

instanceof
关键字

范例3-5-4　创建测试类，测试【范例3-5-2】中的对象。

源代码如下。

```
public class Test{
    public static void main(String[]args){
        Animal a=new Cow();//向上转型
        a.shout();
        Sheep sheep=(Sheep)a;
    }
}
```

该代码运行会出现“Exception in thread “main” java.lang.ClassCastException: cn.nkzy.task5_2.Cow cannot be cast to cn.nkzy.task5_2.Sheep at cn.nkzy.task5_4.Test.main（Test.java:9）”，即类型转换异常。

Java中提供了instanceof运算符来进行类型的判断，其语法格式如下。

```
对象名 instanceof 类名|接口名;
```

范例3-5-5 在【范例3-5-4】的测试类中，测试【范例3-5-2】中的对象类型。

源代码如下。

```
public class Test{
  public static void main(String[]args){
    Animal a=new Cow();//向上转型
    a.color="黄色";
    system.out.println("该头奶牛的颜色为"+a.color);
    Cow cow=(Cow)a;//向下转型,强制完成
    cow.count=25;//通过向下转型后的对象,可以调用它特有的属性
    cow.milk();//调用子类特有的方法
    a=new Sheep();//调用子类特有的方法
    a.shout();//调用重写后的叫方法
    ((Sheep)a).eat();//向下转型后直接调用子类特有的方法
    if(a instanceof Cow){
      System.out.println("该动物是奶牛");
    }else if(a instanceof Sheep){
      System.out.println("该动物是羊");
    }else{
      System.out.println("未知类型的动物");
    }
  }
}
```

我们使用if...else if配合instanceof进行了动物类型的判断，其运行结果如图3-31所示。

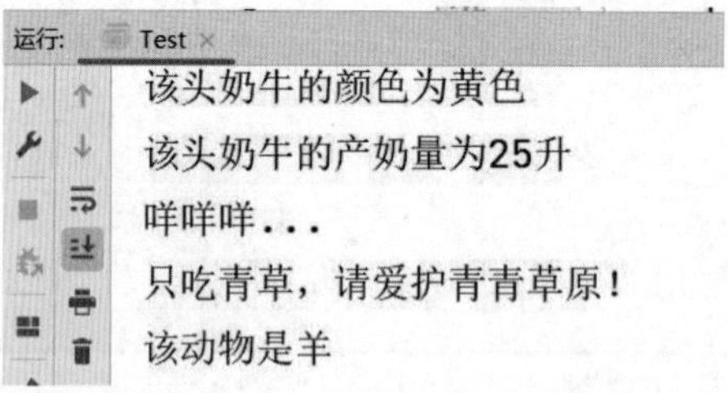

图3-31 使用instanceof判断对象类型运行效果

任务 6　抽象类和接口

任务描述

抽象类往往用来表征对问题领域进行分析、设计中得出的抽象概念，是对一系列看上去不同，但是本质上相同的具体概念的抽象。而接口则是把自己提供给外界的一种抽象功能用以由内部操作分离出外部沟通方法，使其能被内部修改而不影响外界其他实体与其交互的方式。本任务将学习Java中的抽象方法、抽象类和接口。

任务目标

了解抽象方法、抽象类以及接口的基本概念，掌握它们在具体编程中的实现方式，并熟悉final关键字在各种场景下的应用方法。

任务实现

典型工作环节1　抽象方法与抽象类

普通类是一个完善的功能类，可以直接实例化对象，并且在普通类中可以包含构造方法、普通方法、常量和变量等内容，定义普通方法用于描述类的行为，但有时这些方法的实现方式是无法确定的。比如前面定义的Animal类中的shout()方法用于描述动物的叫声，但针对不同的动物类型叫声不同，因此在shout()方法中无法准确描述动物的叫声。针对这种情况的描述，Java中提供了抽象方法来满足这种需求。抽象方法是使用abstract关键字修饰的成员方法，抽象方法在定义时不需要实现方法体，其语法格式如下。

抽象方法和抽象类

```
[访问修饰符] abstract 返回类型 方法名([参数列表]);
```

普通方法与抽象方法的区别：

（1）抽象方法需要使用abstract修饰，普通方法不需要。

（2）抽象方法没有方法体，普通方法有方法体。

当一个类包含了抽象方法时该类就是抽象类。抽象类在定义时与抽象方法相同，必须使用abstract 关键字进行修饰，抽象类的语法格式如下。

```
[访问修饰符] abstract class抽象类名{
  [访问修饰符] 数据类型 属性名;
  [访问修饰符] 返回值类型 方法名([参数列表]){
    方法体
  }
  [访问修饰符]abstract 返回值类型 方法名称([参数列表]);
}
```

从上面抽象类的语法格式中可以发现，抽象类的定义比普通类多了一个或多个抽象方法，其他地方与普通类的组成基本相同。

抽象类的定义规则如下。

（1）包含抽象方法的类必须是抽象类，但抽象类中也可以没有抽象方法。

（2）声明抽象类和抽象方法时都要使用abstract关键字修饰。

（3）抽象方法只需要声明而不需要实现。

（4）一个普通类继承了抽象类之后，那么该类必须重写抽象类中的全部抽象方法。

范例3-6-1 定义Animal抽象类、Cow类和Sheep类，在Animal中定义一个抽象方法，让Cow和Sheep类继承Animal类并实现其抽象方法，测试抽象类和抽象方法。

步骤1 创建Animal抽象类、属性及方法，对属性进行封装，并定义抽象方法，源代码如下。

```
public abstract class Animal{
  private String nickName;
  private int age;
  public String getNickName(){
    return nickName;
  }
  public void setNickName(String nickName){
    this.nickName=nickName;
  }
  public int getAge(){
    return age;
  }
  public void setAge(int age){
    this.age=age;
  }
  public void run(){
    System.out.println(this.nickName+"四肢奔跑");
  }
  public abstract void shout();
}
```

步骤2　创建Cow类继承自Animal类，定义属性、方法，对属性进行封装，对父类的抽象方法进行实现，源代码如下。

```
public class Cow extends Animal{
  private String color;
  public String getColor(){
    return color;
  }
  public void setColor(String color){
    this.color=color;
  }
  @Override
  public void shout(){
    System.out.println(this.getNickName()+"哞哞哞...");
  }
}
```

步骤3　创建Sleep类继承自Animal类，对父类的抽象方法进行实现，源代码如下。

```
public class Sheep extends Animal{
  @Override
  public void shout(){
    System.out.println(this.getNickName()+"咩咩咩...");
  }
}
```

步骤4　测试抽象类和抽象方法，源代码如下。

```
public class Test{
  public static void main(String[]args){
    // Animal a=new Animal();//抽象类不能实例化
    Cow cow=new Cow();
    cow.setNickName("小黄");
    cow.run();//继承父类的方法
    cow.shout();//调用子类实现父类的抽象方法
    Animal a=new Sheep();//使用子类实例化,实现多态的向上转型
    a.setNickName("花花");
    a.run();
    a.shout();//调用子类实现父类的抽象方法
  }
}
```

在Animal类中定义了两个私有的属性并进行了封装，定义一个普通方法run()，一个抽象方法shout()，此时Animal就必须定义为抽象类，Cow类和Sheep类继承了Animal类，并对其抽象方法shout()进行了重写，在Test测试类中，当new Animal()时会报错，因此无法实例化抽象类Animal。我们可以直接实例化继承Animal的子类Cow，并可以调用它继承自父类Animal的成员，但调用的shout()方法是子类实现（重写）父类的抽象方法，还可以让父类的引用指向子类实例化的对象，实现类多态的向上转型，运行结果如图3-32所示。

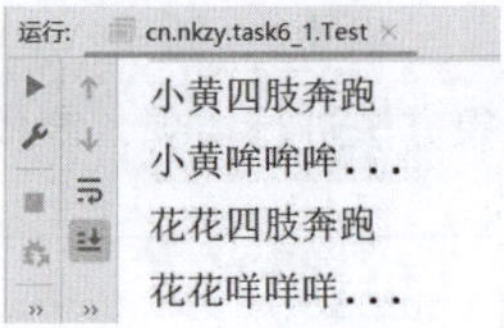

图3-32 抽象方法与抽象类运行结果

final关键字

典型工作环节2 final关键字

在默认情况下，只要在访问权限允许的情况下类的所有成员变量（属性）和成员方法都可以被子类重写。如果希望类的成员不能够被子类重写，可以在声明父类的成员时使用final关键字修饰。在Java中可以使用final关键字修饰类、属性和方法。

1. 使用final关键字修饰属性

Java中被final修饰的变量为常量，常量只能在声明时进行一次赋值，在后面的程序代码中它的值不能被改变。如果再次对final修饰的常量赋值，则程序会在编译时报错。

范例3-6-2 创建Animal类，在Animal中定义final修饰的属性并测试。

源代码如下。

```
public class Animal{
  public static final String TYPE="奶牛";
  public void shout(){
    final int AGE=3;
    //AGE++;//"java:无法为最终变量AGE分配值"
    System.out.println(AGE+"岁的动物叫声最动听");
  }
  public static void main(String[]args){
    Animal a=new Animal();
    a.shout();
    //a.TYPE="狗";//无法为最终变量TYPE分配值
    System.out.println("动物的类型是: "+Animal.TYPE);
  }
}
```

在Animal类中的shout()方法定义了AGE常量，如果执行AGE++，则系统会报“java:无法为最终变量AGE分配值”的错误，这是因为final修饰的常量本身不可再次修改值。使用final声明的常量，其名称要求全部为大写字母，如果程序中声明的常量使用public static final修饰，则该常量为全局常量，在整个项目中均可使用，static关键字修饰的常量可以直接使用类名.常量名的方式调用，static关键字会在项目四中进行具体的讲解，运行结果如图3-33所示。

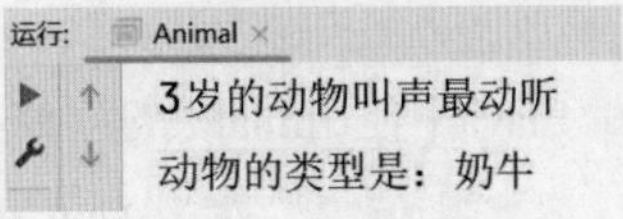

图3-33　final修饰属性运行结果

2. 使用final修饰方法

当一个类的方法被final关键字修饰时，该类的子类将不能重写该方法。

范例3-6-3　创建Animal类，定义使用final关键字修饰的方法，Cow类继承自Animal类，测试final修改的方法。

步骤1　创建Animal类，并定义一个使用final修饰的方法，源代码如下。

```
public class Animal{
  public final void shout(){
    System.out.println("zzz...");
  }
}
```

步骤2　创建Cow类继承自Animal类，重写父类中final修饰的方法，源代码如下。

```
public class Cow extends Animal{
  public void shout(){
    System.out.println("哞哞哞...");
  }
}
```

步骤3　测试Cow 类，源代码如下。

```
public class Test{
    public static void main(String[]args){
    Cow cow=new Cow();
    cow.shout();
  }
}
```

在Animal类中定义了一个使用final关键字修饰的shout()方法，在Cow类中重写了父类Animal中的shout()方法，运行代码编译器报错，如图3-34所示。

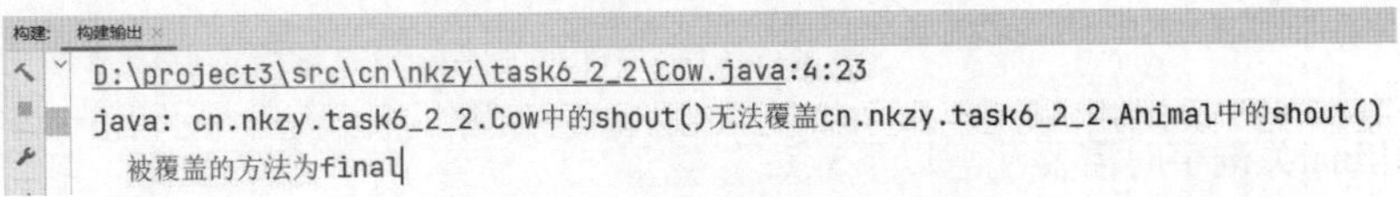

图3-34　final修饰方法运行结果

3. final关键字修饰类

Java中使用final关键字修饰的类不能够被继承，也就是被final修饰的类不能派生子类。

范例3-6-4 定义Animal类中，使用final关键字修饰它，并测试它是否可以派生子类。

步骤1　创建Animal类，使用final修饰，源代码如下。

```
public final class Animal{
  public void shout(){
    System.out.println("zzz...");
  }
}
```

步骤2　创建Cow类继承Animal类，源代码如下。

```
public class Cow extends Animal{//报错
  public void shout(){
    System.out.println("哞哞哞...");
  }
}
```

步骤3　测试Cow，源代码如下。

```
public class Test{
  public static void main(String[]args){
    Cow cow=new Cow();
    cow.shout();
  }
}
```

定义Animal类时我们使用final进行了修饰，此时Animal类就不允许被任何其他的类继承，定义Cow类时使用extends继承Animal是不允许的，定义测试类创建Cow类的对象，编译类文件时编译器会报错，如图3-35所示。

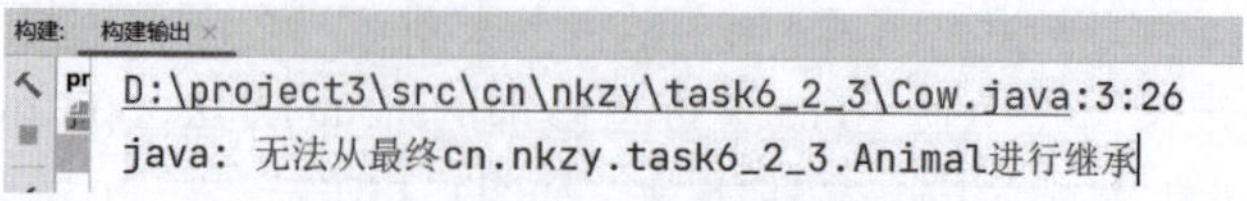

图3-35　final修饰类运行结果

在使用final关键字时需要注意以下3点：

（1）使用final关键字修饰的类不能派生子类。

（2）使用final关键字修饰的方法不能被子类重写。

（3）使用final关键字修饰的变量是常量，不能修改其值。

典型工作环节3　接口

在现实生活中，USB接口实际上是某些企业和组织制定的一种约定或标准，规定了接口的大小、形状等。按照该约定设计的各种设备，如U盘、USB鼠标、USB 键盘、手机等都可以插到 USB 接口正常工作，如图3-36所示。

接口

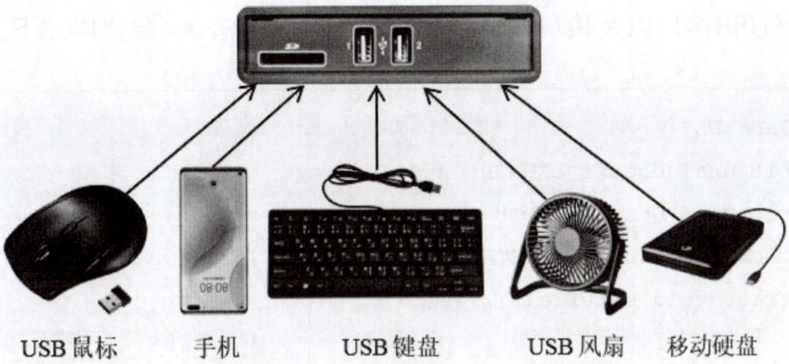

图3-36　生活中的USB接口

Java中接口的作用和生活中的接口相似，它提供一种约定，使得实现接口的类在形式上保持一致。如果抽象类中所有的方法都是抽象方法，就可以使用Java提供的接口来表示。从这个角度来讲，接口可以看作是一种特殊的抽象类，但是采用与抽象类完全不同的语法结构，两者的设计理念也不同。简单地说，接口是一个不能实例化的类型。定义接口的语法格式如下。

```
[public]interface 接口名{
  [public][static][final] 数据类型 常量名=常量值;
  [public][abstract] 返回类型 抽象方法名([参数列表]);
}
```

（1）和抽象类不同，定义接口使用interface关键字，访问修饰符只能是public，且可省略。

（2）接口成员可以是全局常量和公共的抽象方法。

与抽象类一样，使用接口也必须通过子类实现，子类通过implements关键字实现接口，实现接口的语法格式如下。

```
[访问修饰符] class 类名 implements 接口名{
  属性
  普通方法
  实现方法
}
```

（1）实现接口使用implements关键字修饰。

（2）实现接口的类必须实现接口中定义的所有抽象方法，允许实现类定义自己特有的属性和普通方法。

范例3-6-5 定义一个USB接口，在接口中有一个服务操作，定义多个类实现USB的不同服务。

步骤1 定义USB接口以及接口的成员（常量和抽象方法），源代码如下。

```
public interface USB{
  public static final Double LENGTH=12.0;//长
  public static final Double WIDTH=4.5;//宽
  public static final Double HEIGTH=3.5;//高
  public abstract void service();//抽象方法
}
```

步骤2 定义MDisk类实现USB接口，源代码如下。

```
public class MDisk implements USB{
  @Override
  public void service(){
    System.out.println("实现数据读取与保存");
  }
}
```

步骤3 定义Phone类实现USB接口，源代码如下。

```
public class Phone implements USB{
  @Override
  public void service(){
    System.out.println("实现数据传输和充电");
  }
}
```

步骤4 定义测试类，测试USB接口的两个实现类，源代码如下。

```
public class Test{
  public static void main(String[]args){
    //USB usb=new USB();接口不能实例化
     MDisk disk=new MDisk();
     System.out.println("接口长:"+MDisk.LENGTH+",宽: "+MDisk.WIDTH+",高:"+MDisk.
HEIGTH);
    disk.service();
    USB usb=new Phone();//多态
    System.out.println("接口长:"+usb.LENGTH+",宽: "+usb.WIDTH+",高:"+usb.HEIGTH);
    usb.service();
  }
}
```

首先定义USB接口，接口的常量（LENGTH：长、WIDTH：宽、HEIGTH：高），并定义service()方法为USB接口提供服务，然后让移动硬盘类MDisk和手机类Phone实现USB接口对service()方法进行重写，测试USB接口的不同实现类，运行结果如图3-37所示。

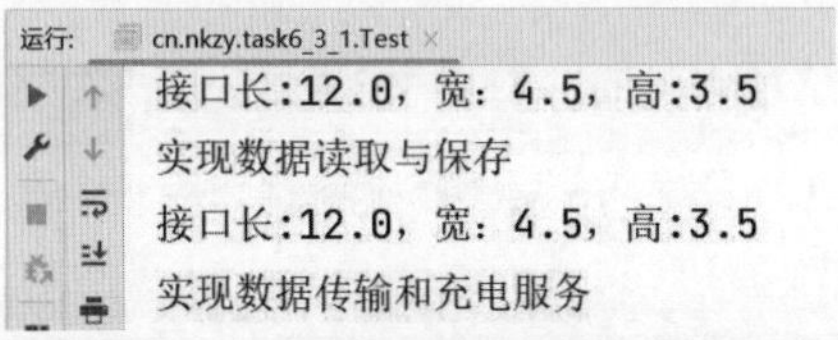

图3-37　USB接口测试运行结果

接口继承

接口本身也可以继承接口。接口继承的语法格式如下。

```
[public]interface 接口名 extends 父接口1,父接口2,.……{
  常量
  方法
}
```

范例3-6-6　定义Animal接口、Pet接口和Bird接口，让Bird接口同时继承Animal接口和Pet接口，定义Parrot类实现各个接口中的抽象方法。

步骤1　创建Animal接口，源代码如下。

```
public interface Animal{
  void shout();
}
```

步骤2 创建Pet接口，源代码如下。

```
public interface Pet{
  void feet();
}
```

步骤3 创建Bird接口继承自Animal接口和Pet接口，源代码如下。

```
public interface Bird extends Animal,Pet{
  void eat();
}
```

步骤4 创建Parrot类实现Bird接口，源代码如下。

```
public class Parrot implements Bird{
  @Override
  public void shout(){
    System.out.println("嘤嘤嘤...");
  }
  @Override
  public void eat(){
    System.out.println("爱吃小米");
  }
  @Override
  public void feet(){
    System.out.println("喂养需要仔细");
  }
}
```

步骤5 创建测试类，测试Parrot对象，源代码如下。

```
public class Test{
  public static void main(String[]args){
    Parrot parrot=new Parrot();
    parrot.shout();
    parrot.feet();
    parrot.eat();
  }
}
```

在Parrot类中依此实现了Animal、Pet、Bird三个接口中的抽象方法，其运行结果如图3-38所示。

一个普通类只能继承一个父类，但能同时实现多个接口，也可以同时继承抽象类和实现接口。实现多个接口的语法格式如下。

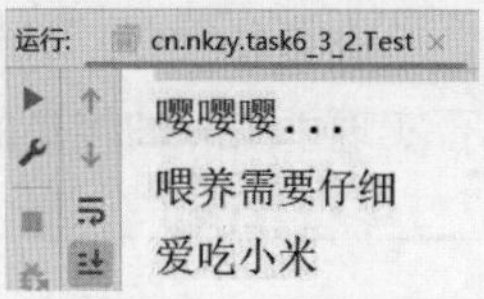

图3-38　实现多个接口的抽象方法运行结果

```
[访问修饰符]class 类名 extends 父类 implements 接口1,接口2,……{
  类的特有成员
  [实现抽象类中的方法]
  实现接口1中的方法
  实现接口2中的方法
  ......
}
```

范例3-6-7　定义Animal接口、Pet抽象类和Parrot类，让Parrot类实现Animal接口和Pet抽象类中的抽象方法。

步骤1　创建Animal接口，源代码如下。

```
public interface Animal{
  void shout();
}
```

步骤2　创建Pet抽象类，源代码如下。

```
public abstract class Pet{
  public abstract void feet();
}
```

步骤3　创建Parrot类，继承Pet抽象类并实现Animal接口，源代码如下。

```
public class Parrot extends Pet implements Animal{
  @Override
  public void shout(){
    System.out.println("嘤嘤嘤...");
  }
  @Override
  public void feet(){
    System.out.println("爱护漂亮的鹦鹉,请细心喂养");
  }
}
```

步骤4　创建测试类，测试Parrot类的对象是否继承并重写了Pet抽象类的抽象方法、是否实现了Animal接口的方法，源代码如下。

```
public class Test{
  public static void main(String[]args){
    Parrot parrot=new Parrot();
    parrot.shout();
    parrot.feet();
  }
}
```

Parrot类既继承了抽象类也实现了接口，并对抽象类和接口中的抽象方法进行了实现（重写），其运行结果如图3-39所示。

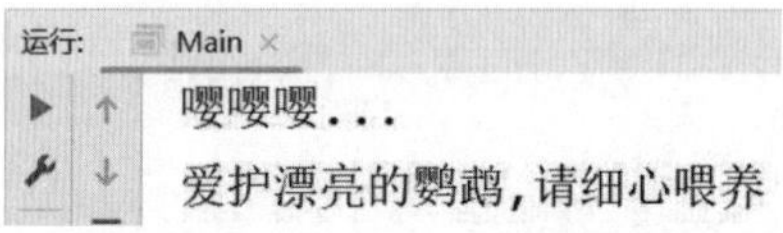

图3-39　继承接口并实现抽象类运行结果

关于定义和实现接口，需要注意以下几个方面。

（1）接口和类、抽象类是一个层次的概念，其命名规则相同。

（2）修饰符如果是public，则该接口在整个项目中可见。如果省略修饰符，则该接口只在当前包中可见。

（3）接口中可以定义常量，不能定义变量，其修饰符默认用“public static final”，即接口中的属性都是全局静态常量。接口中的常量必须在定义时给定初始值。

（4）接口中的所有方法都是抽象方法，默认为public abstract修饰。

（5）和抽象类一样，接口同样不能实例化，接口中也不能有构造方法，但抽象类可以有构造方法。

（6）接口之间可以通过 extends 实现继承关系，一个接口可以继承多个接口，但接口不能继承类。

（7）类只能继承一个父类，但可以通过implements实现多个接口，一个类必须实现接口中的全部方法。

（8）如果一个类在继承父类的同时实现了接口，需要extends位于implements前。

任务 7　项目实现

任务描述

前面几个任务学习了Java面向对象的程序设计知识，本任务采用面向对象的编程思想重新实现《欢乐推箱子》这款益智游戏，游戏目标是玩家找出箱子到某个目标的最佳路径，然后推着箱子走过去，并将箱子推到指定目标点。本任务将分析推箱子游戏，确定游戏中的类及关系，显示游戏中的各个对象，实现推箱子的各种操作。

任务目标

了解推箱子游戏的基本规则，对游戏进行深入分析，掌握如何根据游戏规则确定游戏中的类、属性及方法，学会如何显示游戏场地和人物角色，并熟练掌握推箱子游戏中的各种移动操作技巧。

任务实现

典型工作环节1　分析推箱子游戏

步骤1　推箱子游戏分析。

推箱子游戏是一款古老的游戏，目的是训练玩家的逻辑能力。在一个狭小的空间中，要求把箱子放在指定的位置，按下方向键移动人物，推动箱子前进，稍不小心就会出现箱子无法移动或通道被堵住的情况，所以需要巧妙地利用有限的空间和通道，合理安排移动的次序，才能顺利完成任务。

分析推箱子游戏

步骤2　确定游戏中的类。

在编写面向对象的推箱子游戏前，我们先来运行采用面向过程的方式实现的推箱子游戏，用以确定该游戏中有哪些类及其属性、方法。

（1）场地：ChangDi。

属性：int [][] cdss，存放场地中各个元素

方法：ChangDi()，初始化场地的构造方法

xianShi（Graphics g），显示场地方法

（2）人物：Ren。

属性：int rh，人物的行坐标

int rl，人物的列坐标

方法：Ren()，初始化人物的构造方法

xianShi（Graphics g），显示人物的方法

zuoYi（ChangDi cd），左移人物的方法

youYi（ChangDicd），右移人物的方法

shangYi（ChangDi cd），上移人物的方法

xiaYi（ChangDi cd），下移人物的方法

人物移动的方法均需要传递场地ChangDi类型的参数，原因是人物需要在场地中移动。

（3）游戏CEO：YouXiCEO。

属性：ChangDi cd，场地

Ren rw，人物

方法：YouXiCEO()，初始化游戏CEO的构造方法

xianShi（Graphics g），显示方法

zuoYi()，左移方法

youYi()，右移方法

shangYi()，上移方法

xiaYi()，下移方法

（4）游戏窗口：GameK。

属性：YouXiCEO yxceo，游戏CEO

方法：GameK()，初始化游戏窗口的构造方法

keyPressed（KeyEvent e），键盘事件

paint（Graphics g），绘图方法

推箱子游戏中类之间的关系如图3-40所示，其中GameK和YouXiCEO之间的关系为包含关系，YouXiCEO和ChangDi、Ren之间的关系也为包含关系。

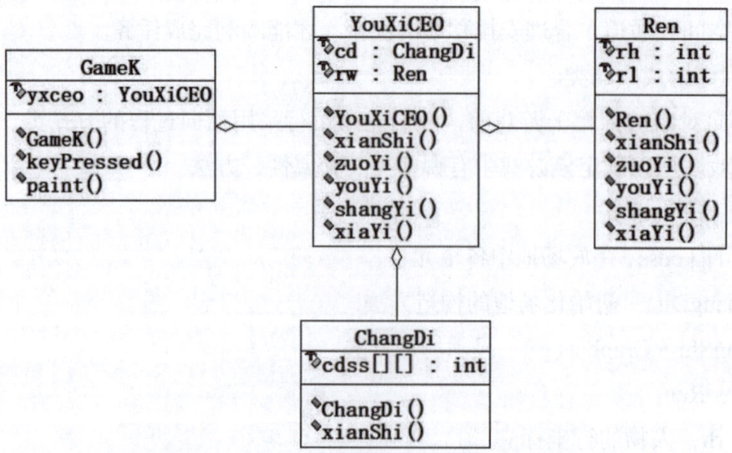

图3-40　面向对象推箱子类之间关系

典型工作环节2 显示场地及人物

面向对象编程有一个好处，那就是对象初始化之后调用其中的方法来完成相应的操作，前面确定了推箱子游戏中类、属性及方法，我们使用面向对象思想开发游戏，就要在游戏中实例化对象，调用对象的初始化和显示方法来完成对象的显示。

显示场地

步骤1　在project3项目的src下新建txz包，导入欢乐推箱子游戏所需要的素材（包括开发该款游戏所需的图片和GameK.java），并创建游戏项目中确定的其他各个类，如图3-41所示。

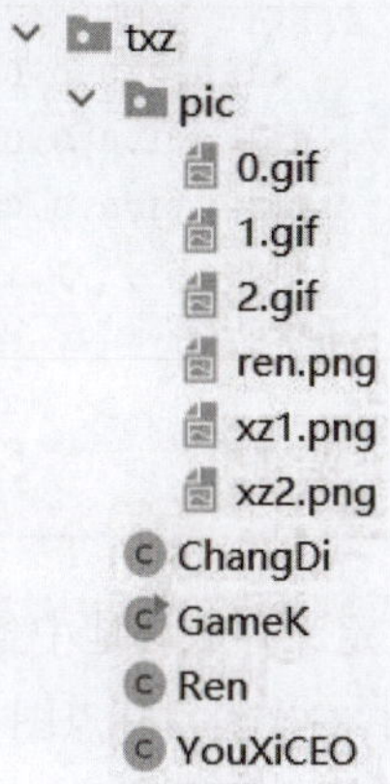

图3-41　面向对象推箱子项目结构

步骤2　场地初始化，定义ChangDi类的属性、构造方法，源代码如下。

```
public class ChangDi{
  int[][]cdss;//属性
  //构造方法
  public ChangDi(){
    cdss=new int[][]{//0-地面图,1-墙图,2-箱子图,3-目标点图
      {1,1,1,1,1,1,1,1,1,1,1,1,1,1,1,1,1,1,1,1,1},
      {1,0,0,0,0,0,0,0,0,0,0,0,0,0,0,0,0,0,1,0,1},
      {1,0,0,0,0,0,1,1,1,1,1,1,1,1,1,0,0,0,1,0,1},
      {1,0,0,0,0,0,1,0,0,0,0,0,0,0,0,0,0,0,1,0,1},
      {1,0,0,0,0,0,1,0,1,1,1,1,1,1,0,0,0,0,0,0,1},
      {1,0,0,0,0,0,1,0,1,0,0,0,0,0,0,0,0,0,0,0,1},
      {1,0,0,0,0,0,1,0,1,1,1,1,1,1,0,0,0,0,0,0,1},
      {1,0,0,0,0,0,1,0,1,0,0,3,0,0,0,0,0,0,0,0,1},
      {1,0,0,0,0,0,1,0,1,0,0,1,0,0,0,0,0,0,0,0,1},
      {1,0,0,0,0,0,1,0,1,0,0,1,0,0,0,0,0,0,0,0,1},
      {1,0,0,0,0,0,1,0,1,0,0,1,0,0,0,0,0,0,0,0,1},
      {1,0,0,0,0,0,1,0,0,0,0,0,0,0,0,0,0,0,0,0,1},
      {1,0,0,0,0,0,1,1,1,1,1,1,1,1,1,0,0,0,2,0,1},
      {1,0,0,0,0,0,0,0,0,0,0,0,0,0,0,0,0,0,1,1,1},
      {1,0,0,0,0,0,0,0,0,0,0,0,0,0,0,0,0,0,1,1,1},
      {1,0,0,0,0,0,1,0,0,0,0,0,0,1,0,0,0,0,0,0,1},
      {1,0,0,0,0,1,0,1,0,0,0,0,0,1,0,1,0,0,0,0,1},
      {1,0,0,0,1,0,0,0,1,0,0,0,1,0,0,0,1,0,0,0,1},
      {1,0,0,0,1,0,0,0,0,1,3,1,0,0,0,0,1,0,0,0,1},
      {1,0,0,0,1,0,0,0,0,0,0,0,0,0,0,0,1,0,0,0,1},
      {1,0,0,0,0,1,0,0,0,0,0,0,0,0,0,1,0,0,0,0,1},
      {1,0,0,0,0,0,1,0,0,0,0,0,0,0,1,0,0,0,0,0,1},
      {1,0,0,0,0,0,0,1,0,0,0,0,0,1,0,0,0,0,0,0,1},
      {1,0,0,0,0,0,0,0,1,0,0,0,1,0,0,0,0,0,0,0,1},
```

```
        {1,0,2,0,0,0,0,0,0,1,0,1,0,0,0,0,0,0,0,0,1},
        {1,0,1,0,0,0,0,0,0,0,1,0,0,0,0,0,0,0,0,0,1},
        {1,0,1,0,0,0,0,0,0,0,0,0,0,0,0,0,0,0,0,0,1},
        {1,1,1,1,1,1,1,1,1,1,1,1,1,1,1,1,1,1,1,1,1}
    };
  }
}
```

定义存放场地中各个元素的二维数组，二维数组中0代表地面图，1代表墙图，2代表箱子图，3代表目标点图，显示方法中就可以显示不同的图片。

步骤3 显示场地，源代码如下。

```
public void xianShi(Graphics g){
  //循环遍历行
  for(int H=0;H<cdss.length;H++){
    //循环遍历每行中每一个元素,列
     for(int L=0;L<cdss[H].length;L++){
      //多分支实现场地中不同元素的显示
      switch(cdss[H][L]){
        case 0://如果场地对应位置为0,则显示地面
          Image di=new ImageIcon("src/txz/pic/0.gif").getImage();//获取图片
          g.drawImage(di,L*30,H*30,null);//绘制图片
          break;
        case 1://如果场地对应位置为1,则显示墙
          Image qiang=new ImageIcon("src/txz/pic/1.gif").getImage();//获取图片
          g.drawImage(qiang,L*30,H*30,null);//绘制图片
          break;
        case 2://如果场地对应位置为2,则显示箱子
          if((H==7&&L==11)||(H==18&&L==10)){//如果在目标点则显示红色箱子
            Image xz=new ImageIcon("src/txz/pic/xz2.png").getImage();//获取图片
            g.drawImage(xz,L*30,H*30,null);//绘制图片
          }else{//否则显示正常的黄色箱子
            Image xz=new ImageIcon("src/txz/pic/xz1.png").getImage();//获取图片
            g.drawImage(xz,L*30,H*30,null);//绘制图片
          }
          break;
        default://否则显示目标点
          Image mb=new ImageIcon("src/txz/pic/2.gif").getImage();//获取图片
          g.drawImage(mb,L*30,H*30,null);//绘制图片
          break;
        }
     }
   }
}
```

显示方法中使用循环嵌套遍历二维数组，使用swtich语句进行多分支判断来显示不同的元素，其中箱子显示还要判断是正常的箱子（黄色箱子）还是推入目标点后的箱子（红色箱子）。

显示人物

步骤4　人物初始化，定义Ren类的属性、构造方法，源代码如下。

```
public class Ren{
  //定义Ren的属性
  int rh;//人的行坐标
  int rl;//人的列坐标
  //定义Ren的构造方法,对人物坐标初始化
  public Ren(){
    rh=14;//人的行坐标初始化
    rl=10;//人的列坐标初始化
  }
}
```

要显示人物，需要先定义人物的属性，人物的属性就是人物坐标；还需要使用人物构造对人物坐标进行初始化。

步骤5　人物显示，源代码如下。

```
public void xianShi(Graphics g){
  //获取人物图片
  Image dm=(new ImageIcon("src/txz/pic/ren.png")).getImage();
  //绘制人物图片
  g.drawImage(dm,rl*30,rh*30,null);
}
```

显示人物只需要先获取人物的图片后再绘制该人物图片即可。

步骤6　YouXiCEO初始化及显示，源代码如下。

```
public class YouXiCEO{
  ChangDi cd;//场地属性
  Ren rw;//人物属性
  public YouXiCEO(){
    cd=new ChangDi();//实例化场地
    rw=new Ren();//实例化人物
  }
  public void xianShi(Graphics g){
    cd.xianShi(g);//调用显示场地方法
    rw.xianShi(g);//调用显示人物方法
  }
}
```

在YouXiCEO中需要定义场地属性和人物属性，然后在构造方法中实例化场地及人物，最后在显示方法中调用场地和人物的显示方法。

步骤7　GameK初始化及显示，源代码如下。

```
YouXiCEO  yxceo;//声明属性
public GameK(){
  yxceo=new YouXiCEO();//初始化属性
}
class 新面板 extends JPanel{
  @Override
  public void paint(Graphics g){
    game.xianShi(g); //显示操作
  }
}
```

我们在GameK主要对YouXiCEO 进行初始化，并调用它的显示方法进行对象的显示操作，其运行效果如图3–42所示。

图3–42　显示场地及人物

典型工作环节3　实现各种推箱子操作

使用面向对象编程好处很多，能够把现实生活中的万事万物都抽象成类、属性及方法。使用这种思想进行编程，可以对代码进行封装，实现代码的复用。前面使用面向对象的方法对推箱子游戏的场地和人物进行了显示，现在使用面向对象思想进行推箱子的各种操作。

人物移动

步骤1　人物推动箱子左移，在Ren类中添加左移方法，源代码如下。

```
public void zuoYi(ChangDi cd){
  rl--;//人左移
  if(cd.cdss[rh][rl]==1){//如果人碰到墙则后退
    rl++;
  }else if(cd.cdss[rh][rl]==2&&(cd.cdss[rh][rl-1]==2||cd.cdss[rh][rl-1]==1)){
    //否则,如果人碰到箱子并且箱子的左侧还有其他箱子或者墙也需要后退
    rl++;
  }else if(cd.cdss[rh][rl]==2){
```

```
    //否则人只是碰到箱子,则箱子向左移动,人脚下变成地面,即推动箱子左移
    cd.cdss[rh][rl-1]=2;
    cd.cdss[rh][rl]=0;
  }
  yiGuo(cd);//调用方法,让人物走过目的位置后,重新显示目标点
}
```

步骤2　人物推动箱子上移，在Ren类中添加上移方法，源代码如下。

```
public void shangYi(ChangDi cd){
  rh--;//人上移
  if(cd.cdss[rh][rl]==1){//如果人碰到墙则后退
    rh++;
  }else if(cd.cdss[rh][rl]==2&&(cd.cdss[rh-1][rl]==2||cd.cdss[rh-1][rl]==1)){
    //否则,如果人碰到箱子并且箱子的上方还有其他箱子或者墙也需要后退
    rh++;
  }else if(cd.cdss[rh][rl]==2){
    //否则人只是碰到箱子,则箱子向上移动,人脚下变成地面
    cd.cdss[rh-1][rl]=2;
    cd.cdss[rh][rl]=0;
  }
  yiGuo(cd);
}
```

步骤3　人物推动箱子右移，在Ren类中添加右移方法，源代码如下。

```
public void youYi(ChangDi cd){
  rl++;//人右移
  if(cd.cdss[rh][rl]==1){//如果人碰到墙则后退
    rl--;
  }else if(cd.cdss[rh][rl]==2&&(cd.cdss[rh][rl+1]==2||cd.cdss[rh][rl+1]==1)){
    //否则,如果人碰到箱子并且箱子的右侧还有其他箱子或者墙也需要后退
    rl--;
  }else if(cd.cdss[rh][rl]==2){
    //否则人只是碰到箱子,则箱子向右移动,人脚下变成地面
    cd.cdss[rh][rl+1]=2;
    cd.cdss[rh][rl]=0;
  }
  yiGuo(cd);
}
```

步骤4　人物推动箱子下移，在Ren类中添加下移方法，源代码如下。

```
public void xiaYi(ChangDi cd){
  rh++;//人下移
  if(cd.cdss[rh][rl]==1){//如果人碰到墙则后退
    rh--;
  }else if(cd.cdss[rh][rl]==2&&(cd.cdss[rh+1][rl]==2||cd.cdss[rh+1][rl]==1)){
    //否则,如果人碰到箱子并且箱子的下方还有其他箱子或者墙也需要后退
    rh--;
  }else if(cd.cdss[rh][rl]==2){
    //否则人只是碰到箱子,则箱子向下移动,人脚下变成地面
    cd.cdss[rh+1][rl]=2;
    cd.cdss[rh][rl]=0;
  }
  yiGuo(cd);
}
```

其他移动操作

步骤5　人物移过目标点操作，在Ren类中添加移过方法，源代码如下。

```
public void yiGuo(ChangDi cd){
  //如果人的坐标和目标点坐标重合
    if((rh==7&&rl==11)||(rh==18&&rl==10)){
      //则对应场地位置显示目标点,即人走过后还是出现目标点
      cd.cdss[rh][rl]=3;
  }else{
    cd.cdss[rh][rl]=0;//则对应场地位置显示地面
  }
}
```

步骤6　YouXiCEO中的移动操作，在YouXiCEO中添加调用人物移动方法的操作。

```
public void zuoYi(){
  rw.zuoYi(cd);
}
public void shangYi(){
  rw.shangYi(cd);
}
public void youYi(){
  rw.youYi(cd);
}
public void xiaYi(){
  rw.xiaYi(cd);
}
```

其中每一个移动方法都传递了场地参数，以便人物移动时接收该参数。

步骤7　GameK中的移动操作，在GameK中的keyPressed方法中添加代码，调用YouXiCEO中的不同方向的移动方法。

```
public void keyPressed(KeyEvent e){
  //TODO键盘：按下
  int key=e.getKeyCode();
  System.out.println(key);
  switch(key){
    case 37://左键
      yxceo.zuoYi();//调用yxceo的左移方法
      break;
    case 38://上键
      yxceo.shangYi();//调用yxceo的上移方法
      break;
    case 39://右键
      yxceo.yuoYi();//调用yxceo的右移方法
      break;
    case 40://下键
      yxceo.xiaYi();//调用yxceo的下移方法
      break;
    }
    repaint();
  }
}
```

将每一个调用移动方法放在对应的按键下面，让玩家按下对应按键时能够控制人物的移动方向，并且推动箱子到目标点，其运行效果如图3-43所示。

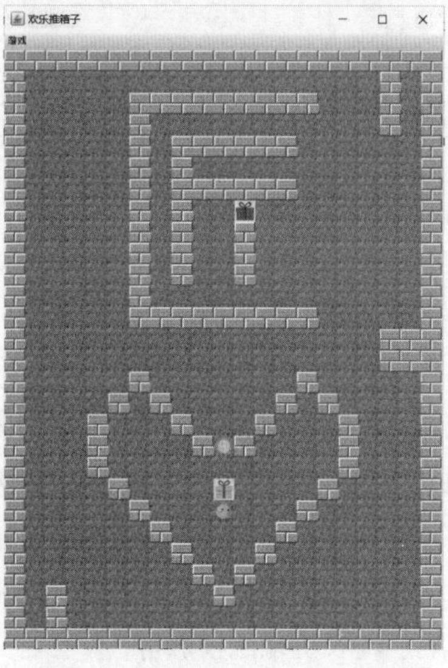

图3-43　推箱子操作运行效果

巩固与提高

一、单选题

1．以下多个概念中，不属于面向对象概念的是（　　）。

A．对象　　B．继承　　C．类　　D．过程调用

2．下列选项中，（　　）是类Phone的构造方法。

A．public void Phone(){ }　　B．public static Phone(){ }

C．public Phone(){ }　　D．public static void Phone(){ }

3．“隐藏对象的属性和实现细节，仅对外提供公有的方法”描述的是面向对象的（　　）性。

A．封装　　B．继承　　C．多态　　D．以上都不是

4．下列关于父类方法重写的描述中，错误的是（　　）。

A．如果父类方法的访问权限是public，子类重写父类的该方法时的访问权限不能是private

B．子类重写父类方法时，重写的方法名、参数列表以及返回值类型必须和父类保持一致

C．如果父类的方法被final修饰，那么该方法不能被子类重写

D．子类继承父类后，可以重写父类定义的所有方法

5．继承是面向对象编程的一个重要特征，它可降低程序的复杂性并使代码（　　）。

A．可读性好　　B．可重用　　C．可跨包访问　　D．运行更安全

二、简答题

在Java程序中类和对象分别指什么？

三、编程题

1．利用所学类的知识编写一个程序，实现华为手机的相关操作。

（1）创建手机类，在该类中定义私有的品牌属性和价格属性，并对属性进行封装，定义打电话方法，方法中输出打电话的相关内容。

（2）定义华为手机类，继承自手机类，并定义华为手机类的特有的卫星电话方法，方法中输出：卫星电话，高新科技，遥遥领先等内容。

（3）测试华为手机类继承自手机类的属性和方法。

（4）测试华为手机类特有的卫星电话方法。

2．利用所学类、接口、抽象类的知识编写一个程序，实现家用电器工作状态的显示。

（1）创建一个家电抽象类或者接口，添加家电工作状态抽象方法。

（2）分别使用冰箱、洗衣机、微波炉等类实现抽象类或者接口中的抽象方法，例如冰箱在冷冻食物、微波炉在加热牛奶、洗衣机在洗校服等。

（3）测试多个实现类，用以体现接口或者抽象类的多态性。

项目四

疯狂贪吃蛇

项目引述

通过开发"疯狂贪吃蛇"游戏项目（图4-1），在实践中深刻理解面向对象编程知识，运用类、对象及三大特性，依托GameK框架编写代码。此过程不仅涵盖String类及其扩展、static关键字等新知的融合应用，更是一次编程技能与思政素养的双重飞跃。它不仅有助于提升技术能力，更有助于精益求精、钻研精神、劳模风范及职业素养的培养。

图4-1 疯狂贪吃蛇游戏效果界面

学习目标

【知识目标】

1. 理解String类、StringBuilder类的定义和使用方法；
2. 理解static静态关键字的用法；
3. 了解疯狂贪吃蛇的游戏规则；
4. 理解使用面向对象思想编写贪吃蛇游戏思路。

【能力目标】

1. 能熟练使用String类、StringBuilder类进行字符串相关处理；
2. 能使用static静态关键字定义静态类和静态方法；
3. 能编程实现游戏的场地类、蛇类和豆类；
4. 能运用面向对象思想编程实现贪吃蛇游戏功能；
5. 能对与贪吃蛇类似的游戏进行分析，并运用面向对象思想编写游戏程序。

【素质目标】

培养独立思考的习惯、坚持和不惧艰难的品质、团队协作精神、责任心和使命感、良好的职业道德素养。

思维导图

疯狂贪吃蛇项目思维导图如图4-2所示。

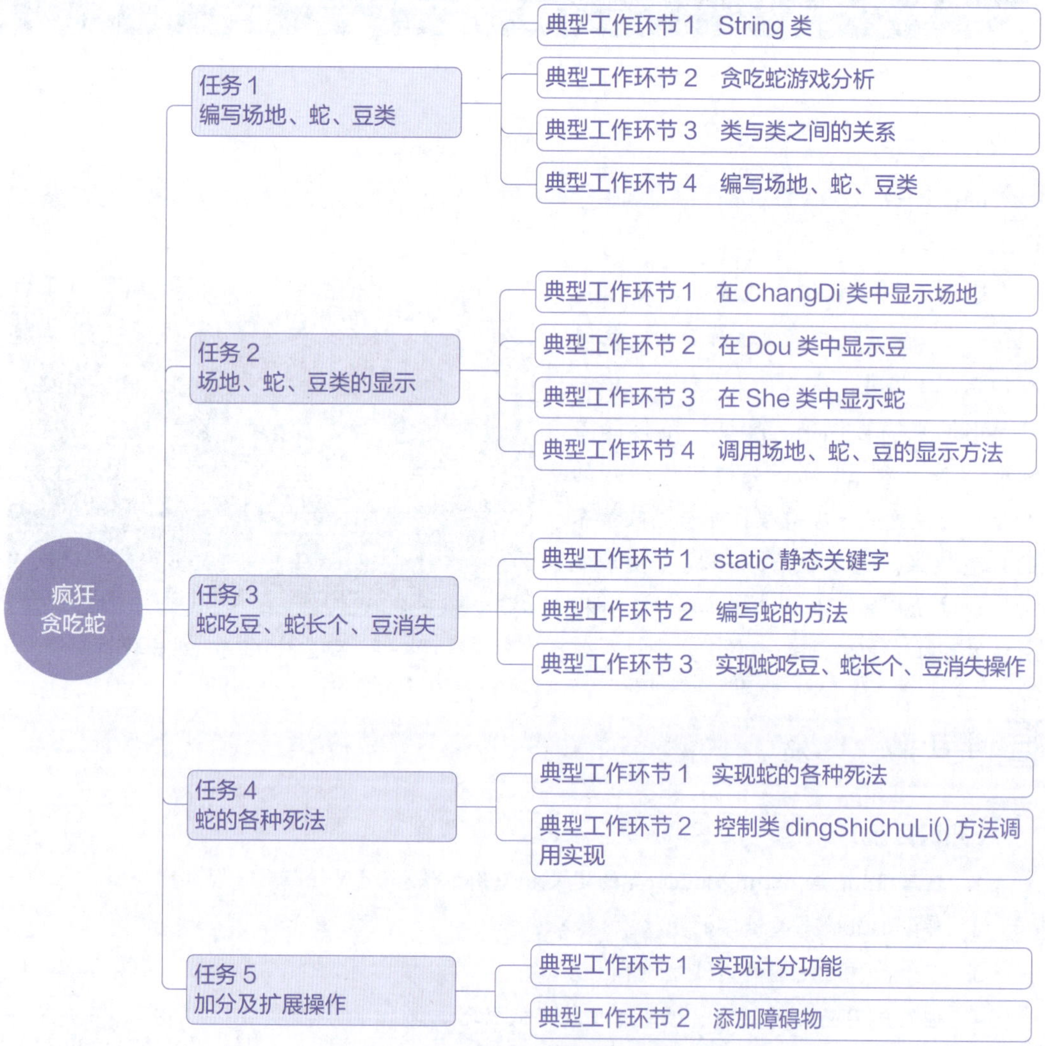

图4-2 疯狂贪吃蛇项目思维导图

小思考：想一想，你见过哪些小游戏可以套用贪吃蛇设计方法来实现。

任务 1 编写场地、蛇、豆类

任务描述

本任务主要理解贪吃蛇游戏的规则，分析游戏的对象及方法，并基于游戏框架GameK编写游戏中的背景、蛇、豆类。此外还将详细介绍String类的功能与用法，无论是在显示游戏分数、消息提示还是其他文本信息的展示上，字符串处理在游戏开发中都扮演着重要的角色。

任务目标

熟练掌握String类，能编写游戏中的背景、蛇、豆类。

任务实现

典型工作环节1 String类

字符串是编程语言中重要的数据类型，广泛应用在Java编程中。Java提供了两类字符串：一类是在程序中不会被改变的不变字符串；另一类是在程序中会被改变的可变字符串。

String类

一、String类概述

String类是Java提供的用来创建和操作字符串的一个常用工具类，包含了字符串的值和实现字符串相关操作的一些方法。String对象是不可变的，对String对象的任何改变，都是返回一个新的String对象。String类位于java.lang包中，开发者可以通过JavaAPI查看String类的说明。

String类需要通过创建String对象来使用，Java为不同数据类型参数提供了构造方法，开发者可以根据实际需要选择合适的构造方法来创建String对象，常用的String构造方法，见表4-1。

表4-1 String类的构造方法

构造方法	作用
String( )	初始化一个新创建的String对象，使其表示一个空字符序列
String (String str)	初始化一个新创建的String对象，使其表示一个与参数相同的字符序列

续表

构造方法	作用
String (byte[] bytes)	通过使用平台的默认字符集解码指定的byte数组，构造一个新的String对象
String (byte[] bytes, Charset charset)	通过使用指定的charset解码指定的byte数组，构造一个新的String对象
String (char[] value)	通过使用字符数组参数中当前包含的字符序列，构造一个新的String对象
String (StringBuffer buffer)	通过使用字符串缓冲区参数中当前包含的字符序列，构造一个新的String对象
String(StringBuilder builder)	通过使用字符串生成器参数中当前包含的字符序列，构造一个新的String对象

二、创建String对象

1. 调用构造方法的方式，创建String对象

通过new运算符调用String构造方法创建一个字符串对象时，每一次执行都会申请一个内存空间，虽然内容相同，但是地址值不同。

范例4-1-1 调用构造方法创建字符串对象。

```
//创建字符串对象s1
String s1=new String("abc");
//创建字符串对象s2
String s2=new String("abc");
System.out.println(s1);
System.out.println(s2);
//比较s1和s2的值是否相等
System.out.println(s1.equals(s2));
//比较s1和s2是否同一对象
System.out.println(s1==s2);
```

代码执行结果：abc

abc

true

false

2. 使用字符串字面量直接赋值的方式，创建String对象

Java字符串字面量是一组用双引号括起来的字符序列，如：“你好”“hello”等。Java字符串字面量“abc”是String类的实例，存储在方法区的常量池中。Java字符串的字符使用Unicode字符编码，一个字符（无论是字母还是汉字）都占两个字节。

范例4-1-2 使用Java字符串字面量直接赋值创建String对象。

```
String s1="abc";
String s2="abc";
//比较s1和s2存储的字符串值是否相同
System.out.println(s1.equals(s2));
//比较s1和s2是否为同一字符串
System.out.println(s1==s2);
```

代码执行结果：true

true

使用此种方式创建String对象时，系统会检查该字符串是否在字符串常量池中存在。如果存在：就在栈空间中声明一个对象名s1，让s1指向常量池该对象。如果不存在：就在常量池中开辟一个空间，将“abc”存储进去，再让s1指向常量池中“abc”对象。本案例是第一种情况，内存模型图如图4–3所示。

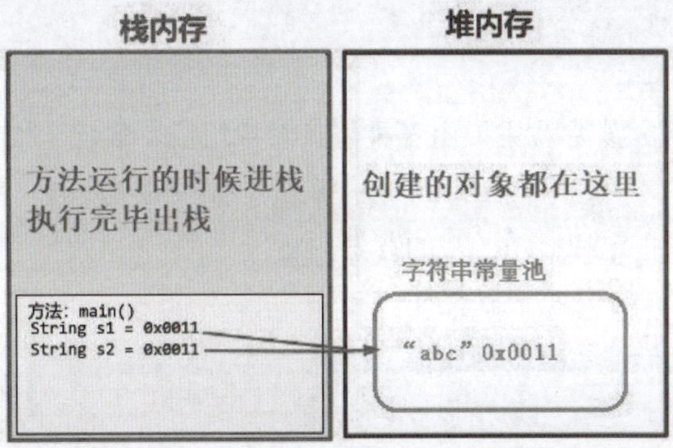

图4–3 字面量赋值方式创建String对象的内存模型

注意：字符串常量池在JDK7版本开始从方法区中挪到了堆内存中。

典型工作环节2 贪吃蛇游戏分析

一、贪吃蛇游戏规则

贪吃蛇是一款需要耐心的小游戏，在20×20的背景网格内，有一条能够上下左右移动的“蛇”、一个随机出现的食物“豆”，如图4–4所示。通过方向键控制蛇移动的方向，蛇头与豆相遇的时候，蛇吃掉豆，蛇的身子长大一节；被吃掉的豆消失，并在网格内的任一位置随机出现一个新豆；蛇不能出界、不能自咬、不能后退。除了基本规则外，可以通过增设规则，提高游戏难度和趣味性。例如，蛇每吃掉一个豆可以获得一定分值，达到指定分数可以升级到下一关；关卡级别越高，蛇的移动速度越快；随机出现障碍物；设置不同类型的豆，增加分值不相同等。

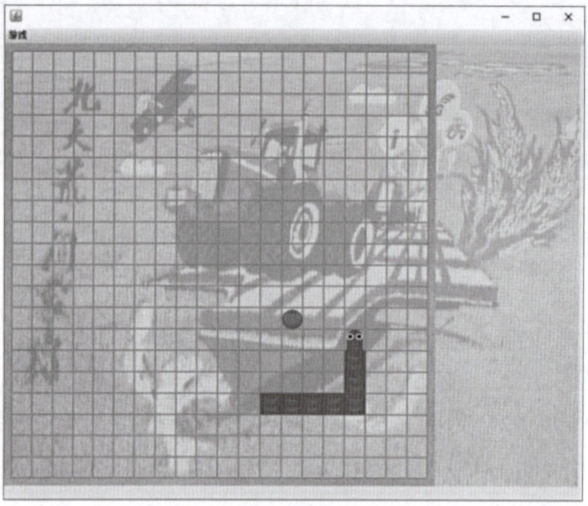

图4-4 疯狂贪吃蛇游戏界面

二、贪吃蛇游戏分析

1. 抽象出游戏中的类

通过分析游戏发现，该游戏主要由三种可见对象组成：场地、蛇、豆。使用MVC程序设计模式，可以抽象出五个有一定内部关系的类。

贪吃蛇游戏分析

（1）场地类。用于指定和显示游戏的背景。

（2）蛇类。用于存储蛇数据、蛇操作。

（3）豆类。用于存储豆数据、豆操作。

小结：*以上是贪吃蛇游戏数据存储和功能设计的核心，属于MVC程序设计模式的M模型层。*

（4）控制类。用于创建对象、调用对象方法，实现游戏功能，属于MVC程序设计模式的C控制层。

（5）窗口类。用于绘制窗口、操控键盘等其他操作，属于MVC程序设计模式的V显示层。

2. 找出类的属性和方法

（1）场地类的属性和方法。场地类最简单，在游戏运行过程中场地没有变化，只需要创建和显示出来，场地类的属性和方法，见表4-2。

表4-2 场地类的属性和方法

序号	属性	方法
1	tuLuJing 用于指定背景图片	ChangDi() 场地构造方法
2	—	xianShi(Graphics g) 场地显示方法

（2）豆类的属性和方法。玩游戏时，豆是静止的，出现在背景网格上某个随机位置。蛇要吃掉豆，必须知道豆的位置。记录一个二维平面中的点，只需要有行坐标、列坐标即可，

所以要设置豆行、豆列两个属性；为了让豆在背景上显示指定效果，可以设置图路径属性指向豆图片资源；为了丰富视觉效果，本任务还增加了一个豆种类属性。豆类的属性和方法见表4-3。

表4-3 豆类的属性和方法

序号	属性	方法
1	tuLuJing 用于指定豆图片	Dou() 豆构造方法
2	hang 豆行	xianShi(Graphics g) 豆显示方法
3	lie 豆列	—
4	zl 豆种类	—

（3）蛇类的属性和方法。在整个游戏中，蛇是主角，也是最复杂的。操作蛇时需要用到蛇持有的数据，在面向对象编程中，可将蛇持有的数据通过属性的方式定义出来。蛇类的属性和方法，见表4-4。

表4-4 蛇类的属性和方法

序号	属性	方法
1	hs[] 蛇行数组	She() 蛇构造方法
2	ls[] 蛇列数组	xianShi(Graphics g) 蛇显示方法
3	fx 蛇头方向	paYiGe() 蛇爬一格方法
4	chang 蛇的长度	zhuanXiang() 蛇转向方法
5	—	nengZhuanMa() 判断蛇是否能转向方法
6	—	chiDouMa() 判断蛇是否能吃豆方法
7	—	ziYaoMa() 判断蛇是否能自咬方法

（4）游戏控制类的属性和方法，见表4-5。

表4-5 蛇类的属性和方法

序号	属性	方法
1	changDi 场地对象	chuShiHua() 初始化方法，用于创建场地、蛇、豆
2	she 蛇对象	xianShi(Graphics g) 显示方法，用于显示场地、蛇、豆
3	dou 豆对象	dingShiChuLi() 定时处理方法，用于在预置时间间隔内自动蛇爬一格，并对爬行中遇到的事件进行相应处理
4	—	zhuanXiangCaoZuo() 转向操作方法，用于控制蛇向上、下、左、右移动

（5）窗口类的属性和方法，见表4-6。

表4-6　蛇类的属性和方法

序号	属性	方法
1	kongZhi　控制类对象	ChuangKou()　构造方法，用于调用控制类初始化方法，对游戏场地、蛇、豆进行初始化
2	—	paint()　绘制窗口方法，用于显示游戏场地、蛇、豆
3	—	keyPressed()　键盘按键处理方法，用于设置键盘方向键，控制蛇的转向操作等

典型工作环节3　类与类之间的关系

通过工作环节2的分析，我们发现一个程序往往包含多个类。当一个类的属性或行为与其他类进行交互调用时，就会用到类与类之间的关系。在面向对象设计模式中，类与类之间主要有5种关系，分别是：继承、实现、包含、关联、依赖，如图4-5所示。

通常把这六种关系分成三类，描述为：is a关系、has a关系、use a关系。

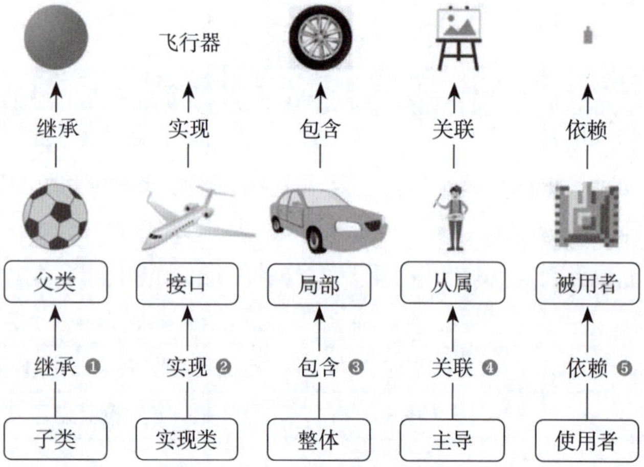

类与类之间的关系

图4-5　Java对象关系分解

一、is a关系

1. 继承关系

描述了一个类（子类）从另一个类（父类）继承属性和方法的过程。子类可以继承父类的属性和方法，并且可以在此基础上进行扩展或修改。继承关系可以形成类的层次结构，使得代码的复用性和可维护性增强。

代码描述：Football类、Ball类的继承关系。

```
public class Ball{}
public class Football extends Ball{}
```

2. 实现关系

一个class类实现一个或多个interface接口的功能，实现是类与接口之间最常见的关系。接口定义好操作的集合，由实现类去完成接口的具体操作。

代码描述：Airplane类、Aircraft接口的实现关系。

```
public interface Aircraft{}
public class Airplane implements Aircraft{}
```

二、has a关系

1. 聚合关系

一种强关联关系，表示整体与部分之间的关系。在聚合关系中，一个类（整体）包含另一个类（部分）的对象，但是部分对象可以独立存在。聚合关系是一种弱耦合关系，整体对象的生命周期可以独立于部分对象。

例如汽车有多个轮胎，而且汽车生产出来的时候就有轮胎了。在制造汽车时，轮胎不一定是自己造的，可以直接拿别人造好的轮胎来用。用汽车类Car和轮胎类Wheel描述聚合关系。

代码描述：Car类、Wheel类的聚合关系。

```
public class  Wheel{
  ......
}
public class Car{
  private Wheel wheel;
  public Car(Wheel wheel){
    this.engine = engine;
  }
}
```

2. 组合关系

单向的，是一种强依赖的特殊聚合关系，也表示整体与部分之间的关系。与聚合关系不同的是，组合关系中整体对象与部分对象之间的生命周期是紧密相关的，部分对象不能独立存在。整体对象负责创建和销毁部分对象。

例如头Head、躯体Body、手臂Arm和腿Leg等组合成人Person，其生命周期相同，如果整体不存在了，部分也将消亡。用人类Person和头类Head、躯体类Body描述组合关系，如图4–6所示。

代码描述：Person类、Head类、Body类的组合关系。

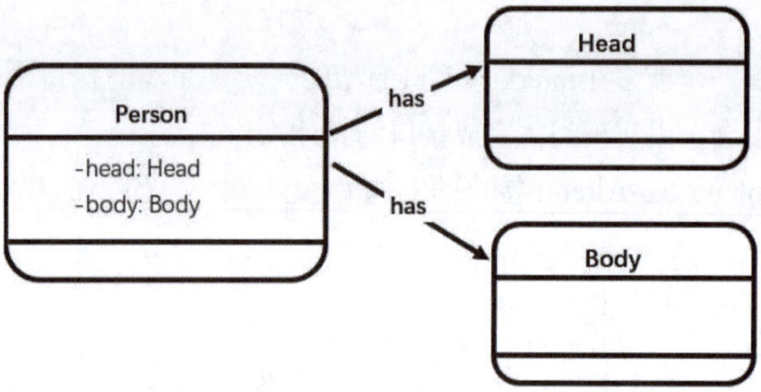

图4-6　组合关系图

```
public class Person{
  public Head head;
  public Body body;
  public Person(){
    head = new Head();
    body = new Body();
  }
}
```

3. 关联关系

描述了两个类之间的联系，表示一个类与另一个类之间存在某种关联。关联关系是一种“has a”关系，如果A单向关联B，则可以说A has a B，通常表现为全局变量。关联关系可以是单向或双向的，可以是一对一、一对多或多对多的关系，通过成员变量或方法参数的方式来实现。

（1）单向关联。例如，用人类Person和地址类Address描述单向关联关系，Person类里使用了Address类的对象，如图4-7所示。

代码描述：Person类、Address类的单向关联关系。

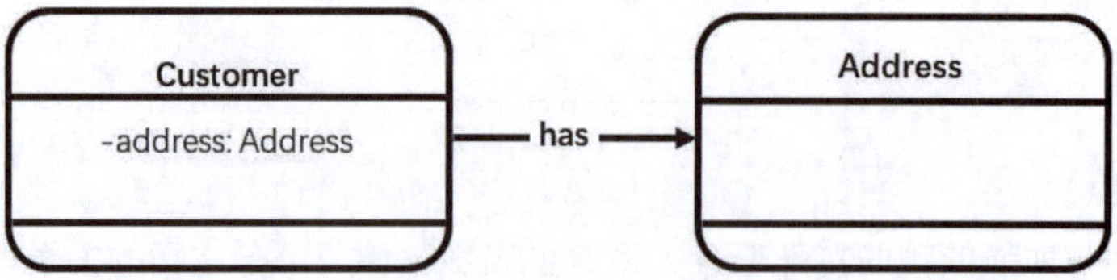

图4-7　单向关联

```
public class Person{
  public Address address;
  public void setAddress(Address address){
    this.address = address;
  }
```

```
  public Address getAddress(){
    return address;
  }
}
```

（2）双向关联。例如，用顾客类Customer和产品类Product描述双向关联关系，Customer类里使用了Product类的对象，反之，Product类里也使用了Customer类的对象，如图4-8所示。

代码描述：Customer类、Product类的双向关联关系。

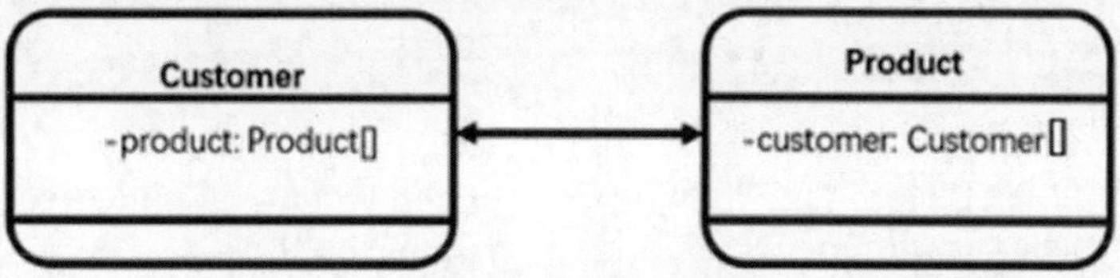

图4-8　双向关联

```
public class Customer{
  public Product[] products;//一个顾客可以订购多个产品
  .....
  }
public class Product{
  public Customer[] customer;//一个产品可以被多个顾客喜爱
  .....
}
```

三、use a关系

依赖关系：单向的，表示一个类依赖于另一个类的定义，其中一个类的变化将影响另外一个类，是一种“use a”关系。如果类A依赖于类B，则类B表现为类A的局部变量、方法参数、静态方法调用等。

例如，一个司机可以驾驶汽车，但汽车不是这个人的，人只是驱使汽车移动。用汽车类Car和司机类Driver描述了依赖关系，如图4-9所示。

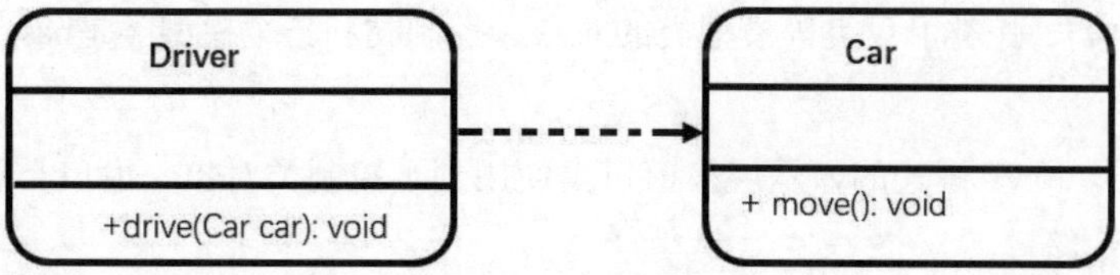

图4-9　依赖关系

代码描述：Car类、Driver类的依赖关系。

```
class Car{
  public static void run(){
    System.out.println("汽车在奔跑");
  }
}
class Driver{
  //使用形参方式发生依赖关系
  public void drive1(Car car){
    car.run();
  }
  //使用局部变量发生依赖关系
  public void drive2(){
    Car car = new Car();
    car.run();
  }
  //使用静态变量发生依赖关系
  public void drive3(){
    Car.run();
  }
}
```

对于继承、实现这两种关系，它们体现的是一种类和类，或者类与接口间的纵向关系。其他的四种关系体现的是类和类，或者类与接口间的引用、横向关系。关联关系体现的是强依赖，而聚合和组合都是关联关系的一种特例，其二者之间的区别在于整体与部分之间的强度。

典型工作环节4 编写场地、蛇、豆类

一、贪吃蛇游戏关系确定

（1）场地类、蛇类、豆类。用于存储游戏的场地、蛇和豆等数据，是MVC模式的模型层，三个类之间彼此相互独立。

（2）控制类。MVC模式的控制层，通过持有模型层的场地、蛇、豆等对象，按照业务逻辑使用模型层对象调用各自的方法，实现游戏主体功能。控制类使用了场地类、蛇类、豆类等模型类的对象，控制类和三个模型类是has a聚合关系。

编写场地、蛇、豆类

（3）窗口类。MVC模式的显示层，窗口类使用到了控制类对象，窗口类和控制类是has a聚合关系。

贪吃蛇游戏中各类之间的关系如图4–10所示。

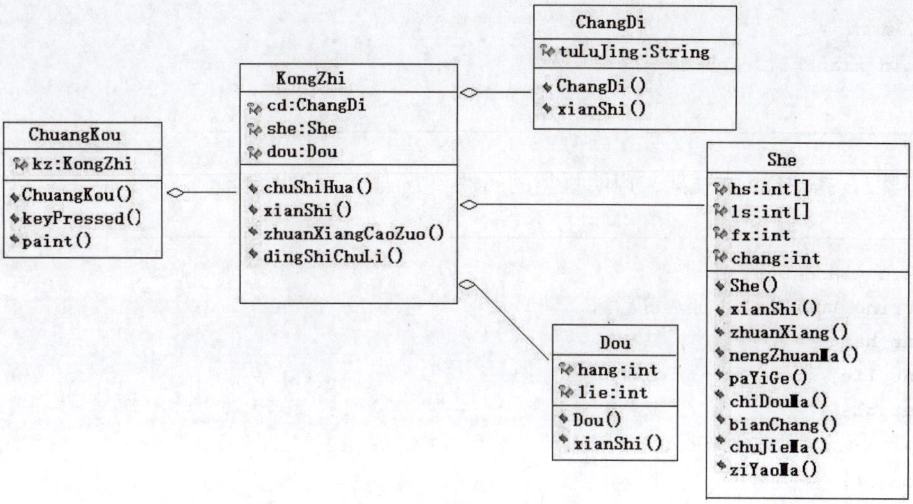

图4-10　贪吃蛇项目类之间关系

二、搭建贪吃蛇项目类布局

步骤1　在idea开发环境中，创建Java项目tanchisheMVC。

步骤2　在src目录下创建包“图片.贪吃蛇”，将本书配套贪吃蛇游戏的图片资源拷贝到该包内。在src目录下创建包“tcs”，将本书配套游戏框架GameK类拷贝到该包下，重命名为ChuangKou类。由于本项目采用了MVC程序设计模式，所以，将游戏框架类重新命名为ChuangKou，能更形象地对应V显示层。

步骤3　在包tcs下创建以下四类。

（1）ChangDi类：用于封装游戏场地的属性和方法。

（2）She类：用于封装蛇的属性和方法。

（3）Dou类：用于封装豆的属性和方法。

（4）KongZhi类：用于封装游戏控制器的属性和方法。

三、代码实现

根据【典型工作环节2　贪吃蛇游戏分析】中对于游戏中各类的属性和方法的分析，搭建起各类的框架。

步骤1　搭建ChangDi类框架，声明场地类的属性和方法，源代码如下。

```
public class ChangDi{
  //声明场地的图路径属性
  String tuLuJing;
  //场地构造方法,用于初始化场地
  public ChangDi(){}
```

```
  //场地显示
  void xianShi(Graphics g){}
}
```

步骤2　搭建Dou类框架，声明豆类的属性和方法，源代码如下。

```
public class Dou{
  String tuLuJing ;  // 图片路径
  int hang;          // 豆行
  int lie;           // 豆列
  int zl;            // 豆种类
  //豆构造方法,用于初始化豆
  Dou(){}
  //豆显示
  void xianShi(Graphics g){}
}
```

步骤3　搭建She类框架，声明蛇类的属性和方法，源代码如下。

```
public class She{
  //声明蛇行数组（行）、蛇行数组（列）、蛇方向、蛇长度等属性,用于存储蛇的数据
  int[]  hs;         // 储存蛇行的数组
  int[]  ls;         // 储存蛇列的数组
  int   fx;          // 蛇方向
  int   chang;       // 蛇长度
  //蛇构造器,用于初始化蛇
  She(){}
  //显示蛇,在游戏中画出蛇
  void xianShi(Graphics g){}
  //蛇爬一格操作,用于实现确定时间间隔内,沿蛇头方向爬一格
  void paYiGe( ){}
  //蛇转向,蛇头在把子的控制下进行上、下、左、右的转向
  void zhuanXiang(int xfx){}
  boolean nengZhuanMa(int xfx){}  // 判断蛇能否转向
  //判断蛇吃豆吗
  boolean chiDouMa(Dou dou){}
  //蛇变长一节
  void bianChang(){}
  //判断蛇出界吗
  boolean chuJieMa(){}
  //判断蛇自咬吗
  boolean ziYaoMa( ){}
}
```

步骤4 搭建控制类框架，声明控制类的属性和方法，源代码如下。

```
public class KongZhi{
    ChangDi cd;
    She she;
    Dou dou;
    // TODO 初始化
    void chuShiHua(){}
    // TODO 显示
    void xianShi(Graphics g){}
    // TODO 转向操作
    void zhuanXiangCaoZuo(int xfx){}
    // TODO 定时处理
    void dingShiChuLi(){}
}
```

至此，已经根据贪吃蛇游戏分析的结果完成了类的定义。

任务 2 场地、蛇、豆类的显示

任务描述

在上一个任务的基础上，本节将实现场地、蛇、豆类的显示方法，调用显示方法，运行程序将能查看到贪吃蛇游戏的初始效果。在基础理论方面，学习StringBuffer类、StringBuilder类以及如何使用。通过本节的学习强化对象的定义、初始化及显示的编程逻辑，提升对面向对象编程思想的认知。

任务目标

理解StringBuilder类及使用方法，能熟练编写游戏中的场地、蛇、豆的显示程序。

任务实现

典型工作环节1 在ChangDi类中显示场地

在idea开发环境中，打开之前创建的tanchisheMVC项目，接续任务1，在ChangDi类、

She类、Dou类、KongZhi类中，设计实现场地、蛇、豆的显示功能。

本案例采用的是一张主体由20×20网格构成的图片，每小格30像素×30像素，四周深色边框宽10像素，这样视觉定位更直观，如图4-11所示。

在场地类中，补全构造方法ChangDi()，源代码如下。

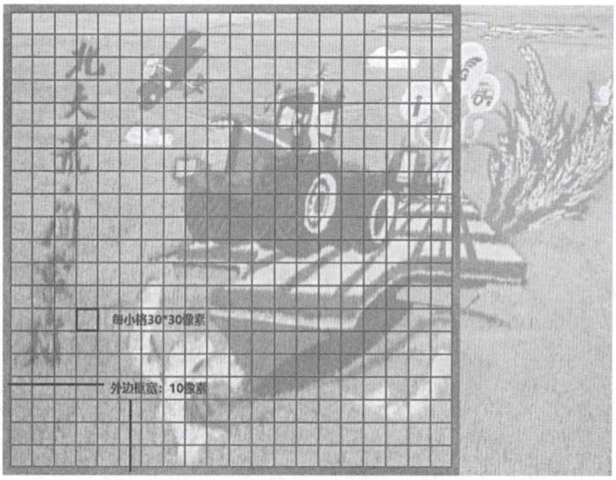

图4-11 游戏场地背景图

在ChangDi类中显示场地

```
public ChangDi(){
  //显示背景
  tuLuJing = "/图片/贪吃蛇/背景.png";
}
```

在场地类中，补全xianShi()方法，源代码如下。

```
public void xianShi(Graphics g){
  //显示背景
  URL url = this.getClass().getResource("/图片/贪吃蛇/背景.png");
  Image tu = new ImageIcon(url).getImage();
  g.drawImage(tu,0,0,null);
}
```

此处涉及绘制图像，可以使用Java的Graphics类的drawImage方法来实现。注意：代码g.drawImage（tu, 0, 0, null）中的“0, 0”指的是此图形上下文坐标空间的原点。

典型工作环节2 在Dou类中显示豆

在Dou类中显示豆

豆是游戏的主角之一，它随机出现在背景网格某个位置上。在任务一中，已经为它定义了四个属性：图路径tuLuJing、豆行hang、豆列lie、豆种类zl。想要显示它，需要做两件事：一是，确定豆所在位置，即给豆的行列属性赋值，在Java中初始化工作通过调用类的构造方法来实现。二是，把内存中豆对象，以贴图的方式显示出来，这样玩家才能看到它，显示功能通过调用豆的显示方法来完成。

步骤1　初始化豆。

分析：本案例场地是20×20网格，可以设定左上顶点为原点，坐标（0，0）。想要豆随机出现在场地内，只需豆的行和列均在[0，20）区间内的随机整数即可，如图4–12所示，当lie=5、hang=10时，豆的左上顶点坐标是（5，10），与豆（列号，行号）坐标一致。

另外，本案例还设置了豆有“豆、南瓜、柿子、茄子”等种类，游戏运行时豆种类随机出现，可采用随机整数的方式实现。

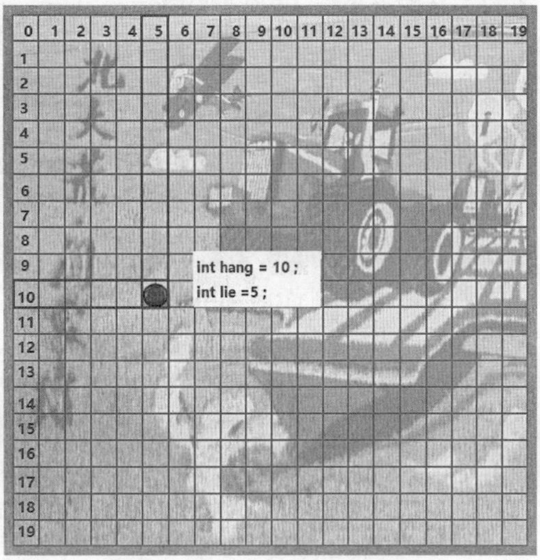

图4–12　初始化豆原理图

在Dou类中，补全Dou()方法，源代码如下。

```
Dou(){
    hang = (int)(Math.random()*20);
    lie = (int)(Math.random()*20);
    zl = (int)(Math.random()*4);
}
```

步骤2　显示豆。

分析：通过豆构造方法环节中的分析，我们知道豆对象在背景网格的位置是通过行号、列号描述的。行号、列号是[0，20）区间上的整数，最小值是0，最大值是19。这个行列号是“份数”，是一个相对位置，而不是具体看到的大小。

豆对象作为一个内存变量，想要在屏幕上看到它，常用的技术手段是“给豆对象贴图”。这时候才涉及人眼看到的豆有多大，会用到图像显示单位“像素”。豆图片的大小、结合豆对象的相对位置（即豆行列属性）才是最终人眼看到的豆。

本案例场地背景图片单元格是30像素×30像素的正方形，豆大小设定与单元格一样大。调用java Graphics类的drawImage方法绘制豆图，需要指定drawImage（Image img，int dx1，int dy1,）方法的前三个参数，第一个参数img是图对象，第二个参数dx1是x轴的坐标值，第三个参数dy1是y轴的坐标值。以背景图的左上顶点为（0，0）坐标。

观察图4–13分析可知，x轴和y轴的坐标值可以通过豆对象行列号与豆图大小换算得出，即x轴坐标对应的是“豆lie×30像素”，y轴坐标对应的是“豆hang×30像素”。

如图4–13所示的豆，它的背景网格相对位置是（5列，12行），则在显示时，豆图的左上顶点坐标（5列×30像素，12行×30像素）。这里需要注意的是，豆图会出现在人类概念的（6列，13行）对应的方框内，这是因为计算机计数从0开始，人类计数从1开始，导致初学者很容易转不过来这个弯，加以训练就能顺过来。

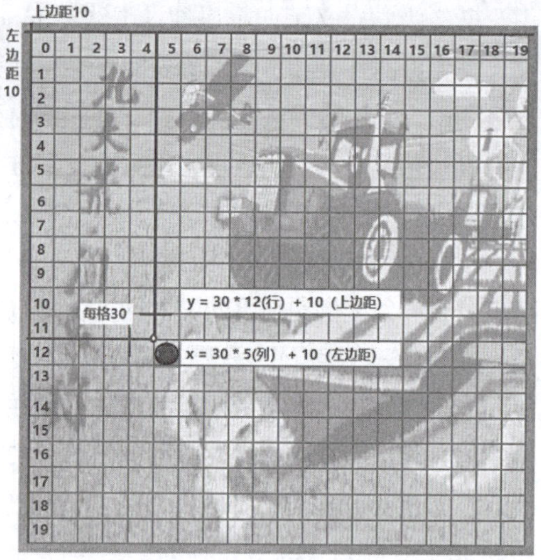

图4–13 显示豆原理图

又因为本案例背景有10像素的深色边框线，如图4–13所示。为了显示的时候，豆图刚好出现在小网格内，行和列豆需要+10偏移量。其实不做偏移量纠正，并不会影响游戏的蛇吃到豆，只是玩家的视觉体验就不好了。做偏移纠正后，豆图左顶点坐标为[lie×30+10，hang×30+10]。

在Dou类中，补全xianShi（Graphics g）方法，源代码如下。

```
void xianShi(Graphics g){
    if(zl==0){
        tuLuJing = "/图片/贪吃蛇/豆.png";
    }else if(zl==1){
        tuLuJing = "/图片/贪吃蛇/南瓜.png";
    }else if(zl==2){
        tuLuJing = "/图片/贪吃蛇/柿子.png";
    }else if(zl==3){
        tuLuJing = "/图片/贪吃蛇/茄子.png";
    }

    URL url = this.getClass().getResource(tuLuJing);
    Image tu = new ImageIcon(url).getImage();

    // 贴图
   g.drawImage(tu,lie*30+10,hang*30+10,null);
}
```

典型工作环节3 在She类中显示蛇

在She类中显示蛇

蛇是游戏当之无愧的主角，蛇在网格内爬行，吃掉蛇头前进方向遇到的豆。在任务1中，已经为它定义了四个属性：蛇行数组hs、蛇列数组ls、蛇头方向fx、蛇长度chang。与显示豆类似，想要显示蛇，也需要做以下两件事。

一是，初始化蛇。蛇有四个属性，在蛇类构造方法中，要给这四个属性赋值。通过调用构造方法，可以获得一个蛇对象。

二是，显示蛇。蛇对象是一个内存数据，玩家要想直观地看到蛇，光有对象还不行。开发者可以使用Java提供的drawImage方法，将蛇对象存储的数据通过贴图的方式绘制到场地背景上，显示功能是通过调用蛇的显示方法xianShi()实现的。

步骤1　初始化蛇。

分析：在游戏中蛇头只有一个且能转向，蛇身可以有多个节且能增长。蛇头在蛇的最前端，是蛇具有特殊功能的一个节，我们约定蛇长 = 蛇头 + 蛇身，蛇头和蛇身连续，不可脱节。在二维平面内可以使用（x，y）坐标确定一个位置，对于蛇的每一个节点都可以采用这种方式确定位置。本例使用了一维数组hs[]存储蛇行坐标、ls[]存储蛇列坐标，如图4–14所示。理想状态蛇可以铺完整个场地网格，在20 × 20网格场地内，蛇最大长度是400，所以蛇行和蛇列数组初始化长度设置为400。

在游戏中，蛇头朝向哪个方向，蛇就向哪个方向爬。考虑到游戏复杂度，本案例只允许蛇头有四个方向，上、下、左、右；并且为每个方向约定一个整型值，蛇头向右对应0、向上对应1、向左对应2、向下对应3，如图4–15所示。

本案例以蛇头在场地[10，10]位置、蛇头向上、蛇长度是5、蛇列位置ls[]={10，10，10，10，10}、蛇行位置ls[]={10，11，12，13，14}，初始化一条蛇，如图4–16所示。

初始化的蛇是游戏开始时，蛇的呈现状态，同学们也可以按个人设计初始化成其他状态。

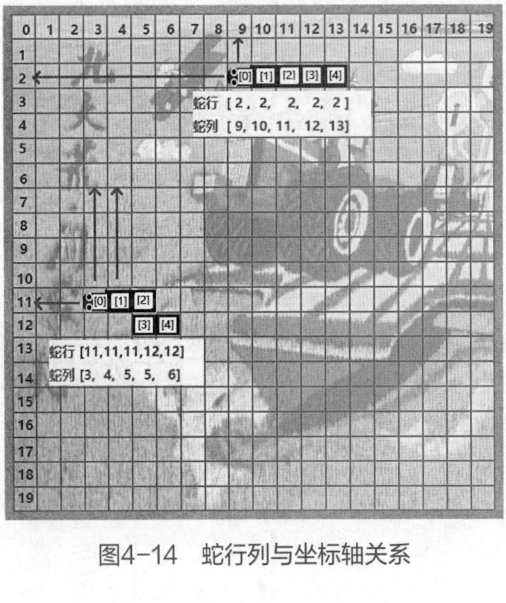

图4–14　蛇行列与坐标轴关系

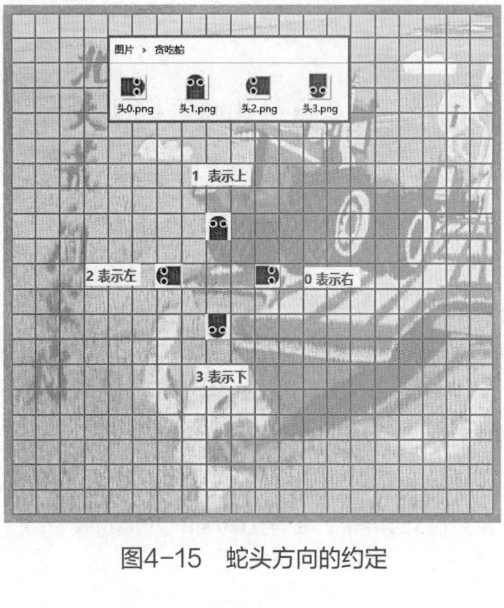

图4–15　蛇头方向的约定

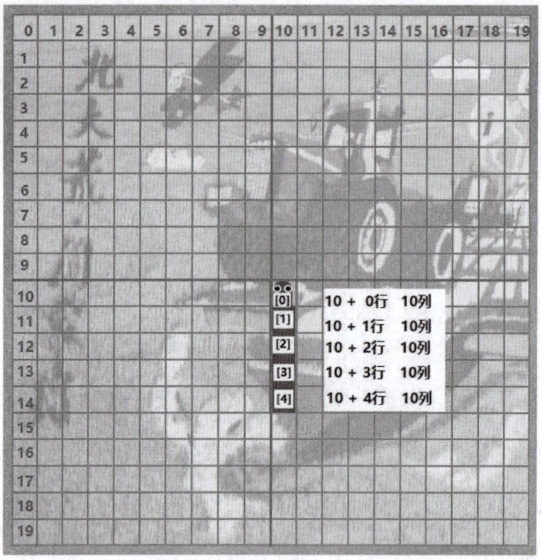

图4-16 初始化一条蛇原理图

在She类中，补全She()构造方法，源代码如下。

```
She(){
  //场地400格
  hs = new int[400];
  ls = new int[400];
  // 蛇头方向:1
  fx = 1;
  // 蛇长:
  chang = 5;
  //行s[i]:10+i,列s:10
  for(int i=0;i<chang;i++){
    hs[i] = 10+i;
    ls[i] = 10;
  }
}
```

步骤2 显示蛇。

分析：蛇的显示与豆的显示原理是一样的，具体过程见【典型工作环节2 在Dou类中显示豆】的相关内容。需要注意三点：一是，豆是单个的，行列坐标是变量，蛇是多个的，行列坐标是数组；二是，蛇头和蛇身使用不同的图片，需要分别调用drawImage方法进行贴图；三是，drawImage方法*x*轴对应蛇的列坐标、*y*轴对应蛇的行坐标、场地背景边框线+10像素偏移量。

在She类中，补全xianShi（Graphics g）方法，源代码如下。

```
void xianShi(Graphics g){
  String shenTuLuJing = "/图片/贪吃蛇/身.png";
  String touTuLuJing = "/图片/贪吃蛇/头"+fx+".png";
  //蛇身的图对象 shenTu
  URL shenUrl = this.getClass().getResource(shenTuLuJing);
  Image shenTu = new ImageIcon(shenUrl).getImage();
  // 蛇头的图对象 touTu
  URL touUrl = this.getClass().getResource(touTuLuJing);
  Image touTu = new ImageIcon(touUrl).getImage();
  //贴图,4节蛇身的图
  for(int i=1;i<chang;i++){
    g.drawImage(shenTu,ls[i]*30+10,hs[i]*30+10,null);
  }
  //贴图,蛇头的图
  g.drawImage(touTu,ls[0]*30+10,hs[0]*30+10,null);
}
```

典型工作环节4　调用场地、蛇、豆的显示方法

调用场地、蛇、豆的显示方法

本项目采用MVC程序设计模式编写，本任务的前面三个工作环节，设计实现了场地、蛇、豆等数据模型类的构造与显示功能。

通过类和对象的工作原理我们知道，类是模板、是蓝图，类可以通过创建对象的方式得到执行。按照MVC设计模式约定，对象的创建与使用写在控制器里。

控制器接收用户输入的请求，并决定调用哪个模型去处理请求；控制器本身不实现具体功能，也不做结果输出。

本项目承担控制器角色的是KongZhi类。KongZhi类可以通过持有场地、蛇、豆等数据模型对象来使用相应模型。在KongZhi类中，通过调用场地、蛇、豆等类的构造方法在内存中创建类的对象，完成数据初始化功能；通过对象调用各自的显示方法，实现界面显示功能。本项目数据模型类与控制器类的关系如图4-17所示。

在KongZhi类中，补全chuShiHua()和xianShi()方法，源代码如下。

```
public class KongZhi{
  ChangDi cd;
  She she;
  Dou dou;
  // 初始化
  void chuShiHua(){
    cd = new ChangDi();  // 造场地
```

```
        she = new She();       // 造蛇
        dou = new Dou();       // 造豆
    }
    // 显示
    void xianShi(Graphics g){
        cd.xianShi(g);         //显示场地背景
        she.xianShi(g);        //显示蛇
        dou.xianShi(g);        // 显示豆
    }
}
```

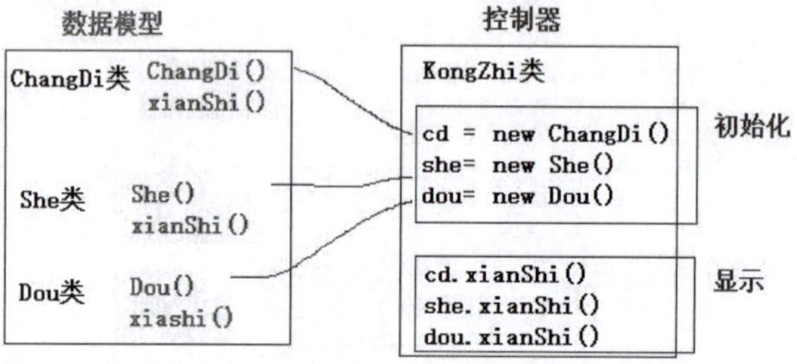

图4-17　数据模型类与控制器类的关系

任务 3　蛇吃豆、蛇长个、豆消失

任务描述

在上一个任务的基础上，本任务将学习实现蛇吃豆、蛇长个、豆消失等游戏基本功能，运行程序能实现操控蛇吃豆的游戏效果。在基础理论方面，学习Java的静态成员和静态方法。通过本任务的学习增强对面向对象封装性、MVC编程模式的理解，强化方法定义与方法调用的区别、提升算法设计的能力。

任务目标

理解static关键字及其使用方法，能熟练编写游戏中的蛇吃豆、蛇长个、豆消失等功能模块。

任务实现

典型工作环节1　static静态关键字

一、静态的概述

前面学习的属性和方法都是通过创建类的对象来使用的。如果想要调用对象的某个方法，该方法并没有访问到该对象持有的数据，那么为了使用该方法而创建一个对象就是多余的、浪费了系统资源。Java提供了static关键字解决这类问题。

static静态关键字

static是一种修饰符，可以用来修饰属性、方法、代码块和内部类。被static修饰过属性、方法、常量归整个类所有，不属于某个单一的对象，而是被该类的所有实例对象共享。就好比，在教室里放了一台饮水机，这台饮水机不属于张三，也不属于李四，而归本教室所有人共享，那么该饮水机就具备了static特征，可以看作是一个“static成员”。

二、静态成员

在Java类中，static可以修饰属性、常量，不可以修饰局部变量，被static修饰的属性或常量统称为静态成员。

静态成员属于类，而不属于这个类的某个对象。无论一个类实例化出来多少个对象，它的静态成员都只有一份拷贝，并且被所有的对象所共享。当多个对象访问或修改同一个static成员变量时，如果某一个对象修改了static成员变量的值，那么其他对象中的static成员变量值也会跟着改变。这区别于普通的成员变量和方法属于某个对象，彼此之间保证隔离的特点。

当需要在多个对象之间进行信息共享时，可以使用静态变量或静态常量，增加实例之间的交互性。另外，如果类的所有实例对象都包含一个相同的常量属性，也可以把这个属性定义为静态常量，以此节省内存空间。

静态变量与实例变量的区别如下。

（1）静态变量。Java虚拟机只会为静态变量分配一次内存，在加载类的过程中完成对静态变量的内存分配，可见静态的加载优先于对象，所以静态方法不能调用非静态的变量和非静态的方法，否则编译时就会报错；在类的任意方法中可以直接访问任意静态变量；在其他类中可以通过“类名.静态变量”的形式来访问该类中的静态变量。

（2）实例变量。每创建一个Java实例对象，Java虚拟机就会为该实例变量分配一次内存；可以在类的非静态方法中直接访问实例变量；在类的静态方法中，需要通过“对象.实例变量”的形式进行访问。

范例4-3-1　静态变量案例。

```
public class 范例4_1_3 {
  public static void main(String[]args){
    //为静态变量graduateFrom赋值
    Student.graduateFrom = "黑龙江农垦职业学院";
    //创建学生类的对象s1
    Student s1 = new Student();
    s1.name = "小明";
    s1.age = 18;
    s1.show();
    //创建学生类的对象s2
    Student s2=new Student();
    s2.name = "小红";
    s2.age = 20;
    s2.show();
  }
}
class Student{
  String name;
  int age;
  static String graduateFrom;
  public void show(){
    System.out.println(name+","+age+","+graduateFrom);
  }
}
```

代码执行结果：小明，18，黑龙江农垦职业学院

小红，20，黑龙江农垦职业学院

三、静态方法

被static修饰的方法称作静态方法，也称作类方法，静态方法经常使用在工具类中，比如常用的工具方法Arrays.sort()、Math.random()等。

静态方法具有以下特性：静态方法可以直接通过“类名.方法名”的形式调用；静态方法中只能调用静态成员和静态方法，不能访问非静态的成员；静态方法中不能使用this和super关键字；抽象方法不能使用static进行修饰；静态方法不能被重写，但可以被继承；实例方法中可以直接访问所属类的静态变量、静态方法。

范例4-3-2 静态方法案例。

```
public class 范例4_1_4 {
  public static void main(String[]args){
    Students.setScore(100);
  }
}
```

```
class Students{
  //定义静态变量
  public static int score;
  //定义静态方法：静态方法中只能调用静态成员和静态方法,不能调用非静态的
  public static void setScore(int score){
    //静态方法中不能使用this和super
    //不能this.score = score
    //需要通过"类名.静态成员"的方式来调用
    Students.score = score;
    System.out.println("score="+score);
  }
}
```

代码执行结果：score=100

典型工作环节2 编写蛇的方法

通过游戏分析与设计，我们为蛇设定了九个方法，以保证实现游戏基本功能。在蛇的显示环节中，已经实现了蛇的初始化和显示方法。本环节完成能让蛇吃到豆所需的五个方法，分别是：蛇爬一格paYiGe()、蛇转向zhuanXiang（int xfx）、蛇能转向吗nengZhuanMa（int xfx）、蛇吃豆chiDouMa（Dou dou）、蛇变长bianChang()。

编写蛇的方法

步骤1 蛇爬一格。

分析：蛇由两部分组成：蛇头和蛇身。蛇头有两种行为：转向、爬一格；蛇身只有一种行为：爬一格。所以，在设计爬方法的时候，蛇头和蛇身要分开来考虑。

1. 蛇头的动作

蛇头方向存储在fx属性中，且只允许蛇头有四个方向，向右fx=0、向上fx=1、向左fx=2、向下fx=3，如图4-18所示。观察发现：①蛇头的位置存储在列ls[0]、行hs[0]两个数组元素中；②蛇头爬行与蛇头方向相关，左右爬行时，hs[0]值不变，ls[0]值加1或减1；上下爬行时，ls[0]值不变，hs[0]值加1或减1。典型的多分支语句，编程时首选switch语句实现。

2. 蛇身的动作

蛇身可以作为一个整体移动，有两种移动方式：顺序移动和逆序移动。如图4-19所示，先来看一下顺序移动蛇身（即从蛇身第一节开始移动），第1步，让蛇身1占蛇头位置，编程实现为hs[1]=hs[0]，可行；第2步，让蛇身2占蛇身1位置，编程实现为hs[2]=hs[1]时，此时hs[1]已经被步骤1中hs[0]覆盖，想要实现这一功能，则需要事先保存hs[1]的值。以此类推，后面的第3步、第4步……都涉及这个问题。

注意： 此处只选择了hs坐标为例，蛇身的每个节都有hs和ls两个坐标，确定一个具体的位置，这里就不做展开了，同学们可自行推理。

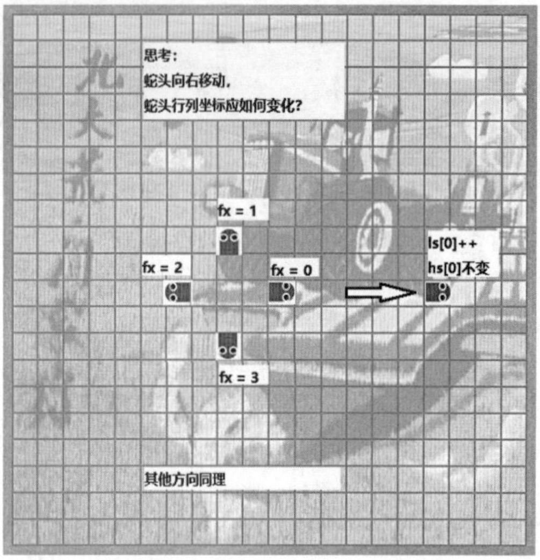

图4-18 蛇头爬一格原理图

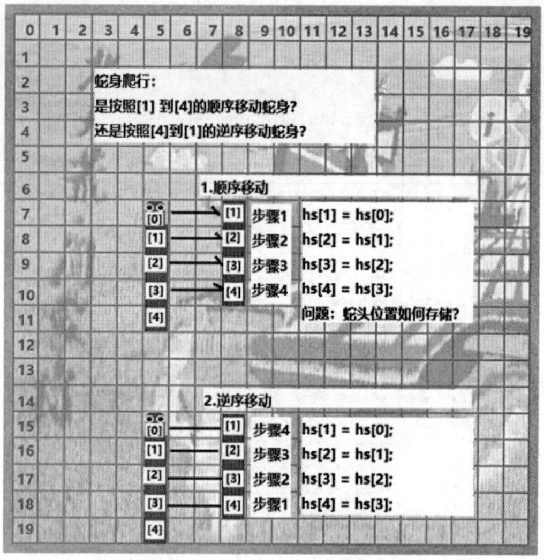

图4-19 蛇身爬一格原理图

现在来看一下逆序移动蛇身（即从蛇身最后一节开始移动），第1步，让蛇身4占蛇身3位置，编程实现为hs[4]=hs[3]，可行；第2步，让蛇身3占蛇身2位置，编程实现为hs[3]=hs[2]时，仍然可行。因为被上一步覆盖掉的hs[4]，并没有被后续操作使用，不存在单独保存蛇身位置的问题。所以，使用逆序移动方式移动蛇身是优选。

总结：蛇爬行，分蛇头、蛇身两部分处理。由于蛇身逆序移动算法更简单，所以蛇身采取逆序移动；又因为蛇身第1节hs[1]和ls[1]会用到蛇头数据hs[0]和ls[0]，如果移动蛇头数据就变了。所以，先移动蛇身，再移动蛇头。

在She类中，补全paYiGe()方法，源代码如下。

```
void paYiGe(){
  //蛇身倒序爬
  for(int i=chang-1;i>=1;i--){
    hs[i]= hs[i-1];
    ls[i]= ls[i-1];
  }
  //蛇头爬
  switch(fx){
  case 0:
    ls[0]++;
    break;
  case 1:
    hs[0]--;
    break;
  case 2:
    ls[0]--;
```

```
      break;
    case 3:
      hs[0]++;
      break;
    }
}
```

步骤2　蛇转向。

在本例中蛇头有四个方向，向右fx=0、向上fx=1、向左fx=2、向下fx=3，想要蛇转向，只需要给fx赋一个在“0、1、2、3”中的一个值即可。

在She类中，补全zhuanXiang（int xfx）方法，源代码如下。

```
void zhuanXiang(int xfx){
  //方向=新方向
  fx = xfx;
}
```

步骤3　蛇能转向吗。

在玩家操纵蛇转向的时候，程序要先判断一下这个转向操作能否实现。那么什么情况下蛇头可以转向，什么情况下蛇头不可以转向呢？如图4-20所示，以向右fx=0为例，此时，如果玩家向上fx=1转向操作，可执行；如果玩家向下fx=3转向操作，可执行；如果玩家向左fx=2转向操作，不可执行。其他方向和示例相似，不做赘述。

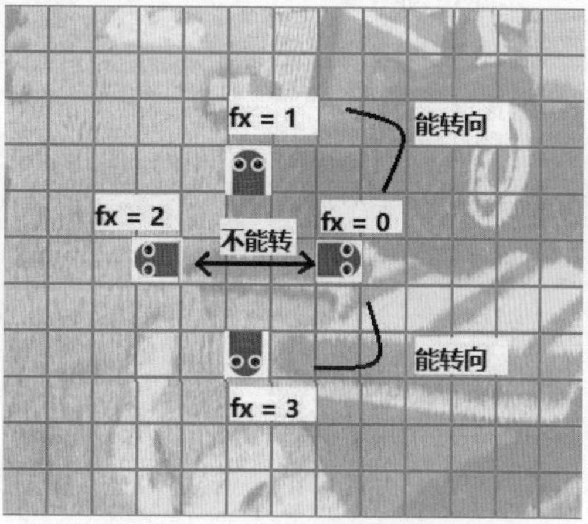

图4-20　蛇能转向吗分析图

上述功能，算法上如何实现呢？经分析发现，当前方向fx如果与新方向xfx奇偶不同时，可以转向；奇偶相同时，不可以转向。如何判断一个数的奇偶性？这个在Java基础的部分就讲过了，用fx % 2得1是奇数，得0是偶数。

在She类中，补全nengZhuanMa（int xfx）方法，源代码如下。

```
boolean nengZhuanMa(int xfx){
  //方向与新方向奇偶性不一致
  return fx % 2 !=xfx % 2;
}
```

步骤4　蛇吃豆。

如果蛇头和豆出现在同一个位置，那么蛇就吃到了豆，则需判断蛇头的行坐标等于豆的行坐标且蛇头的列坐标等于豆的列坐标。这里要注意，实现“且”关系在代码中使用的是“逻辑与”运算符。

在She类中，补全chiDouMa（Dou dou）方法，源代码如下。

```
boolean chiDouMa(Dou dou){
  //蛇头行列与豆一致
  return hs[0]==dou.hang&&ls[0]==dou.lie;
}
```

以上四个方法是蛇为了吃豆对应的行为。当蛇吃掉豆以后，蛇和豆都会发生变化，蛇要长大一节；吃掉的豆要消失，并且在场地内随机再出现一个新豆。按照面向对象的逻辑，蛇长个要写在蛇类里，豆消失要写在豆类里。

步骤5　蛇长个。

当蛇成功吃掉一颗豆后，蛇要长个（即蛇身增加一节），那么这一节出现在哪里？答案是：出现在玩家看不到的任何位置就可以。在本案例中是把它藏在了当前蛇的最后一节处，如图4-21所示。定时器每次结束后，会重新绘制画布，这时候长个后的蛇就会被正确显示出来。

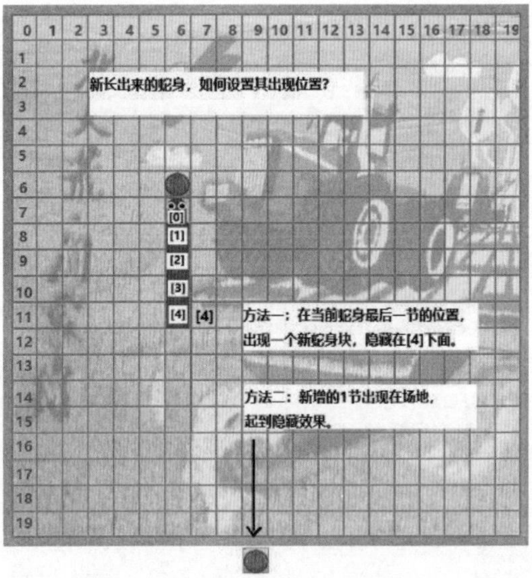

图4-21　蛇长个分析图

在She类中，补全bianChang()方法，源代码如下。

```
void bianChang(){
  //设置新蛇身位置
  hs[chang]= hs[chang - 1];
  ls[chang]= ls[chang - 1];
  //蛇长度+1
  chang++;
}
```

典型工作环节3 实现蛇吃豆、蛇长个、豆消失操作

目前为止，蛇已经具备了爬行和吃豆的能力，下一步就是让蛇吃豆。通过前面学习显示豆和显示蛇的过程我们已经了解到，MVC程序设计模式中，在控制层实现数据模型对象的创建和方法调用，在视图层完成外设操作。本小节就来补全本项目控制层KongZhi类和视图层ChuangKou类相关代码，实现蛇吃豆、蛇长个，豆消失的游戏功能。

实现蛇吃豆、蛇长个、豆消失操作

一、补全KongZhi类代码

步骤1 在KongZhi类中，编写zhuanXiangCaoZuo()方法，源代码如下。

```
public class KongZhi{
  ......
  //TODO 转向操作
  void zhuanXiangCaoZuo(int xfx){
    //蛇 能转吗
    if(she.nengZhuanMa(xfx)){
        //蛇 转向
        she.zhuanXiang(xfx);
    }
  }
}
```

此处注意两点：一是，zhuanXiangCaoZuo()的参数xfx是在窗口类中，通过键盘按键传进来的，和前面关于蛇头方向的约定已知，即使用0、1、2、3分别表示右、上、左、下四个方向。二是，通过控制类的zhuanXiangCaoZuo()调用蛇的nengZhuanMa()和zhuanXiang()方法实现控制蛇方向的功能。

步骤2 在KongZhi类中，补全dingShiChuLi()方法，源代码如下。

```
  void dingShiChuLi(){
    //蛇爬一格
    she.paYiGe();
    //蛇吃豆吗
    if(she.chiDouMa(dou)){
       //蛇变长
       she.bianChang();
       //豆造
       dou = new Dou();
    }
  }
}
```

二、补全ChuangKou类代码

步骤1　在ChuangKou类中，添加KongZhi类对象作为属性kz，源代码如下。

```
public class ChuangKou extends JFrame implements ActionListener,KeyListener,Mou
seListener,MouseMotionListener{
  //持有控制类对象
   KongZhi kz;
   ......
}
```

步骤2　在ChuangKou类的构造方法中，初始化KongZhi类属性kz，调用kz.chuShiHua()方法，源代码如下。

```
public ChuangKou(){
  // 初始化变量在此
  kz=new KongZhi();
  kz.chuShiHua();
  ......
}
```

步骤3　在ChuangKou类内部面板类的paint()方法中，调用kz.xianShi()方法，源代码如下。

```
class 面板 extends JPanel{

   @Override
   public void paint(Graphics g){
     kz.xianShi(g);
     ......
  }
}
```

步骤4　在ChuangKou类，补全keyPressed()方法，监听玩家按下键盘按键的事件，源代码如下。

```
@Override
public void keyPressed(KeyEvent e){
  // TODO 键盘按下
  int key=e.getKeyCode();  //按键的ASCII值
  System.out.println(key);
  switch(key){
    case 37:
```

```
      kz.zhuanXiangCaoZuo(2);  //xfx=2,向左转
      repaint();
      break;
    case 38:
      kz.zhuanXiangCaoZuo(1);  //xfx=1,向上转
      repaint();
      break;
    case 39:
      kz.zhuanXiangCaoZuo(0);  // xfx=0,向右转
      repaint();
      break;
    case 40:
      kz.zhuanXiangCaoZuo(3);  // xfx=3,向下转
      repaint();
      break;
    case 32:
      repaint();     // 无转向操作,刷新界面
      break;
    }
}
```

步骤5 在ChuangKou类内部定时器类的run()方法中调用kz.dingShiChuLi()方法，源代码如下。

```
class 定时器 extends Thread{
    ......
    @Override
    public void run(){
      while(true){
        if(this==ds1){
          // 定时在此
          kz.dingShiChuLi();
        }
      }
    }
}
```

本任务中关于ChuangKou类内部实现的原理，将会在《项目五 游戏框架GameK开发》中具体讲解，在本部分学习中，同学们只需要能按照老师的步骤补全代码即可。

任务 4 蛇的各种死法

任务描述

本任务将在上一个任务的基础上进一步规范蛇的行为（蛇违规、蛇死亡、游戏结束），增强游戏的难度和趣味性。本任务实现了蛇出界死（即蛇头行坐标或者列坐标超出本案例场地范围[0,19]区间），蛇自咬死（即蛇头前进中与蛇身某一节位置重合）等功能。运行程序将呈现出“在规则范围内蛇吃豆、蛇长个；蛇违规、游戏结束”的游戏效果。通过本任务的学习能增强系统分析问题的能力、加深对面向对象编程思想的理解。

任务目标

能熟练编写游戏中的蛇出界死、蛇自咬死等功能模块。

任务实现

典型工作环节1 实现蛇的各种死法

在上一个任务中，我们实现了蛇吃豆、长个，豆消失的功能，如果不做任何限制，蛇会一直吃下去，直至铺满场地，游戏会显得很单调乏味。为了增强游戏的难度和趣味性，可以给蛇设置一些行为约束，如果蛇出界、蛇自咬，则游戏结束。

蛇的各种死法

步骤1 蛇出界。

我们可以设定，如果蛇头爬出场地外，那么蛇死、游戏结束，促使玩家在蛇头接触到场地边界前，迅速转向。

分析：场地有四个边，蛇头在任何一个边出界都蛇死。那么就有四个判断条件，这四个条件是“逻辑或”的关系，如图4-22所示。

那么蛇头和边界发生怎样的关系才算出界呢？这就需要确认两点：一是边界值；二是蛇头位置。上边界的值，看的是行坐标；当行坐标小于0时，就是界外。所以，比较蛇头行坐标hs[0] < 0，就能判断蛇头出上边界。同理，判断其他三边。

在She类中，补全chuJieMa()方法，源代码如下。

```java
boolean chuJieMa(){
  //蛇头出界
  return hs[0]<0||hs[0]>19||ls[0]<0||ls[0]>19;
}
```

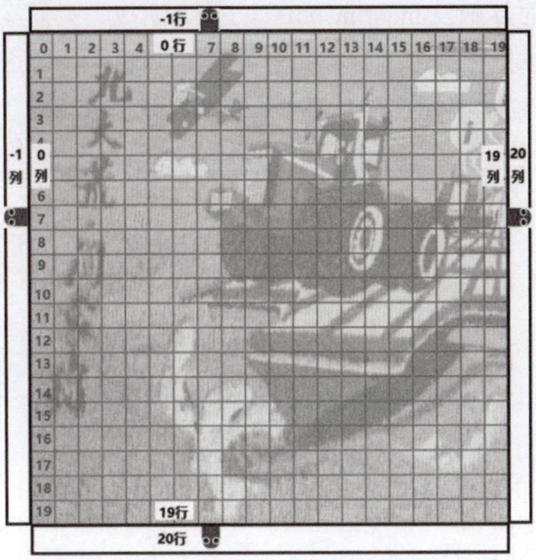

图4-22　蛇出界分析图

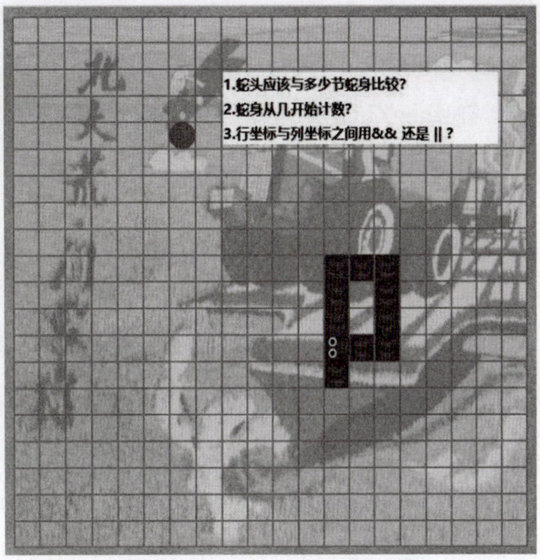

图4-23　蛇自咬分析图

步骤2　蛇自咬。

我们可以设定，如果蛇头和蛇身的任何一节重合，则发生蛇自咬、蛇死、游戏结束，促使玩家在蛇头接触到蛇身前，迅速转向。

分析：蛇头的行坐标hs[0]与蛇身任何一节的行坐标相等且蛇头的列坐标ls[0]与蛇身同一节的列坐标也相等，那么就可以判断蛇发生了自咬现象，如图4-23所示。由于蛇身由多个节组成，可以使用for循环遍历蛇身来实现。

在She类中，补全ziYaoMa()方法，源代码如下。

```
boolean ziYaoMa(){
  //蛇身从序号1开始
  for(int i=1;i<chang;i++){
    if(hs[0==hs[i]&& ls[0]==ls[i]){
      return true;
    }
  }
  return false;
}
```

典型工作环节2　控制类dingShiChuLi()方法调用实现

dingShiChuLi()
方法

学习工作环节1时，在She类中设计了蛇的两种死法，分别是蛇出界和蛇自咬。遵守MVC程序设计模式，在控制器里按照业务逻辑需要调用模型层对象的方法，从而实现业务功能。因为蛇出界和蛇自咬发生在蛇爬行前提下，而本游戏蛇爬行是一个定时行为，通过定时器触发dingShiChuLi()方法，所以，只需在dingShiChuLi()方法中调用蛇出界和蛇自咬方法，执行System.exit（0）关闭窗口即可。

在KongZhi类中，补全dingShiChuLi()方法，源代码如下。

```
//TODO 定时处理
void dingShiChuLi(){
  //蛇出界吗
  if(she.chuJieMa()){
    System.exit(0);
  }

  //蛇自咬吗
  if(she.ziYaoMa()){
    System.exit(0);
  }
  ... ...
}
```

任务5 加分及扩展操作

任务描述

本任务对疯狂贪吃蛇游戏项目功能进一步扩展，以增强游戏的难度和趣味性。本任务实现了蛇吃豆后进行计分、蛇撞障碍物游戏结束等功能，运行程序将呈现出完整的游戏效果。通过本任务的学习能加深对类封装性的理解，提升分析问题的能力。

任务目标

理解在程序功能扩展时，增加属性、方法、类的思路，能熟练编写游戏中的蛇吃豆计分、蛇咬障碍物死等功能模块。

任务实现

典型工作环节1 实现计分功能

通过前面的学习，我们掌握了贪吃蛇游戏最基本的规则。对于设计者而言，还需要发挥想象力，丰富游戏功能，从而吸引更多玩家。本环节学习实现蛇吃豆计分，希望能起到抛砖引玉的作用，给大家提供一个拓展程序功能的思路。

实现计分功能

分析：首先要确定计分功能写在哪个类里。如果把计分功能理解为“蛇吃豆，蛇计分”，那么计分功能可以写在She类里；分数作为蛇的一个属性，显示分数作为蛇的一个功能。如果把计分功能理解为“游戏辅助功能”，那么可以把它写在KongZhi类里。出于降低复杂度考虑，本任务把计分功能写在了KongZhi类里。

实现计分功能分四个步骤：一是，设计一个变量存储分数；二是，设计一个方法显示分数；三是，分数值何时改变，增加多少，这取决于蛇是否吃到豆，所以写在定时处理方法中；四是，在哪里调用显示方法。

步骤1　在控制类中添加属性fen，用于存储分数。

```
int fen;
```

步骤2　在KongZhi类中，添加fenShuXianShi（Graphics g）方法，源代码如下。

```
void fenShuXianShi(Graphics g){
  //显示分数
  g.setColor(Color.RED);
  g.setFont(new Font("华文新魏",Font.BOLD,40));
  g.drawString("分数:"+fen,630,200);
}
```

步骤3　在KongZhi类中，在dingShiChuLi()方法中添加分数更新功能，源代码如下。

```
void dingShiChuLi(){
  ……
  if(she.chiDouMa(dou)){//判断：蛇吃豆吗
    ……
    fen+=10;  //蛇吃豆的条件下,分数+10
  }
}
```

思考：如果蛇吃掉不同类型的豆，增加的分值也不同，要怎么实现呢？

步骤4　在KongZhi类中，在xianShi（Graphics g）方法中调用fenShuXianShi（g）方法，源代码如下。

```
void xianShi(Graphics g){
  ……
  fenShuXianShi(g);
}
```

典型工作环节2 添加障碍物

给游戏添加障碍物是对游戏功能的扩展。

基本规则：在游戏场地内，任何位置随机生成任意多个障碍物（本任务随机生产三个障碍物）；蛇在吃豆的过程中，需要绕过障碍，如果蛇咬到障碍物，蛇死、游戏结束。

添加障碍物

在MVC程序设计模式中，障碍物是一种数据模型，需要设计一个类来实现。障碍物的生成和使用在控制器（本任务的KongZhi类）里完成。

下面我们就按照这个思路设计程序。

一、设计障碍类

ZhangAi类中持有一个二维数组属性ges，这个数组用于确定障碍物能出现的位置范围，本任务与场地大小保持一致，设计ges大小为20×20。如果数组ges中某个元素的值是1，则表示该位置是一个障碍物。本任务初始化数组所有元素为零，表示没有障碍物。源代码如下。

```
public class ZhangAi{
  //field属性
  int[][]ges={
    {0,0,0,0,0,0,0,0,0,0,0,0,0,0,0,0,0,0,0,0},
    {0,0,0,0,0,0,0,0,0,0,0,0,0,0,0,0,0,0,0,0},
    {0,0,0,0,0,0,0,0,0,0,0,0,0,0,0,0,0,0,0,0},
    {0,0,0,0,0,0,0,0,0,0,0,0,0,0,0,0,0,0,0,0},
    {0,0,0,0,0,0,0,0,0,0,0,0,0,0,0,0,0,0,0,0},
    {0,0,0,0,0,0,0,0,0,0,0,0,0,0,0,0,0,0,0,0},
    {0,0,0,0,0,0,0,0,0,0,0,0,0,0,0,0,0,0,0,0},
    {0,0,0,0,0,0,0,0,0,0,0,0,0,0,0,0,0,0,0,0},
    {0,0,0,0,0,0,0,0,0,0,0,0,0,0,0,0,0,0,0,0},
    {0,0,0,0,0,0,0,0,0,0,0,0,0,0,0,0,0,0,0,0},
    {0,0,0,0,0,0,0,0,0,0,0,0,0,0,0,0,0,0,0,0},
    {0,0,0,0,0,0,0,0,0,0,0,0,0,0,0,0,0,0,0,0},
    {0,0,0,0,0,0,0,0,0,0,0,0,0,0,0,0,0,0,0,0},
    {0,0,0,0,0,0,0,0,0,0,0,0,0,0,0,0,0,0,0,0},
    {0,0,0,0,0,0,0,0,0,0,0,0,0,0,0,0,0,0,0,0},
    {0,0,0,0,0,0,0,0,0,0,0,0,0,0,0,0,0,0,0,0},
    {0,0,0,0,0,0,0,0,0,0,0,0,0,0,0,0,0,0,0,0},
    {0,0,0,0,0,0,0,0,0,0,0,0,0,0,0,0,0,0,0,0},
    {0,0,0,0,0,0,0,0,0,0,0,0,0,0,0,0,0,0,0,0},
    {0,0,0,0,0,0,0,0,0,0,0,0,0,0,0,0,0,0,0,0},
  };
}
```

步骤1　设计障碍类的构造方法。

本任务设计在背景内同时出现三个障碍，使用for循环语句，为存储障碍物位置的属性ges，随机选中三个元素，并为其赋值1，标识这三个位置有障碍物。

```
//constructor构造器
public ZhangAi(){
  for(int i=0;i<3;i++){//随机生成3个障碍块
    int hang = (int)(Math.random()*20);
    int lie = (int)(Math.random()*20);
    ges[hang][lie] = 1;
  }
}
```

步骤2　设计障碍物显示方法。

显示障碍物的方法与显示豆、显示蛇相类同，此处不赘述，源代码如下。

```
void xianShi(Graphics g){
  String tuLuJing = "/图片/贪吃蛇/墙.png";
  URL url = this.getClass().getResource(tuLuJing);
  Image tu = new ImageIcon(url).getImage();
  //贴图
  for(int hang=0;hang<20;hang++){
    for(int lie=0;lie<20;lie++){
      if(ges[hang][lie]==1){
        g.drawImage(tu,lie *30+10,hang *30+10,null);
      }
    }
  }
}
```

二、控制类中生成和使用障碍物

给游戏添加障碍物功能，可分成五个步骤实现：一是，通过定义属性的方式，让控制类持有障碍物对象；二是，初始化障碍物；三是，显示障碍物；四是，判断蛇是否撞到障碍物；五是，蛇撞障碍物，蛇死、游戏结束。

步骤1　在KongZhi类中，添加ZhangAi属性za，源代码如下。

```
public class KongZhi{
  ......
  ZhangAi za;
  ......
}
```

步骤2　在KongZhi类的 chuShiHua()方法中，创建障碍物对象，源代码如下。

```
void chuShiHua(){
  ……
  za = new ZhangAi();// 造障碍物
}
```

步骤3　在KongZhi类的xianShi()方法中，添加障碍物显示方法，源代码如下。

```
void xianShi(Graphics g){
  ……
  za.xianShi(g);// 障碍显示
}
```

运行游戏，可见障碍物已经显示出来。但是障碍物还没有功能，蛇可以爬行穿过障碍物。下一步来实现蛇撞障碍物，其原理与前面蛇出界、蛇自咬相同。

步骤4　首先确定蛇撞障碍物是蛇的行为，也需要在She类里。只需要确定蛇头所在位置（hs[0]，ls[0]）对应ges元素值是1，即可以判断蛇头撞到障碍物了。定义zhuangMa（za）方法，源代码如下。

```
boolean zhuangMa(ZhangAi za){
  int sheTouHang = hs[0];
  int sheTouLie = ls[0];
  return za.ges[sheTouHang][sheTouLie]==1;
}
```

步骤5　在KongZhi类dingShiChuLi()方法中添加撞障碍物事件，一旦she.zhuangMa()返回true，游戏结束。源代码如下。

```
void dingShiChuLi(){
  //蛇撞障碍吗
  if(she.zhuangMa(za)){
    return;
  }
}
```

巩固与提高

一、单选题

1．关于下面程序片段，结论正确的是（　　）。

```
String a="Java";
String b="Java";
String x="Ja";
String y="va";
String c=x+y;
```

A．a和b指向同一个实例对象，a和c指向同一个实例对象

B．a和b指向同一个实例对象，a和c不指向同一个实例对象

C．a和b不指向同一个实例对象，a和c指向同一个实例对象

D．a和b不指向同一个实例对象，a和c不指向同一个实例对象

2．以下代码程序输出的结果是（　　）。

```
public class Demo{
 public static void main(String[] args){
  String s;
  System.out.println("s="+s);
 }
}
```

A．s=null　　　　B．s=

C．编译失败，s未初始化　　　　D．编译通过，运行报出空指针异常

3．Java中既能作为类的修饰符，也能作为类成员的修饰符的是（　　）。

A．extends　　B．static　　C．float　　D．void

4．下列关于静态方法的描述中，错误的是（　　）。

A．静态方法指的是被static关键字修饰的方法

B．静态方法不占用对象的内存空间，而非静态方法占用对象的内存空间

C．静态方法内可以使用this关键字

D．静态方法内部只能访问被static修饰的成员

5．下列程序的运行结果是（　　）。

```
public class Demo{
 private String name;
 Demo (String name){
  this.name=name;
 }
 private static void show(){
  System.out.println(name);
 }
 public static void main(String[] args){
  Demo d = new Demo("student");
```

```
    d.show();
  }
}
```

A．输出student　　B．输出null　　C．输出name　　D．编译失败

二、简答题

1．什么是实例变量和类变量？二者的区别是什么？

2．在比较两个字符串时，选择使用“==”，还是equals()方法？说明原因。

3．简述字符串对象String，StringBuilder，StringBuffer之间的区别。

三、编程题

1．编程实现，写一个方法判断一个字符串是否对称。

2．编程实现，现有字符串s=“tHis iS my jAva pRoGraM.”，将字符串首字母变为大写，其余字母变为小写。

3．思考题目。

（1）本任务使用二维数组存储障碍，出于什么考量？为什么不像处理豆那样存储障碍呢？

（2）本任务，如果随机生成的3个“障碍物”位置刚好重合，该怎么解决呢？

（3）本任务，如果想要随机生成的障碍物避开豆、避开蛇，该怎么解决呢？

项目五

游戏框架 GameK 开发

项目引述

"游戏框架GameK开发"是一项综合性实践项目，如图5-1所示，旨在通过开发一个游戏框架来提升技术能力与综合素质。本项目将围绕Java GUI编程、多线程技术展开，在实践中掌握窗体、面板、组件的使用方法，以及事件监听、异常处理和多线程的实现方式。同时，项目注重培养勇于开拓、无私奉献的精神，严谨求实的科学家态度，以及创新意识和团队协作能力。通过完成该项目，不仅能够获得宝贵的编程经验，还能在潜移默化中形成良好的职业素养和团队协作精神。

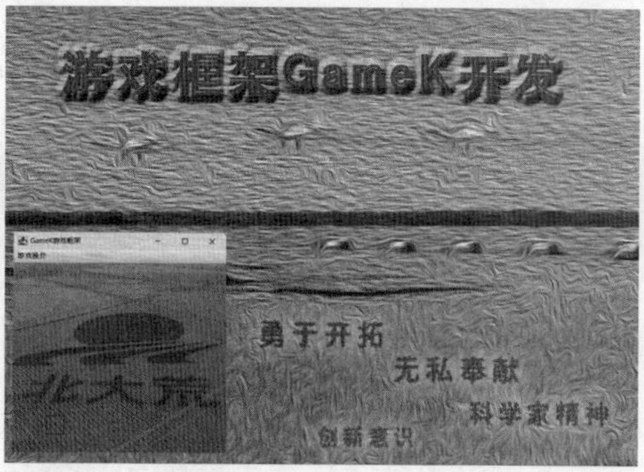

图5-1　游戏框架GameK开发项目运行效果

学习目标

【知识目标】

1. 理解Java GUI界面、区分AWT和Swing；
2. 掌握窗体框架JFrame、面板类JPanel的使用方法；
3. 掌握常用组件JLabel、JTextField、JButton、菜单类的使用方法；
4. 掌握动作监听、鼠标监听、键盘监听的使用方法；
5. 掌握异常处理的方法；
6. 理解线程的概念、运行周期；
7. 掌握线程创建的方法、线程常用的方法和线程同步的实现过程。

【能力目标】

1. 能够使用Swing组件创建页面；
2. 能够对页面中组件进行监听；
3. 能够使用异常处理方法解决程序中的异常；

4. 能够使用多线程技术实现定时处理；
5. 会熟练使用图形界面和线程的知识完成吃豆游戏的框架。

【素质目标】

培养综合分析、处理问题的能力，培养团队协作精神，培养勇于开拓、无私奉献的北大荒精神、科学家精神以及创新意识。

思维导图

游戏框架GameK开发项目思维导图如图5-2所示。

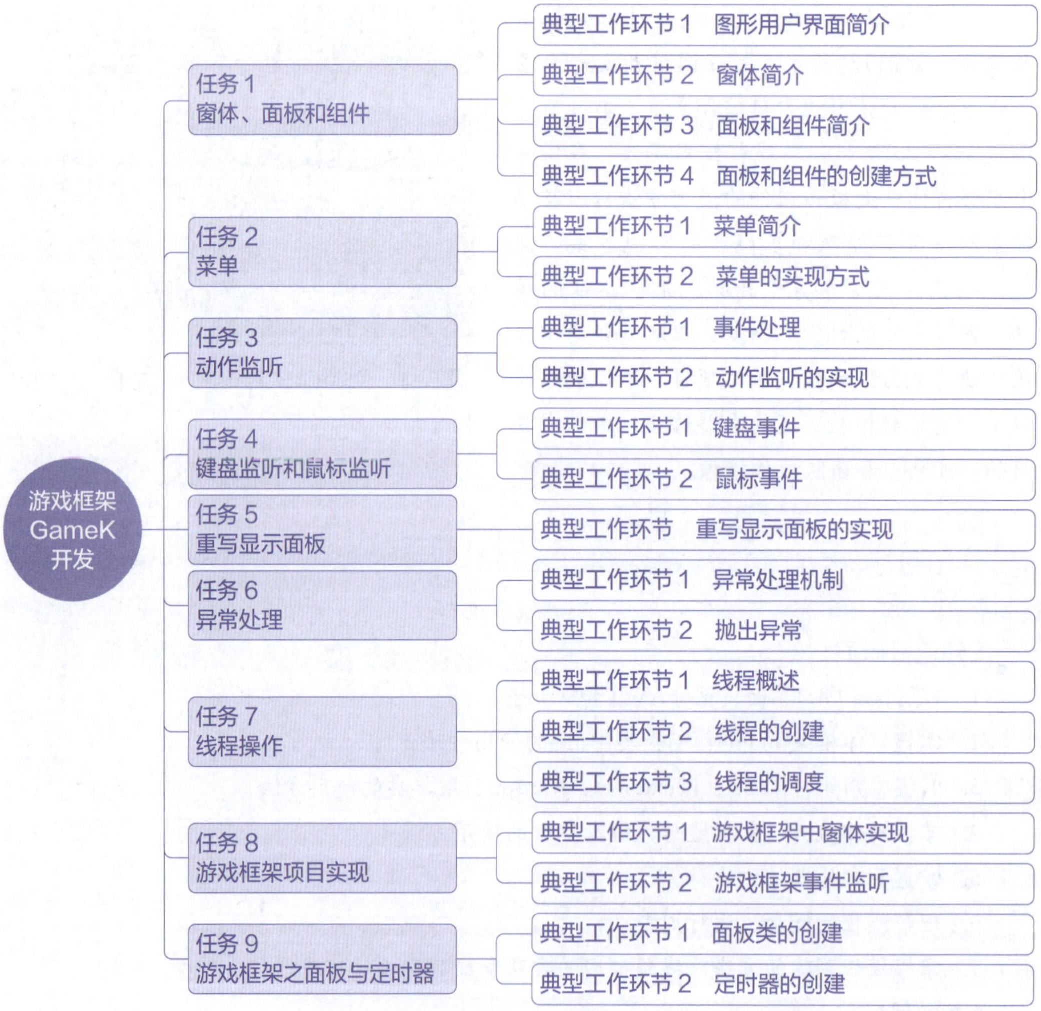

图5-2 游戏框架GameK开发项目思维导图

小思考： 同学们，学会使用游戏框架后，你还能制作出哪些小游戏呢？

任务 1 窗体、面板和组件

任务描述

本任务主要了解Java图形化用户界面的基本概念和使用方式。学会使用JFrame创建窗体，并通过方法优化窗体的显示效果，能够在窗体上添加面板和常用组件。通过一个简单程序的学习，掌握Java中窗体、面板和组件创建的过程。

任务目标

认识Java图形用户界面，掌握窗体、面板和组件的创建方式。

任务实现

典型工作环节1 图形用户界面简介

一、GUI

图形用户界面（Graphical User Interface，GUI），是计算机图形学技术的一种，它一般由窗口、下拉菜单或者对话框等图形化的组件组成。用户通过点击菜单栏、按钮或者弹出对话框的形式来实现与机器的交互，GUI的存在拉近了人与计算机的距离，让人机交互的过程变得简单舒适，提供了更好的用户体验。

图形用户界面

二、AWT

AWT（Abstract Window Toolkit），中文译为抽象窗口工具包，该包是JDK提供的第一套Java GUI程序的图形界面库，是Java提供的用来建立和设置Java的图形用户界面的基本工具。当利用AWT编写图形用户界面时，实际上是在利用本地操作系统所提供的图形库。

Swing是在AWT的基础上构建的一套新的图形界面系统，是JFC（Java Foundation Class）的一部分，是试图解决AWT缺点的一个尝试。它提供了AWT 所能够提供的所有功能，并且用纯粹的Java代码对AWT的功能进行了大幅度的扩充。所有的Swing组件实际上也是AWT的一部分。Swing组件不再依赖操作系统的本地代码，而是自己负责绘制组件外观，因此被称为轻量级组件。

典型工作环节2 窗体简介

窗体是一个组件容器，所有组件都必须由窗体去承载它们。JFrame是Swing技术中的窗体类，在开发应用程序时可以通过继承java.swing.JFrame类创建一个窗体，在这个窗体中添加组件，同时为组件设置事件监听器，处理一些最大化、最小化、关闭、调整大小等窗体事件。

窗体

1. JFrame窗体的创建

在开发Swing程序时，可以通过直接使用JFrame窗口类来创建窗体，也可以通过继承JFrame窗口类来创建窗体。下面分别介绍这两种窗体的创建方式。

范例5-1-1 直接使用JFrame窗口类创建简单窗体。

```
import javax.swing.*;
public class Demo5_1_1 {
  public static void main(String[]args){
    JFrame jf=new JFrame();//通过构造方法创建JFrame窗体类
    jf.setTitle("直接使用JFrame窗口类创建的窗体");//表示设置窗体的标题
    jf.setSize(400,200);//设置窗体的大小
    jf.setVisible(true);//窗体默认是不可见的,将参数设置为true,窗体为可见
  }
}
```

代码执行结果如图5-3所示。

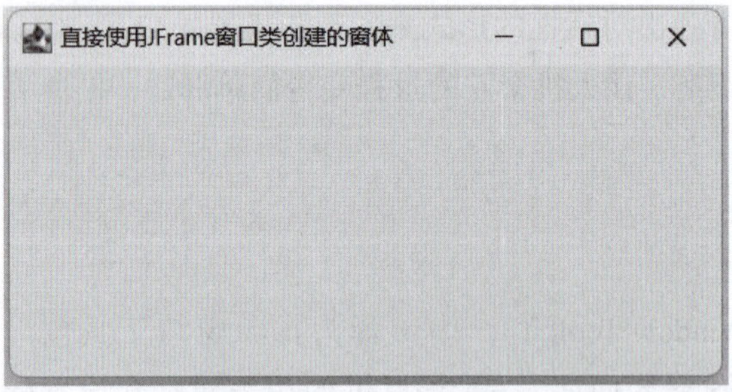

图5-3 直接使用JFrame窗口类创建简单窗体程序执行后的效果

范例5-1-2 通过继承JFrame窗口类创建窗体。

```
import javax.swing.*;
import java.awt.*;
public class Demo5_1_2 extends JFrame{//继承了JFrame窗体类
  public Demo5_1_2( ){
```

```
        this.setTitle("通过继承JFrame窗口类创建的窗体");//设置窗体标题
        this.setBounds(300,300,400,200);//设置窗体的位置和大小
        this.setVisible(true);
    }
    public static void main(String[]args){
        new Demo5_1_2();//实例化Demo5_1_2()类的对象
    }
}
```

代码执行结果如图5-4所示。

2. JFrame窗体的设置

在JFrame窗体中，还有一些其他的常用方法：

setResizable（false）方法，表示设置窗口不能被调整大小；

setDefaultCloseOperation()方法，该方法可以设置单击关闭按钮关闭窗口时所执行的动作。这里的动作包括4种情况，分别对应着4个常量，对应关系如表5-1所示。通常使用setDefaultCloseOperation（EXIT_ON_CLOSE）方法关闭当前窗口。

图5-4　通过继承JFrame窗口类创建窗体程序执行后的效果

表5-1　窗体关闭对应的静态常量

常　量	含　义
DO_NOTHING_ON_CLOSE	不执行任何动作
DISPOSE_ON_CLOSE	释放窗体对象
HIDE_ON_CLOSE	隐藏窗体
EXIT_ON_CLOSE	关闭当前窗口

典型工作环节3　面板和组件简介

上一工作环节中使用的JFrame窗口类是一个容器类，本任务需要使用到另外一个容器类JPanel。JPanel是面板类，面板既是一种容器，也是一种组件。下面介绍JPanel面板类。

面板和组件

一、面板介绍

Swing中的组件可以分为3类：顶层容器、非顶层容器和普通组件，在前面介绍的JFrame窗口类就是一个顶层容器。顶层容器是一种可以直接显示在系统桌面上的组件，也就是作为

GUI应用程序的最外层容器，其他组件必须直接或间接地借助顶层容器进行显示。顶层容器除了包括JFrame窗口类外，还包括JWindow和JDialog等不常用的类。

JPanel面板类是一个非顶层容器。非顶层容器是要放到顶层容器中使用的，对于顶层容器来说，非顶层容器是一般组件。在非顶层容器中还可以添加组件，对于这些组件而言，非顶层容器就是一个容器。

普通组件在组件中占大部分，它们只能放在容器中进行显示。普通组件包括按钮、文本框、菜单等很多种类。

如果直接将组件放在顶层容器中，会使程序变得非常复杂，难以维护。通常在制作界面时，先定义顶层容器，然后向顶层容器中添加非顶层容器，再将普通组件放在非顶层容器中。这样在开发时开发人员只需要关注某一个非顶层容器界面的编写，再将所有的非顶层容器添加到顶层容器中即可。

二、Swing常用组件

Swing的常用组件包括JLabel类、JTextField类、JPasswordFiled类和JButton类等。下面我们来分别介绍这几个组件。

1. JLabel类

标签（JLabel）的功能是显示单行的字符串，可在屏幕上显示一些提示性、说明性的文字。标签既可以显示文本也可以显示图像。通常在文本框的旁边加上一个标签，说明文本框的功能。

2. JTextField类

单行文本框（JTextField）的功能是输入单行文本，在创建文本行时可以指定文本行内容以及文本行允许显示的字符数，也可以创建文本行后用setText()方法设置其文本内容。

3. JPasswordFiled类

单行口令文本框JPasswordField类是JTextField类的子类。在JPasswordField对象中输入的文字会被其他字符替代，这个组件常用来在Java程序中输入密码。JPasswordField类的构造方法与JTextField类的构造方法类似。

4. JButton类

按钮（JButton）是GUI常用的组件之一。按钮可以获得焦点，并与动作事件相关联。当用鼠标点击按钮或在按钮获得焦点的状态下按下回车键，按钮能激发某种动作事件，从而实现用户和应用程序的交互。

典型工作环节4 面板和组件的创建方式

面板和组件的创建

JPanel面板类是一个非顶层容器，可以将其他的组件放在JPanel中组织一个子界面。

JPanel面板类本身没有特殊功能，它的作用就是作为非顶层容器来添加普通组件，搭建子界面。JPanel面板的使用方式比较简单。JPanel面板类具有一个添加组件的add()方法，使用该方法能够将普通组件添加到面板中。还可以使用getHeight()方法和getWidth()方法返回当前面板的高度和宽度。下面学习如何创建面板，以及如何进行组件添加操作。

范例5-1-3　创建JPanel面板。

```
import javax.swing.*;
public class Demo5_1_3 extends JFrame{
  JPanel  jp1 ;//声明面板
  JLabel  l1,l2;//声明标签
  JTextField  user;//声明文本组件
  JPasswordField  passwd;//声明密码组件
  JButton  b1,b2;//声明按钮组件
  public Demo5_1_3(){
    jp1=new JPanel();//实例化面板
    l1=new JLabel("用户名：");//实例化标签
    l2=new JLabel("密  码：");//实例化标签
    user=new JTextField(20);//实例化文本框,长度20
    passwd=new JPasswordField(20);//实例化密码框,长度20
    b1=new JButton("确 定");//实例化按钮
    b2=new JButton("取 消");//实例化按钮
    jp1.add(l1);//标签组件l1添加到面板jp1中
    jp1.add(user);//文本组件user添加到面板jp1中
    jp1.add(l2);//标签组件l2添加到面板jp1中
    jp1.add(passwd);//密码组件passwd添加到面板jp1中
    jp1.add(b1);//按钮组件b1添加到面板jp1中
    jp1.add(b2);//按钮组件b2添加到面板jp1中
    this.add(jp1);//将面板jp1添加到当前窗体上
    this.setBounds(300,300,300,200);
    this.setVisible(true);
    this.setDefaultCloseOperation(EXIT_ON_CLOSE);
  }
  public  static  void  main(String  args[]){
    Demo5_1_3 demo5_1_3=new Demo5_1_3();
  }
}
```

代码执行结果如图5-5所示。

图5-5　创建JPanel面板程序执行后的效果

任务 2 菜 单

任务描述

本任务主要了解菜单的概念和使用方式。学会熟练使用菜单丰富图形化界面的功能。通过一个简单程序的学习，掌握菜单的创建方法。

任务目标

认识菜单，掌握菜单的创建及使用方法。

任务实现

典型工作环节1 菜单简介

随着GUI开发的普及，菜单在开发中也变得越来越重要，几乎每个应用程序都需要使用菜单，例如记事本文档中的文件、编辑、格式等菜单。因此，Swing为菜单的开发提供了良好的支持，提供菜单组件可以创建出多种多样的菜单。本任务将对下拉式菜单的开发进行介绍。

菜单

在Swing程序中，创建下拉式菜单需要3个组件，分别是JMenuBar（菜单栏）、JMenu（菜单）和JMenuItem（菜单项）。

接下来对这3个组件进行详细介绍。

（1）JMenuBar（菜单栏）。表示一个水平的菜单栏，用来对菜单进行管理，不能进行用户的交互操作。菜单栏可以放置在容器的任何位置，但是通常会使用顶层容器的setJMenuBar（JMenuBar menuBar）方法将它放置在顶层容器的顶部。创建菜单栏时，只需要使用new关键字创建JMenuBar对象即可，然后使用add（JMenu menu）方法为其添加菜单。

（2）JMenu（菜单）。菜单直接添加到菜单栏上，用于管理菜单项。可以通过new关键字创建JMenu（String text）来创建JMenu菜单，其中参数text表示菜单上的文本。

（3）JMenuItem（菜单项）。菜单项是菜单中最基本的组件，和菜单的创建方式类似，可以通过new关键字创建JMenuItem（String text）来创建JMenuItem菜单项，其中参数text表示菜单项上的文本。通常通过监听菜单项来实现功能。

典型工作环节2 菜单的实现方式

菜单的实现

接下来通过一个案例来模拟记事本的菜单效果，学习菜单的创建和使用方式。

范例5-2-1 创建菜单。

```
import javax.swing.*;
public class Demo5_2_1 extends JFrame {
  JMenuBar menuBar;//定义菜单栏
  JMenu fileMenu,editMenu,helpMenu;//定义菜单
  //定义菜单项
  JMenuItem newItem,openItem,saveItem,exitItem,cutItem,copyItem,pasteItem,aboutItem;
  public Demo5_2_1(){
    //以下创建菜单栏
    menuBar=new JMenuBar();
    //以下创建各个菜单
    fileMenu=new JMenu("文件");
    editMenu=new JMenu("编辑");
    helpMenu=new JMenu("帮助");
    //以下创建各个菜单项
    newItem=new JMenuItem("新建");
    openItem=new JMenuItem("打开");
    saveItem=new JMenuItem("保存");
    exitItem=new JMenuItem("退出");
    cutItem=new JMenuItem("剪切");
    copyItem=new JMenuItem("复制");
    pasteItem=new JMenuItem("粘贴");
    aboutItem=new JMenuItem("关于");
    //以下把每个菜单项添加到对应的菜单上
    fileMenu.add(newItem);
    fileMenu.add(openItem);
    fileMenu.add(saveItem);
    fileMenu.addSeparator();//在菜单上添加分隔线
    fileMenu.add(exitItem);
    editMenu.add(copyItem);
    editMenu.add(pasteItem);
    helpMenu.add(aboutItem);
    //以下把每个菜单都添加到菜单栏上
    menuBar.add(fileMenu);
```

```
    menuBar.add(editMenu);
    menuBar.add(helpMenu);
    this.setJMenuBar(menuBar);//菜单栏添加到当前窗体的顶部
    this.setTitle("创建菜单");
    this.setBounds(300,300,400,200);
    this.setVisible(true);
  }
  public static void main(String args[]){
    Demo5_2_1 demo5_2_1=new Demo5_2_1();
  }
}
```

代码执行结果如图5-6所示。

图5-6 创建菜单程序执行后的效果

任务 3 动作监听

任务描述

本任务主要了解动作监听的概念和使用方式。学会熟练使用动作监听实现图形用户界面交互的功能。通过一个简单程序的学习，掌握动作监听的使用方法。

任务目标

认识GUI中的动作监听，掌握动作监听的实现方法。

任务实现

典型工作环节1　事件处理

我们已经学会了窗体常用组件的使用方式，从而得到了功能丰富的图形界面，但这些界面还不能响应用户的任何操作。比如单击上一任务中的菜单项，它不会有任何响应。因为图形用户界面编程中，所有用户的操作都要经过一套事件处理机制来完成，而窗体和组件本身并没有事件处理能力。本任务将对GUI的事件处理进行介绍。

事件处理

事件处理机制专门用于响应用户的操作，例如，用户单击鼠标、按下键盘等操作，就需要用到事件处理机制。当在某个组件上进行某些操作的时候，会自动地触发一段代码的执行。

在GUI事件处理机制中涉及3个重要的概念需要理解：

事件源（Event Source）：操作发生的场所，通常指某个组件，例如按钮、窗口等。

事件对象（Event）：在事件源上发生的操作可以称作事件，GUI会把事件都封装到一个Event对象中，如果需要知道该事件的详细信息，就可以通过Event对象来获取。

事件监听器（Event Listener）：当在某个事件源上发生了某个事件，事件监听器就可以对这个事件进行处理。

事件源、事件对象和事件监听器在整个事件处理中都起着非常重要的作用，它们彼此之间有着非常紧密的联系。下面通过图5-7来描述事件处理的工作流程。

事件源是图形用户界面中的组件，当用户进行了按下鼠标或者点击键盘等操作，这些动作会触发相应的事件。如果事件源注册了事件监听器，则触发的相应事件将会被处理。

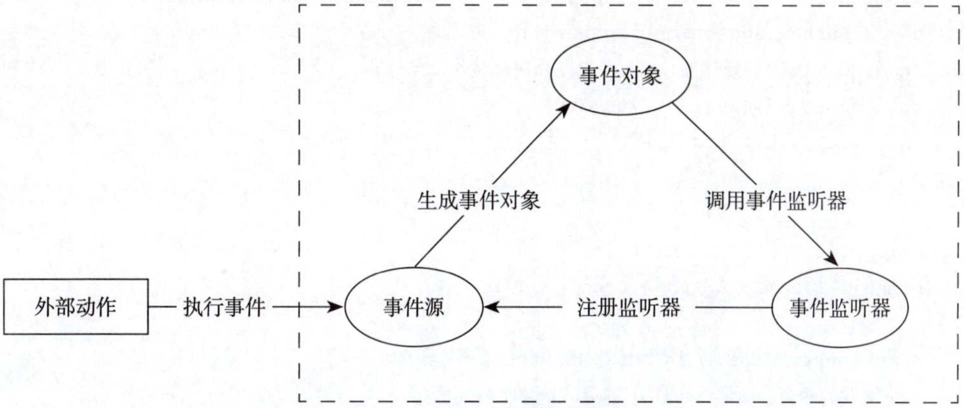

图5-7　事件处理流程图

典型工作环节2 动作监听的实现

如果想实现事件的监听机制，首先要定义一个实现事件监听器接口的类，要实现动作监听，需要实现ActionListener接口。接着通过addActionListener()方法为事件源注册事件监听器对象，由事件监听器调用相应的方法来处理相应的事件。

动作监听

通常使用的是直接实现接口方式实现动作监听，下面就这种方式进行讲解。

范例5-3-1 通过直接实现接口方式实现动作监听。

```
import javax.swing.*;
import java.awt.event.ActionEvent;
import java.awt.event.ActionListener;
//Demo5_3_1类继承了JFrame窗体,实现了ActionListener接口
public class Demo5_3_1 extends JFrame implements ActionListener {
  JButton submitButton,cancelButton;
  JLabel showLabel;
  JPanel jPanel;
  public Demo5_3_1(){
    submitButton=new JButton("确定按钮");
    cancelButton=new JButton("取消按钮");
    showLabel=new JLabel("请单击按钮");
    jPanel=new JPanel();
    jPanel.add(showLabel);
    jPanel.add(submitButton);
    jPanel.add(cancelButton);
    this.add(jPanel);
    submitButton.addActionListener(this);//为按钮submitButton添加监听
    cancelButton.addActionListener(this);
    this.setTitle("通过直接实现接口方式实现动作监听");
    this.setBounds(300,300,400,200);
    this.setVisible(true);
  }

  public static void main(String args[]){
    Demo5_3_1 demo5_3_1=new Demo5_3_1();
  }
    //actionPerformed为接口ActionListener中的抽象方法
    //点击按钮后会自动调用此方法,执行方法体中的代码
  @Override
  public void actionPerformed(ActionEvent e){
    if(e.getSource()==submitButton){
```

```
        showLabel.setText("你单击了["+submitButton.getText()+"]按钮");
      }else if(e.getSource()==cancelButton){
        showLabel.setText("你单击了["+cancelButton.getText()+"]按钮");
      }
    }
  }
```

代码执行结果如图5-8所示。

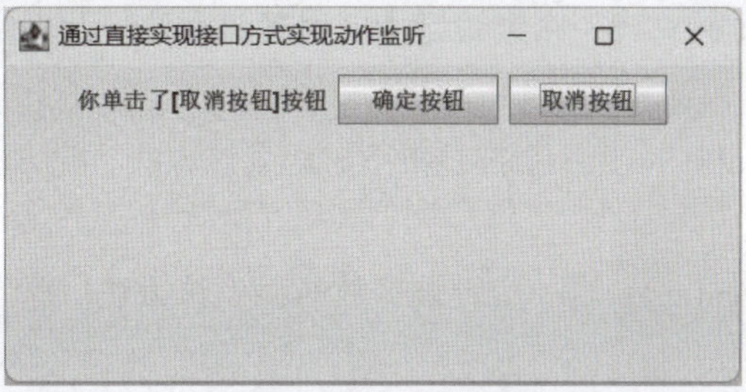

图5-8　Demo5_3_1.java程序执行后的效果

任务 4　键盘监听和鼠标监听

任务描述

本任务主要了解键盘监听和鼠标监听的概念及使用方式。学会熟练使用键盘监听和鼠标监听实现图形用户界面交互的功能。通过一个简单程序的学习，掌握键盘监听和鼠标监听的使用方法。

任务目标

认识GUI中的键盘监听和鼠标监听，掌握键盘监听和鼠标监听的实现方法。

任务实现

典型工作环节1　键盘事件

GUI中除了提供动作事件监听外，还提供了键盘事件和鼠标事件。接下来我们学习键盘事件。

键盘事件

键盘事件是最常用的用户交互方式。比如键盘按下、释放等，这些操作被定义为键盘事件。JDK中提供了一个KeyEvent类表示键盘事件，处理KeyEvent事件的监听器对象需要实现KeyListener接口。每个KeyEvent都有一个相关的按键字符和按键代码，分别由getkeyChar()方法和getkeyCode()方法进行返回。getKeyCode()表示返回与此事件中的键关联的整数，getKeyChar()表示返回与此事件中的键关联的字符。

在Java中，可以使用KeyListener接口来监听键盘事件，它是一个事件监听器接口。通过实现该接口，可以监听键盘上的按键操作，并在按键事件发生时进行相应的处理。

KeyListener接口定义了三个方法，用于处理不同类型的键盘事件：

keyTyped（KeyEvent e）：当一个键被键入时触发该方法。此方法用于监听键盘的字符输入。

keyPressed（KeyEvent e）：当一个键被按下时触发该方法。此方法用于监听键盘的按下操作。

keyReleased（KeyEvent e）：当一个键被释放时触发该方法。此方法用于监听键盘的释放操作。

接下来通过一个案例来学习如何监听键盘事件。

范例5-4-1 键盘事件。

```
import javax.swing.*;
import java.awt.event.KeyEvent;
import java.awt.event.KeyListener;
//Demo5_4_1类继承了JFrame窗体,实现了KeyListener接口
public class Demo5_4_1 extends JFrame implements KeyListener {
  JTextField textField;
  JPanel jPanel;
  public Demo5_4_1(){
    textField=new JTextField(20);
    jPanel=new JPanel();
    jPanel.add(textField);
    this.add(jPanel);
    //文本框textField添加键盘监听,当有按键按下时触发相应事件
    textField.addKeyListener(this);
    this.setTitle("键盘事件");
    this.setBounds(300,300,400,200);
    this.setVisible(true);
  }
  public  static  void  main(String  args[]){
    Demo5_4_1 demo5_4_1=new Demo5_4_1();
  }
  @Override
  public void keyPressed(KeyEvent e){//键盘按下
```

```
        int  keyCode=e.getKeyCode();//键盘事件对象e获取相应的键值
        String s=KeyEvent.getKeyText(keyCode);
        System.out.print("您输入的内容为："+s);
        System.out.println(",对应的KeyCode为："+keyCode);
    }
    @Override
    public void keyTyped(KeyEvent e){
        //键盘敲击
    }
    @Override
    public void keyReleased(KeyEvent e){
        //键盘释放
    }
}
```

代码执行结果如图5-9所示。

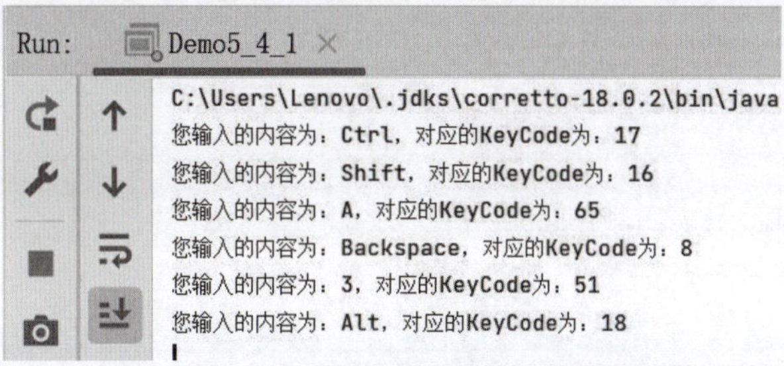

图5-9　键盘事件程序执行后的效果

鼠标事件

典型工作环节2　鼠标事件

在图形用户界面中，用户会经常使用鼠标来进行选择、切换界面等操作，这些操作被定义为鼠标事件，其中包括鼠标按下、鼠标松开、鼠标单击、鼠标移入、鼠标移出等。JDK中提供了一个MouseEvent类用于表示鼠标事件，几乎所有组件都可以产生鼠标事件。鼠标事件是通过实现MouseListener接口定义监听器，然后调用addMouseListener()方法将监听器绑定到事件源对象。

接下来通过一个案例来学习如何监听鼠标事件。

范例5-4-2　监听鼠标事件的编写。

```
//Demo5_4_2类继承了JFrame窗体,实现了MouseListener接口
public class Demo5_4_2 extends JFrame implements MouseListener {
    JButton button;
    JPanel jPanel;
```

```
    public Demo5_4_2(){
      button=new JButton("按钮");
      jPanel=new JPanel();
      jPanel.add(button);
      this.add(jPanel);
      button.addMouseListener(this);//为button添加鼠标监听,必须有
      this.setTitle("鼠标事件");
      this.setBounds(300,300,400,200);
      this.setVisible(true);
    }
    public  static  void  main(String  args[]){
      Demo5_4_2 demo5_4_2=new Demo5_4_2();
    }
    @Override
    public void mouseClicked(MouseEvent e){//鼠标点击
      System.out.println("您点击了鼠标");
    }
    @Override
    public void mousePressed(MouseEvent e){//鼠标按下
      System.out.println("您按下了鼠标");
    }
    @Override
    public void mouseReleased(MouseEvent e){//鼠标释放
      System.out.println("您放开了鼠标");
    }
    @Override
    public void mouseEntered(MouseEvent e){//鼠标移动
      System.out.println("您的鼠标移入了按钮区域");
    }
    @Override
    public void mouseExited(MouseEvent e){//鼠标移出
      System.out.println("您的鼠标移出了按钮区域");
    }
  }
```

代码执行结果如图5-10所示。

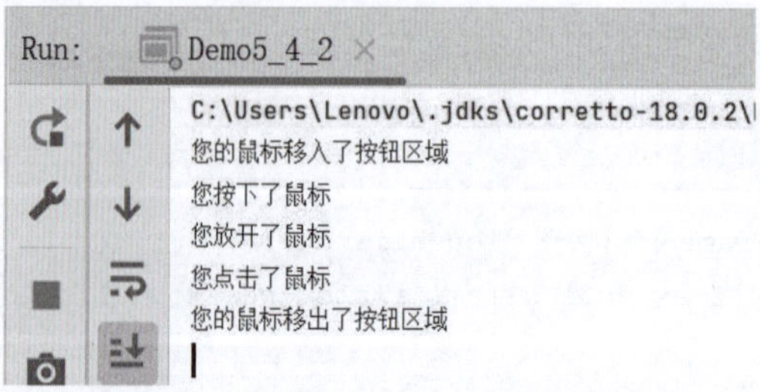

图5-10 鼠标事件程序执行后的效果

任务 5　重写显示面板

任务描述

在编写图形界面程序时，Swing组件不能很好地实现我们所需的页面显示功能，这时可以通过重写显示面板来实现效果。本任务主要了解Java重写显示面板的使用方式。学会使用重写面板的方式优化界面。下面通过一个简单程序的学习，掌握Java中重写显示面板的方法。

任务目标

掌握重写显示面板的方法。

任务实现

典型工作环节　重写显示面板的实现

重写显示面板意味着创建一个继承自JPanel的自定义面板类，重写paintComponent()方法来重新定义显示逻辑。

接下来通过一个案例来学习如何重写显示面板。

重写显示面板

范例5-5-1　创建JPanel面板。

```
import javax.swing.*;
import java.awt.*;
//Demo5_5_1类继承自JPanel
public class Demo5_5_1 extends JPanel {
  @Override
  protected void paintComponent(Graphics g){//重写了paintComponent方法
    super.paintComponent(g); // 清除旧的绘制
    //自定义绘制逻辑
    g.setColor(Color.RED);
    g.fillOval(50,50,100,100);//绘制一个红色的圆
  }
  public static void main(String[]args){
    JFrame frame=new JFrame("重写面板");
    frame.add(new Demo5_5_1());
    frame.setSize(300,250);
    frame.setVisible(true);
```

```
    frame.setDefaultCloseOperation(JFrame.EXIT_ON_CLOSE);
  }
}
```

代码执行结果如图5-11所示。

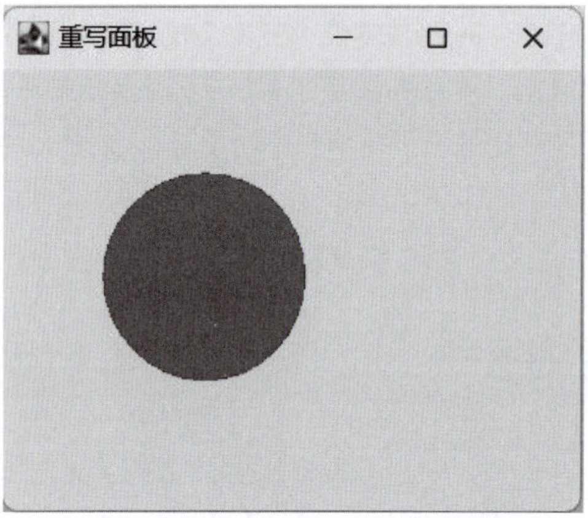

图5-11 创建JPanel面板程序执行后的效果

任务6 异常处理

任务描述

本任务主要了解Java中异常处理的基本概念和使用方式。学会使用try…catch语句捕获并处理异常。通过一个简单程序的学习，掌握Java异常处理的使用方式。

任务目标

认识Java中的异常处理，掌握异常处理的使用方式。

任务实现

典型工作环节1 异常处理机制

一、Java异常

异常处理机制

我们每个人都不能保证自己写的程序没有错误，如果程序中出现了错误就会导致程序不能正常执行，为了解决这一问题，Java中引入了异常处理机制。Java异常处理的目的是让程序更加健壮，当程序遇到错误或异常情况时，能够正确处理异常并给出有意义的反馈来保证程序能够正常运行。

在Java语言中，所有异常都继承自Throwable类，Throwable类又分为两个子类：Error和Exception。其中，Error表示程序无法处理的错误，Exception表示程序可以捕获并处理的异常。如图5-12展示了Java异常类的层次结构。

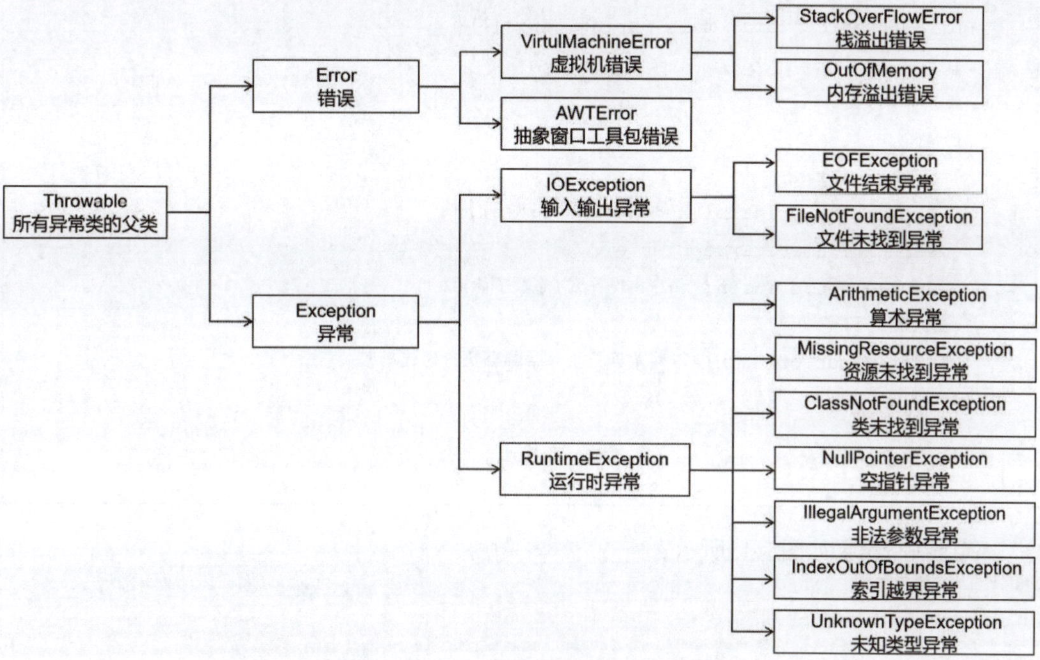

图5-12　Java异常类层次结构图

二、Java异常处理的基本语法

在Java中，捕获异常的基本语法是try-catch-finally块。try块用于包含可能会出现异常的代码块，catch块用于捕获并处理异常，finally块用于清理资源。

Java异常处理的基本语法结构如下。

```
try{
    //可能会出现异常的代码
}catch(Exception e){
    // 捕获并处理异常
}finally{
    // 清理资源
}
```

在try语句中书写可能出现异常的代码，在catch语句的参数中需要给出一个异常的类型和该类型的引用，并在catch语句中书写当出现该异常类型时需要执行的代码。如果try中代码产生了异常，那么就会跳转到对应的catch语句中，进行异常处理操作。同时，不论是否产生异常，finally块中的代码都会被执行。

下面通过一个案例来学习Java异常的处理方式。

范例5-6-1 try…catch…finally语句的使用。

```
public class Demo5_6_1 {
  public  static  void  main(String  args[]){
    int x=5;
    int y=0;
    try{
      double z=x/y;
      System.out.println("x除以y的结果是:"+z);
    }catch(ArithmeticException e){
      System.out.println("程序出现异常,除数不能为0");
    }finally {
      System.out.println("不管是否产生异常都会执行的代码");
    }
  }
}
```

代码执行结果如图5-13所示。

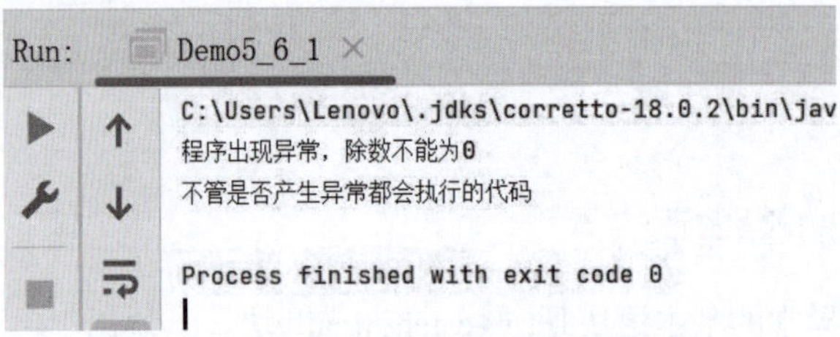

图5-13 Demo5_6_1.java程序执行后的效果

由于$y=0$使得除数为0，在没有使用异常处理的代码中，会产生错误，使得程序中断。在以上代码中，将$z=y/x$写在了try代码块中，使用catch捕获了ArithmeticException这一算术异常，使程序没有中断。

由于double $z=x/y$; 这里发生了异常，所以后面的输出z值的语句没有执行，而转到catch中，执行了catch中的输出语句。finally语句不管是否发生异常，都会执行，所以其代码块中的输出语句也正常执行。

典型工作环节2　抛出异常

若某个方法可能会发生异常，但不想在当前方法中处理这个异常，则可以使用throws、throw关键字在方法中抛出异常。

抛出异常

1. 使用throws关键字抛出异常

throws关键字通常被应用在声明方法时，用来指定方法可能抛出的异常。多个异常可使用逗号分开。

范例5-6-2　使用throws关键字抛出异常。

```
public class Demo5_6_2 {
  public static  double  divide()throws ArithmeticException{
    int x=5;
    int y=0;
    return x/y;
  }
  public  static  void  main(String  args[]){
    try{
      System.out.println("调用divide方法计算除法:");
      double z=divide();
      System.out.println("x除以y的结果是:"+z);
    }catch(ArithmeticException e){
      System.out.println("程序出现异常,除数不能为0");
    }finally {
      System.out.println("不管是否产生异常都会执行的代码");
    }
  }
}
```

当把程序中的y赋值5时，输出效果如图5-14中左图所示；当把程序中的y赋值0时，输出效果如图5-14中右图所示。

在上述代码中，定义了一个divide()方法，用于计算两个数相除，并返回计算结果。由于除数不能为0，则可能产生算术异常，所以在方法声明时，使用throws关键字抛出异常。

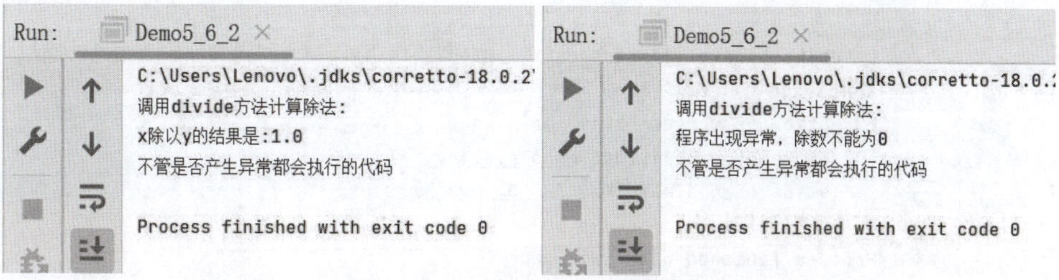

图5-14　使用throws关键字抛出异常程序执行后的效果

在main方法中调用divide()方法时，由于该方法抛出了异常，则需要使用异常处理机制处理该异常。

注意：使用throws关键字将异常抛给上一级后，如果不想处理异常，可以继续向上抛出，但最终要有能够处理该异常的代码。

如果是Error类、RuntimeException类或它们的子类，可以不使用throws关键字来声明要抛出的异常，编译仍能顺序通过，但在运行时会被系统抛出。

2. 使用throw关键字抛出异常

throw关键字用于在方法体中抛出一个异常对象。程序在执行到throw语句时立即终止，它后面的语句都不再执行。通过throw抛出异常后，想在上一级代码调用方法中捕获并处理异常，则必须使用try…catch语句块。

范例5-6-3 使用throw关键字抛出异常。

```
public class Demo5_6_3 {
  public static  double  divide(){
    throw new ArithmeticException();
  }
  public  static  void  main(String  args[]){
    try{
      System.out.println("调用divide方法计算除法:");
      double z=divide();
      System.out.println("x除以y的结果是:"+z);
    }catch(ArithmeticException e){
      System.out.println("程序出现异常,除数不能为0");
    }finally {
      System.out.println("不管是否产生异常都会执行的代码");
    }
  }
}
```

当调用divide()方法不捕获异常时，输出效果如图5-15所示；当执行如上代码，在程序中捕获异常时，输出效果如图5-16所示。

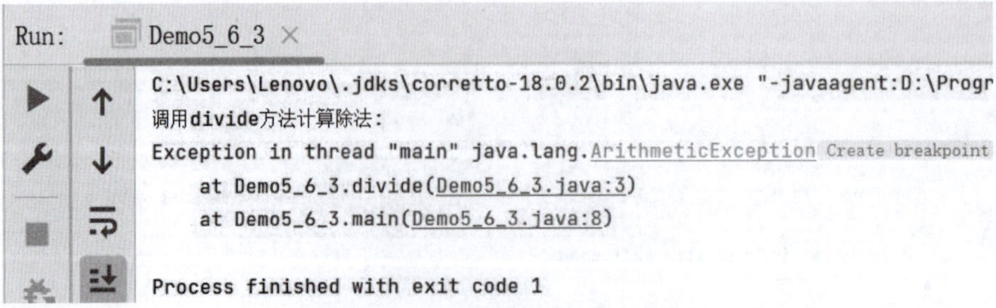

图5-15 不使用异常处理时的效果

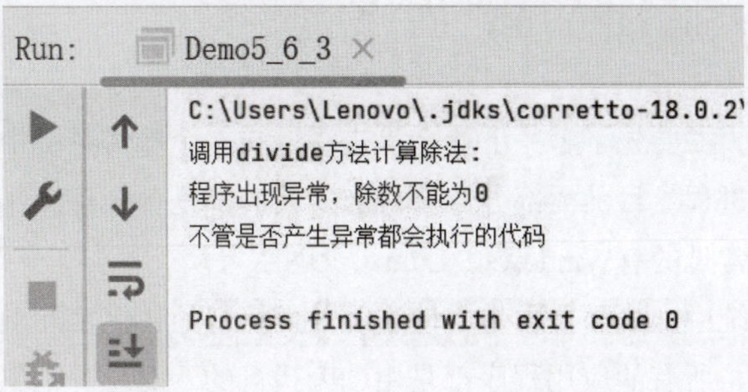

图5-16　使用throw关键字抛出异常程序执行后的效果

在divide()方法中使用throw关键字抛出了一个ArithmeticException()异常的对象。在调用该方法时，需要使用try…catch语句来捕获异常。当不捕获异常时，程序运行时会产生错误，效果如图5-15所示。

任务 7　线程操作

任务描述

本任务主要了解Java中多线程的基本概念和使用方式。学会使用两种方法创建多线程，并能够灵活使用各种方法进行线程调度。通过一个简单程序的学习，掌握Java中多线程的使用方式。

任务目标

认识Java中的进程和线程，掌握多线程的创建及调度方式。

任务实现

典型工作环节1　线程概述

我们在日常生活中可以同时做很多事情，可以一边跑步一边听音乐。在使用计算机时，很多任务也是可以同时进行的。可以一边浏览网页，一边打印文档，还可以一边聊天，一边复制文件等。这种能够同时完成多项任务的技术就是多线程技术。

线程概述

一、进程

在学习线程之前，需要先了解一下什么是进程。在一个操作系统中，每个“正在运行的程序”都可称为一个进程。目前大部分计算机上安装的都是多任务操作系统，即能够同时执行多个应用程序，最常见的有Windows、Linux、UNIX等。

在多任务操作系统中，表面上看是支持进程并发执行的，但实际上这些进程并不是同时运行的。在计算机中，所有的应用程序都是由CPU执行的。对于一个CPU而言，在某个时间点只能运行一个程序，也就是说只能执行一个进程。操作系统会为每一个进程分配一段有限的CPU使用时间。CPU在这段时间中执行某个进程，然后会在下一段时间切换到另一个进程中去执行。由于CPU运行速度很快，能在极短的时间内在不同的进程之间进行切换，所以给人以同时执行多个程序的感觉。

二、线程

每个运行的程序都是一个进程，在一个进程中还可以有多个执行单元同时运行。这些执行单元可以看作程序执行的一条条线索，被称为线程。操作系统中的每一个进程中都至少存在一个线程。例如当一个Java程序启动时，就会产生一个进程，该进程会默认创建一个线程，在这个线程上会运行main()方法中的代码。

在前面学习的程序中，代码都是按照调用顺序依次往下执行的，没有出现两段程序代码交替运行的效果，这样的程序称作单线程程序。如果希望程序中实现多段程序代码交替运行的效果，则需要创建多个线程，即多线程程序。所谓的多线程是指一个进程在执行过程中可以产生多个单线程，这些单线程程序在运行时是相互独立的，它们可以并发执行。

典型工作环节2 线程的创建

在Java中提供了两种多线程实现方式：一种是继承java.lang包下的Thread类，重写Thread类中的run()方法，在run()方法中实现运行在线程上的代码；另一种是实现java.lang.Runnable接口，同样是在run()方法中实现运行在线程上的代码。接下来就对创建多线程的两种方式分别进行讲解。

线程创建

范例5-7-1 继承Thread类创建多线程。

创建源代码Demo5_7_1.java，在此源文件中创建两个鸟类Birds1和Brids2。由于一个文件中最多只能包含一个访问权限为public的类文件，所以两个鸟类文件不可以声明为public类型。定义了两个鸟类后，我们分别实例化两个鸟类的对象，此时并不能实现多线程的输出效果。为了实现多线程的启动，我们需要调用start()方法来启动线程。源代码如下。

```
public class Demo5_7_1 extends Thread {
  public  static  void  main(String  args[]){
```

```
        Birds1 birds1=new Birds1();
        Birds2 birds2=new Birds2();
        birds1.start();
        birds2.start();
    }
}
class Birds1 extends Thread {
    @Override
    public void run(){
        super.run();
        while(true){
            System.out.println("我是一只红色的鹦鹉,我正在飞....");
        }
    }
}
class Birds2 extends Thread {
    @Override
    public void run(){
        super.run();
        while(true){
            System.out.println("我是一只蓝色的海鸥,我正在飞...");
        }
    }
}
```

代码执行结果，两个线程交替运行效果如图5-17所示。

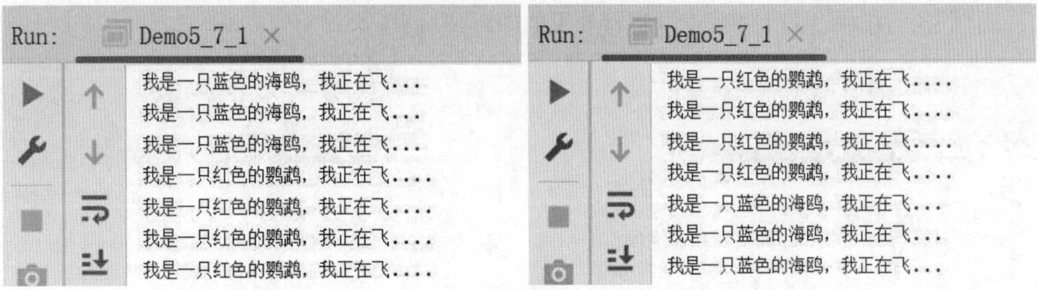

图5-17　继承Thread类创建多线程程序执行后的效果

在上述代码中，两个Birds类继承了Thread类，重写Thread类的run()方法，在run()方法中循环打印鸟的颜色和品种信息。

在类Demo5_7_1的主方法中，实例化两个鸟类的对象，调用start()方法启动一个新的线程，并在新的线程中执行run()方法的内容，实现了多线程的交替运行。

范例5-7-2 实现Runnable接口创建多线程。

```
public class Demo5_7_2{
  public  static  void  main(String args[]){
    Birds1 birds1=new Birds1();
    Birds2 birds2=new Birds2();
    Thread t1=new Thread(birds1);
    Thread t2=new Thread(birds2);
    t1.start();
    t2.start();
  }
}
class Birds1 implements Runnable{
  @Override
  public void run(){
    while(true){
      System.out.println("我是一只红色的鹦鹉,我正在飞....");
    }
  }
}
class Birds2 implements Runnable{
  @Override
  public void run(){
    while(true){
      System.out.println("我是一只蓝色的海鸥,我正在空中盘旋...");
    }
  }
}
```

代码执行结果，两个线程交替运行效果如图5-18所示。

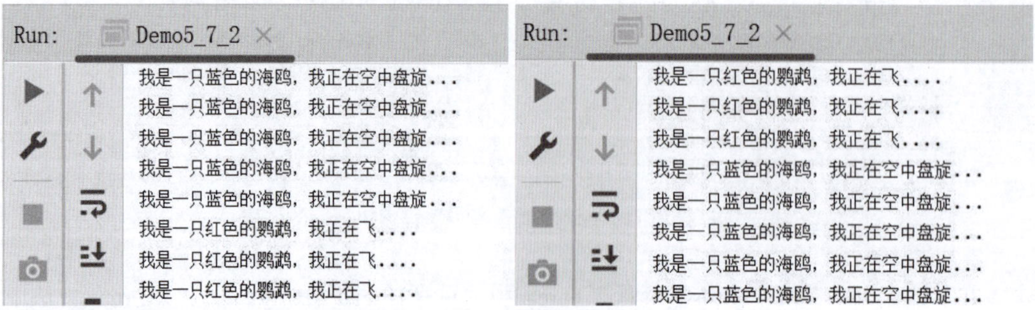

图5-18 实现Runnable接口创建多线程程序执行后的效果

在上述代码中，两个Birds类实现了Runnable接口，重写了接口中的run()方法，在run()方法中循环打印鸟的颜色和品种信息。

在类Demo5_7_2的主方法中，先实例化两个鸟类的对象，再创建两个Thread类的对象，把鸟类对象作为参数传递给Thread类。调用Thread类的对象的start()方法创建一个新的线程，实现了多线程的交替运行。

说明：

（1）本程序的运行结果会因机器性能不同而不同。

（2）覆盖Thread类的成员方法run()，线程完成相应的功能。

（3）在main()方法中创建两个线程，线程被创建后不会自动执行线程，而需要调用start()方法来启动这两个线程。

（4）main()方法本身也是一个线程，在main()方法中产生并启动两个线程后，输出活动线程个数为3。

以上两种方式都可以实现多线程技术，但是实现Runnable接口相对于继承Thread类来说，有如下显著的好处。

（1）适合多个相同程序代码的线程去处理同一个资源的情况，把线程与程序代码、数据有效地分离，很好地体现了面向对象的设计思想。

（2）可以避免由于Java的单继承带来的局限性。在程序中需要为一个已经继承了某一个类的子类创建线程，由于一个类不能同时有两个父类，所以不能采用继承Thread类的方式，那么就只能采用实现Runnable接口的方式。

事实上，大部分的多线程应用程序都会采用第2种方式，即实现Runnable接口。

典型工作环节3　线程的调度

一、线程的生命周期

在Java中，任何对象都有生命周期，线程也有自己的生命周期。当Thread对象创建完成时，线程的生命周期便开始了。线程整个生命周期可以分为5个阶段。接下来针对线程生命周期中的5种状态分别进行详细讲解。

线程的调度

1. 新建状态（New Thread）

一个线程刚被new运算符生成的状态称作新建状态。

例如，执行如下的语句时，线程就处于新建状态。

```
Thread t1=new  Thread1();
```

当线程处于新建状态时，即已经被创建但没有执行start()方法时，它仅仅是一个空线程对象，系统不会为它分配资源。

2. 就绪状态（Runnable）

即线程执行start()方法后，便进入就绪状态，此时线程不一定立即执行，但CPU随时可能被分配给该线程，从而使该线程执行。

例如：
```
Thread t1=new  Thread1();
t1.start();    //进入可运行状态
```

3. 运行状态（Running）

如果处于就绪状态的线程获得了CPU的使用权，并开始执行run()方法中的线程执行体，则该线程处于运行状态。一个线程启动后，它可能不会一直处于运行状态，当运行状态的线程使用完系统分配的时间后，系统就会剥夺该线程占用的CPU资源，让其他线程获得执行的机会。需要注意的是，只有处于就绪状态的线程才可能转换到运行状态。

4. 阻塞状态（Block）

一个正在执行的线程在某些特殊情况下，如被人为挂起或执行耗时的输入/输出操作时，会让出CPU的使用权并暂时中止自己的执行，进入阻塞状态。线程进入阻塞状态后，就不能进入排队队列。只有当引起阻塞的原因被消除后，线程才可以转入就绪状态。

5. 死亡状态（Dead）

正常情况下，当线程运行结束后进入死亡状态。有两种情况导致线程进入死亡状态：自然撤销或被停止。当运行run()方法结束时，该线程就自动自然撤销，当一个应用程序因故停止运行时，系统将终止该程序正在执行的所有线程。当然也可以调用stop()方法来终止线程。但一般不推荐使用，因为会产生异常情况。

二、线程的调度

程序中的多个线程是并发执行的，某个线程若想被执行必须得到CPU的使用权。Java虚拟机会按照特定的机制为程序中的每个线程分配CPU的使用权，这种机制被称作线程的调度。下面将介绍线程调度的相关知识。

1. 线程的优先级

在应用程序中，如果要对线程进行调度，最直接的方式就是设置线程的优先级。优先级越高的线程获得CPU执行的机会越大，而优先级越低的线程获得CPU执行的机会越小。线程的优先级用1 ~ 10的整数来表示，数字越大优先级越高。线程优先级不是固定不变的，可以通过Thread类的setPriority（int newPriority）方法对其进行设置。

2. 线程休眠

通常线程优先级高的程序会先执行，优先级低的程序会后执行。如果希望人为地控制线程，使正在执行的线程暂停，将CPU让给别的线程，这时可以使用静态方法sleep（long milis），该方法可以让当前正在执行的线程暂停一段时间，在指定时间（参数 milis）内该线程是不会执行的，这样其他的线程就可以得到执行的机会了。

需要注意的是，sleep()是静态方法，只能控制当前正在运行的线程休眠，而不能控制其他线程休眠。当休眠时间结束后，线程就会返回就绪状态，而不是立即开始运行。

3. 线程让步

有时正在执行的线程，在某些情况下将CPU资源让给其他线程执行，这就是线程让步。线程让步可以通过yield()方法来实现，该方法和sleep()方法有点相似，都可以让当前正在运行的线程暂停，区别在于yield()方法不会阻塞该线程，它只是将线程转换成就绪状态，让系统的调度器重新调度一次。当某个线程调用 yield()方法之后，只有与当前线程优先级相同或者更高的线程才能获得执行的机会。

4. 线程插队

现实生活中经常能遇见“插队”的情况，同样，在Thread类中也提供了一个join()方法来实现线程插队。当在某个线程中调用其他线程的join()方法时，调用的线程将被阻塞，直到被join()方法加入的线程执行完成后它才会继续运行。

任务 8 游戏框架项目实现

任务描述

本任务主要学习游戏框架中窗体的制作和事件监听的实现；通过项目的学习，能够结合窗体、面板、组件、监听技术等知识解决实际问题。

任务目标

能够掌握窗体、面板和组件的创建方式和事件的监听方式。

任务实现

典型工作环节1 游戏框架中窗体实现

在游戏框架的窗体实现中，首先要创建一个窗体，然后在窗体上添加菜单。下面我们来实现窗体的创建。

窗体实现

步骤1 创建游戏框架窗体。

```
public class Demo5_8_1 extends JFrame {
  public Demo5_8_1(){
    this.setTitle("GameK游戏框架");
    this.setBounds(300,300,425,600);
    this.setDefaultCloseOperation(JFrame.EXIT_ON_CLOSE);
    this.setVisible(true);
  }
}
```

步骤2 在窗体中添加菜单，来实现游戏的开始、暂停、退出等功能。

• 菜单栏、菜单、菜单项的声明。

```
JMenuBar menuBar;
JMenu menu;
JMenuItem startItem,pauseItem,stopItem;
```

• 菜单栏、菜单、菜单项的初始化。

```
menuBar=new JMenuBar();
menu=new JMenu("游戏操作");
startItem=new JMenuItem("开始");
pauseItem=new JMenuItem("暂停");
stopItem=new JMenuItem("退出");
```

• 将菜单栏、菜单、菜单项添加至窗体。

```
menu.add(startItem);
menu.add(pauseItem);
menu.add(stopItem);
menuBar.add(menu);
this.setJMenuBar(menuBar);
```

步骤3 运行项目效果如图5-19所示。

图5-19 框架窗体程序执行后的效果

典型工作环节2 游戏框架事件监听

在刚刚实现好的窗体上，已经设置好了菜单，下面我们来实现窗体上的菜单项的动作监听和键盘、鼠标的监听。

框架监听

步骤1 继续在5_8_1.java的基础上实现菜单动作监听接口ActionListener，源代码如下。

```
public class Demo5_8_1 extends JFrame implements ActionListener{}
```

步骤2 实现监听接口后，导入接口中的抽象方法实现动作监听，并在动作监听的方法中对菜单项的选择进行判断，并执行对应的操作。源代码如下。

```
@Override
public void actionPerformed(ActionEvent e){
  if(e.getSource()==startItem){
    System.out.println("开始游戏!");
  }else if(e.getSource()==pauseItem){
    System.out.println("暂停游戏!");
  }else if(e.getSource()==stopItem){
    System.out.println("退出游戏!");
  }
}
```

步骤3 为菜单项添加监听器，源代码如下。

```
startItem.addActionListener(this);
pauseItem.addActionListener(this);
stopItem.addActionListener(this);
```

步骤4 运行程序源代码，输出效果如图5-20所示。

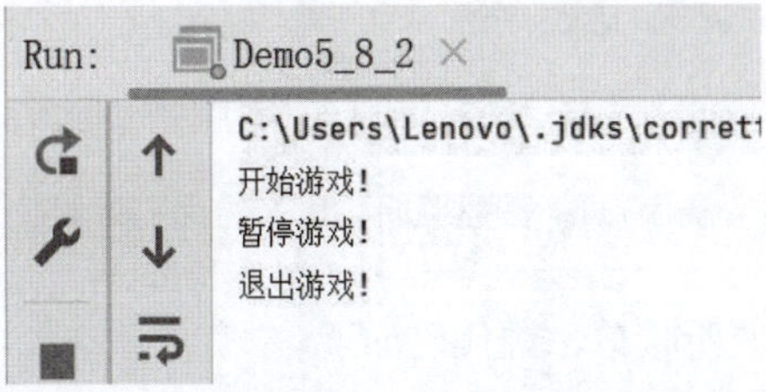

图5-20 动作监听程序执行后的效果

步骤5 继续实现键盘监听接口KeyListener，源代码如下。

```
public class Demo5_8_1 extends JFrame implements ActionListener,KeyListener{
```

步骤6　导入接口中的抽象方法，在键盘监听事件下的键盘按下方法中对方向键的选择进行判断，并执行对应的操作。源代码如下。

```
@Override
public void keyPressed(KeyEvent e){
  switch(e.getKeyCode()){
    case KeyEvent.VK_UP:
      System.out.println("您按下了向上键");
      break;
    case KeyEvent.VK_DOWN:
      System.out.println("您按下了向下键");
      break;
    case KeyEvent.VK_LEFT:
      System.out.println("您按下了向左键");
      break;
    case KeyEvent.VK_RIGHT:
      System.out.println("您按下了向右键");
      break;
  }
}
```

步骤7　为键盘添加监听器，源代码如下。

```
this.addKeyListener(this);
```

步骤8　重新运行程序源代码，输出效果如图5-21所示。

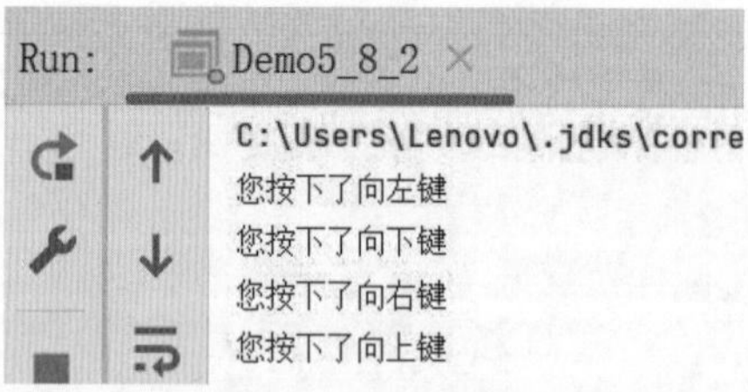

图5-21　键盘监听程序执行后的效果

步骤9　继续实现鼠标监听接口，源代码如下。

```
public class Demo5_8_2 extends JFrame implements ActionListene,KeyListener,Mous
eListener {
```

步骤10　导入接口中的抽象方法，在鼠标监听事件下的鼠标点击方法中，对左右键的选择进行判断，并执行对应的操作。源代码如下。

```
@Override
public void mouseClicked(MouseEvent e){
  if(e.getButton()==MouseEvent.BUTTON1){//左键
    System.out.println("左键被点击");
  }else if(e.getButton()==MouseEvent.BUTTON3){//右键
    System.out.println("右键被点击");
  }
}
```

步骤11　为鼠标添加监听器，源代码如下。

```
this.addMouseListener(this);
```

步骤12　重新运行程序源代码，输出效果如图5-22所示。

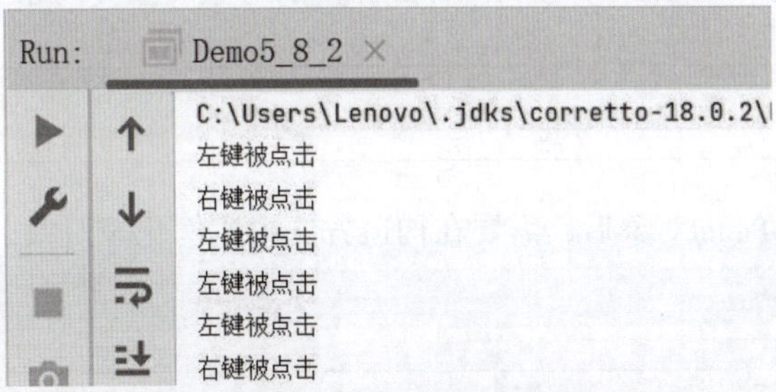

图5-22　鼠标监听程序执行后的效果

任务 9　游戏框架之面板与定时器

任务描述

本任务主要学习游戏框架中面板的制作和定时器的实现；通过案例的学习，能够创建出所需的面板，并使用多线程技术实现定时器。

任务目标

能够使用重写面板和定时器技术解决实际问题。

任务实现

典型工作环节1 面板类的创建

面板创建

在游戏框架的窗体实现中，首先重写面板，以显示不同游戏的不同界面效果。下面我们来实现面板的重写。

步骤1 创建源代码Demo5_9_1.java，将上一任务中的代码复制至本任务中，创建一个名为NewJPanel的类继承JPanel类，完成重写面板的功能。源代码如下。

```
class NewJPanel extends JPanel{
  @Override
  public void paint(Graphics g){
    //在坐标（60,60）的点绘制边长为30的空心矩形
    g.drawRect(60,60,30,30);
  }
}
```

步骤2 在Demo5_9_1.java中声明NewJPanel 类的对象。源代码如下。

```
NewJPanel  newJPanel;
```

步骤3 声明newJPanel对象后，需要在构造方法中实例化该对象，并将新面板添加至游戏框架中。源代码如下。

```
newJPanel=new NewJPanel();
this.add(newJPanel);
```

步骤4 运行程序源代码，输出效果如图5-23所示。

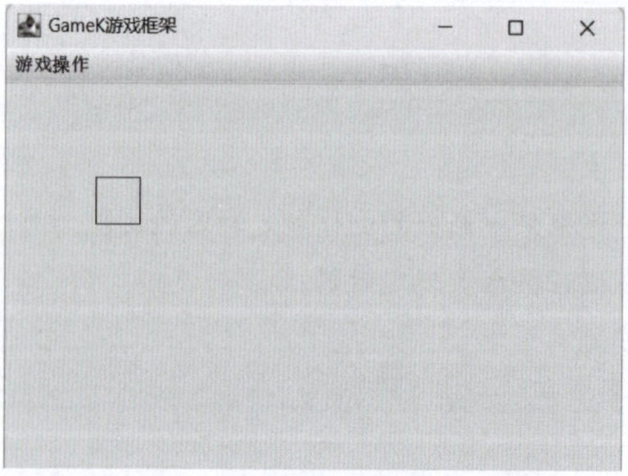

图5-23 创建面板程序执行后的效果

典型工作环节2　定时器的创建

在游戏框架中已经实现好了图形界面的制作和监听，还需要设置不同时长的定时器来实现不同难度的游戏，以增强游戏的可玩性。下面我们来实现定时器效果。

定时器的创建

步骤1　在源代码Demo5_9_1.java中，我们继续实现定时器。创建一个名为TimerThread的类继承Thread类，完成定时器的创建，并实现定时器功能。源代码如下。

```
class TimerThread extends Thread{
  String name;
  int jg;
  public TimerThread(String name,int jg){
    this.name=name;
    this.jg=jg;
  }
  @Override
  public void run(){
    while(true){
      if(this==timerThread1){
        //TODO定时在此
        System.out.println("我是定时器1");
        y=y+30;
        repaint();
      }
      try{
        sleep(jg);
      }catch(InterruptedException e){
        e.printStackTrace();
      }
    }
  }
}
```

步骤2　在Demo5_9_1.java中声明TimerThread类的对象timerThread1。源代码如下。

```
TimerThread timerThread1;
```

步骤3　声明timerThread1对象后，需要在构造方法中实例化该对象，并调用线程的start()方法启动线程。源代码如下。

```
timerThread1=new TimerThread("定时器1",1000);
timerThread1.start();
```

步骤4 为了实现线程重绘的效果，我们在类中定义整形类型变量y，用于设置绘制面板中空心矩形的坐标值。源代码如下。

```
int y;
```

步骤5 声明变量y后，需要在构造方法中为其赋值。源代码如下。

```
y=60;
```

步骤6 在NewJPanel的paint()方法中调用repaint()方法，实现对面板的重绘。同时为实现更好的用户体验效果，我们为面板设置了背景。源代码如下。

```
class NewJPanel extends JPanel{
  @Override
  public void paint(Graphics g){
    Image tu1=(new ImageIcon("src/nkzy/bg.png")).getImage();
    g.drawImage(tu1,0,0,null);
    g.drawRect(60,y,30,30);    //矩形
    repaint();
  }
}
```

步骤7 运行程序源代码，输出效果如图5-24所示。左右两图体现了间隔几秒钟后，游戏框架页面的变化效果，实现了定时器的功能。

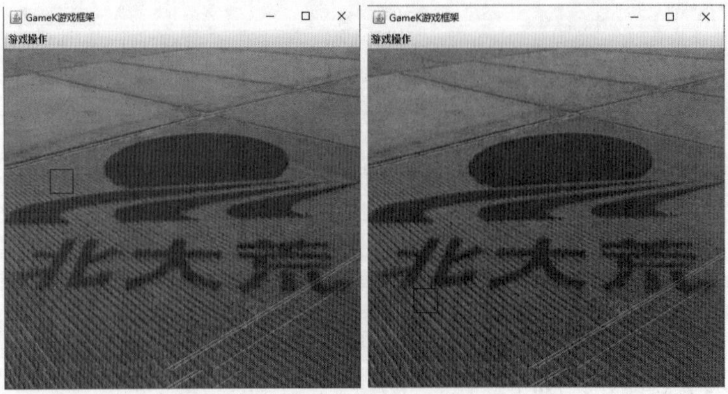

图5-24 定时器的创建程序执行效果

巩固与提高

一、单选题

1. 以下对框架的描述不正确的是（　　）。

   A．框架是Swing的顶级容器组件　　B．框架是一个图形界面程序的主窗口

   C．框架一般包括标题栏、最小化、最大化、关闭按钮以及边框等

   D．一个图形界面程序只能有一个框架

2. 在下列各种容器中，最简单的无边框的又不能移动和缩放的只能包含在另一种容器中的容器是（　　）。

   A．Window　　B．JDialog　　C．JFrame　　D．JPanel

3. 在Swing中，以下列出的面板的作用中，错误的是（　　）。

   A．放置并排列组件　　B．显示背景图案

   C．接收事件　　D．显示面板的边框

4. 在异常处理中，如释放资源、关闭文件、关闭数据库等由（　　）来完成。

   A．try子句　　B．catch子句　　C．finally子句　　D．throw子句

5. 当方法遇到异常又不知如何处理时，下列（　　）说法是正确的。

   A．捕获异常　　B．抛出异常　　C．声明异常　　D．嵌套异常

6. 要创建一个线程类，可通过继承（　　）类。

   A．Object　　B．Thread　　C．Runnable　　D．Task

7. 通过重写继承类中的方法（　　），可实现线程要执行的逻辑操作。

   A．start()　　B．main()　　C．run()　　D．execute()

8. 通过调用线程对象实例的（　　）方法，可以启动执行该线程。

   A．start()　　B．main()　　C．run()　　D．execute()

二、简答题

1. 简述AWT组件和Swing组件的优点和缺点。
2. Java中的事件处理涉及哪些方面？
3. throw和throws关键字有何不同？各用于什么位置？
4. 创建线程有哪两种方法？这两种方法有什么不同？
5. 为什么调用start()方法会执行run()方法，而不直接调用run()方法？

三、编程题

1. 设计一个图形用户界面程序，图形界面中包含登录页面的常用组件。当用户输入正确的用户名和密码后，提示“登录成功”。
2. 建立三个线程，A线程打印10次A，B线程打印10次B，C线程打印10次C。要求线程同时运行，交替打印。

项目六

飞机大战

项目引述

飞机大战是一款经典射击游戏，如图6-1所示。在这个项目中，你将操控飞机，代表北大荒人挑战各种困难。通过发射子弹击败怪物，克服环境恶劣、医疗匮乏等难题，最终将荒原变为粮仓。

本项目不仅引导你学习如何分析项目需求、运用Java集合类和矩形类等技术，还让你在实战中深化理解面向对象编程的精髓。

图6-1 飞机大战游戏效果界面

别等了，加入飞机大战，一边玩游戏一边学编程，感受北大荒人的坚韧与拼搏，让你的学习之旅更加有趣和富有挑战吧！

学习目标

【知识目标】

1. 熟悉企业软件开发流程；
2. 掌握需求分析、集合类操作、碰撞问题处理的方法；
3. 掌握飞机大战的开发流程。

【能力目标】

1. 会进行游戏的分析和设计；
2. 会定义集合类及熟练使用；
3. 会按设计图熟练进行编码实现。

【素质目标】

培养爱国主义思想、劳动精神、团队精神、工匠精神和良好的职业规范。

思维导图

飞机大战项目思维导图，如图6-2所示。

图6-2 飞机大战项目思维导图

小思考：目前为止，你知道如何对项目进行需求分析吗？

任务 1 分析项目需求

任务描述

软件编程，设计为先。项目的开发之旅，始于细致入微的分析与设计。本次任务旨在学习运用用例图和活动图，对“飞机大战”游戏进行深入的项目需求分析。通过这一过程，将亲身体验项目开发的真实流程，学会准确识别各种图元，熟练掌握用例图与活动图的绘制技巧。谨记，编程需深思熟虑，做事同样要提前规划，方能行稳致远。

任务目标

通过使用用例图和活动图对“飞机大战”游戏进行项目需求分析，亲身体验项目开发的真实流程，学会准确识别各种图元，并熟练掌握用例图与活动图的绘制技巧，从而培养起深思熟虑和提前规划的能力。

任务实现

典型工作环节1 用例图的绘制

一、用例图

用例图是指参与者、用例以及它们之间的关系构成的用于描述系统功能的视图。用例图是被称为参与者的外部用户所能观察到的系统功能的模型图，呈现了一些参与者和一些用例，以及它们之间的关系。用例图由参与者、用例、系统边界、箭头这四部分组成，如图6-3所示。

用例图的绘制

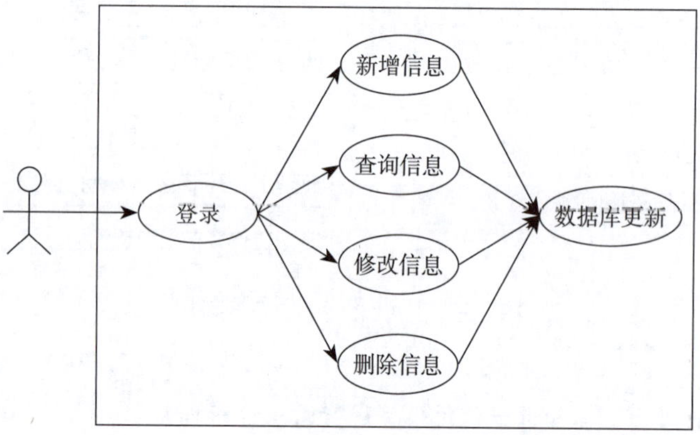

图6-3 用例图

1. 参与者（actor）

参与者代表与系统交互的用户或其他外部实体。他们可以是人、其他系统或服务，通常用人形图标或简化的“小人”符号表示。

2. 用例（use case）

用例代表系统提供的一种服务或功能，它是系统与参与者之间一系列交互动作的描述，通常用一个椭圆表示，并在椭圆内标注用例的名称。

3. 系统边界

系统边界定义了正在设计的系统的范围，它将系统内部与外部元素区分开来，通常用一个矩形框表示，可以在框内标注系统的名称。

4. 箭头

箭头表示参与者与用例之间、用例与用例之间的关系。这些关系可以是关联、包含、扩展或泛化，通常用带箭头的线表示。

二、用例图中的关系

用例图中涉及四种关系：关联、泛化、包含、扩展。

1. 关联

表示参与者与用例之间的通信，任何一方都可发送或接收消息，例如，张三可以看电影、听音乐和工作，如图6-4所示。

2. 泛化

一个父用例可以被特化形成多个子用例，父用例和子用例之间的关系就是泛化关系。例如，订票可以有窗口订票、电话订票和网上订票，如图6-5所示。

3. 包含

一个基本用例包含了另一个用例的行为，基本用例描述在多个用例中都有的公共行为。例如，管理课程信息功能包含添加课程、修改课程和删除课程的功能，如图6-6所示。

4. 扩展

扩展是指用例功能的延伸，相当于为基础用例提供一个附加功能。如买苹果有两个附加功能，可买10赠1和买5减2，如图6-7所示。

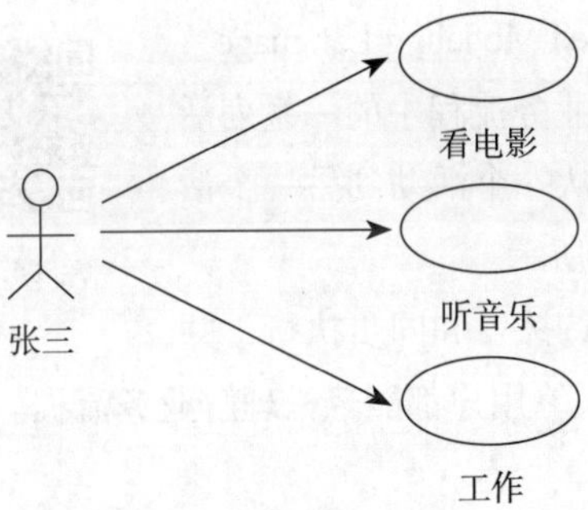

图6-4　用例图的关联关系

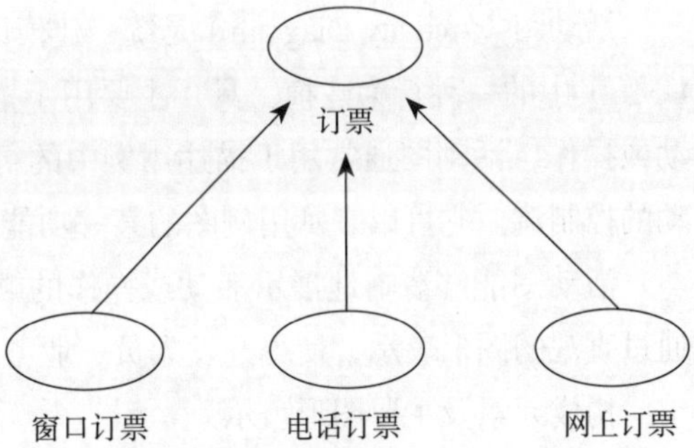

图6-5　用例图的泛化关系

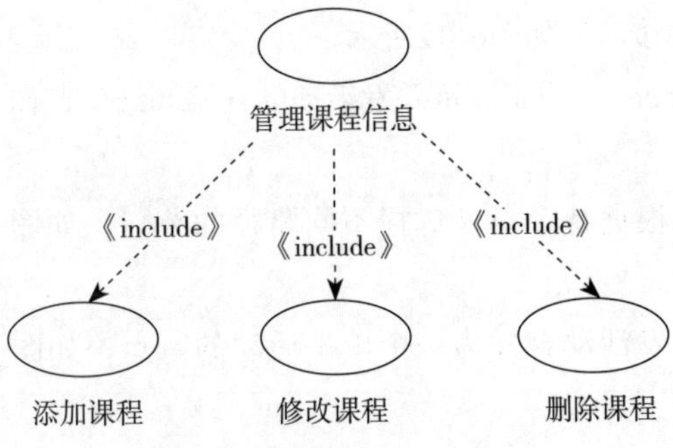

图6-6　用例图的包含关系

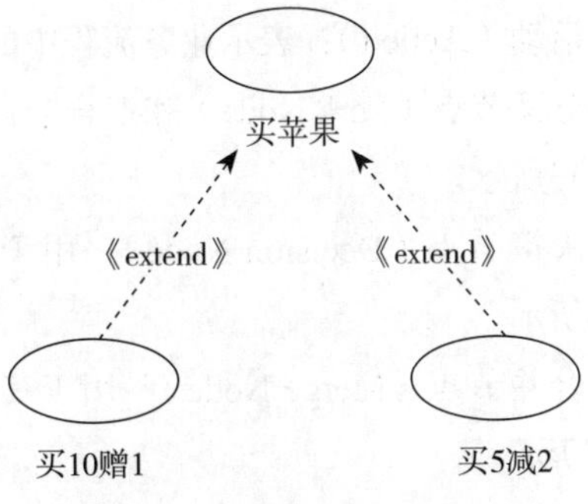

图6-7　用例图的扩展关系

三、飞机大战用例图的绘制

回忆儿时玩过的飞机大战游戏，参与者有玩家和游戏系统。玩家的用例有左移、右移、上移、下移和开炮。游戏系统有初始化、显示和定时用例，如图6–8所示。

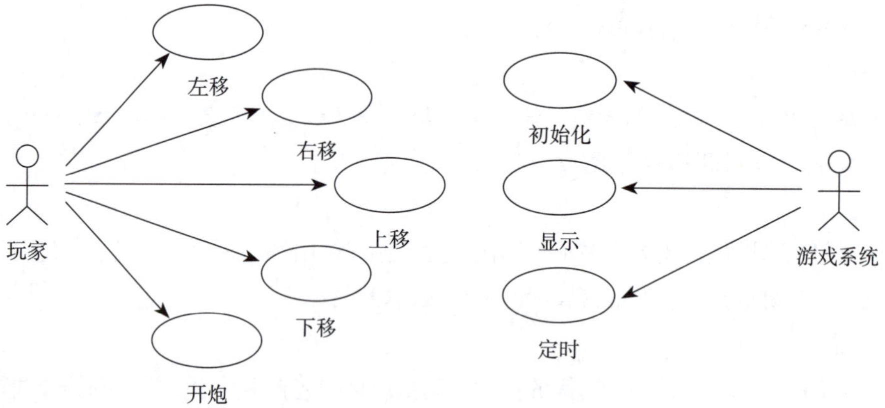

图6–8　飞机大战游戏项目用例图

典型工作环节2　活动图的绘制

一、活动图

活动图（Activity Diagram）是统一建模语言（Unified Modeling Language，UML）中的一种行为建模工具，主要用于描述系统或业务流程中的一系列活动或操作。活动图通常用于描述用例中的行为，展现从一个活动到另一个活动的控制流。它可以表示用例图的某一功能，如图6–9所示。

活动图的绘制

活动图能够清晰地展示活动或操作的顺序性，支持并发和同步执行，并通过直观的图形表示，使得开发人员、业务分析师和最终用户都能轻松理解业务流程。

构成元素及主要图形表示：

起始节点（Start Node）：表示活动的开始，如图6–10所示。

结束节点（End Node）：表示活动的结束，如图6–11所示。

活动（Action）：表示业务流程中的一个具体步骤，如图6–12所示。

分叉节点（Fork Node）和汇合节点（Join Node）：用于表示并发活动的开始和结束，如图6–13所示。

决策节点（Decision Node）：用于表示需要根据特定条件选择不同路径的节点，如图6–14所示。

合并节点（Merge Node）：用于表示多个并发活动合并为一个单一活动的节点，如图6–15所示。

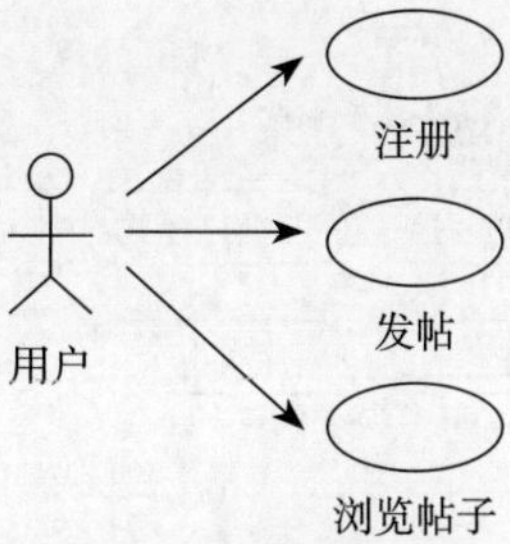

图6-9　用户的活动

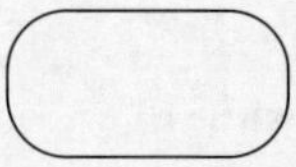
图6-12　活动

图6-13　分叉节点

图6-10　起始节点

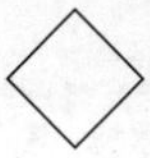
图6-14　决策节点

图6-11　结束节点

图6-15　合并节点

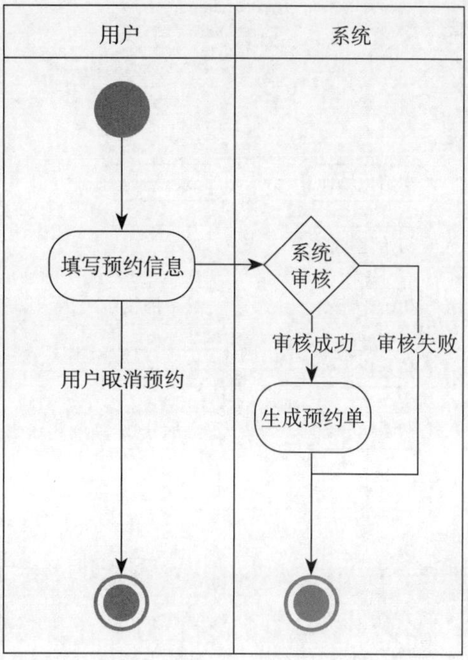

图6-16　泳道

泳道：主要用于描述不同参与者或组织在业务流程中的职责和交互。通过将活动图中的活动划分到不同的泳道中，可以清晰地展示不同参与者或组织在业务流程中所扮演的角色和承担的责任，如图6-16所示。

二、活动图举例

小明起床的活动图，如图6-17所示。

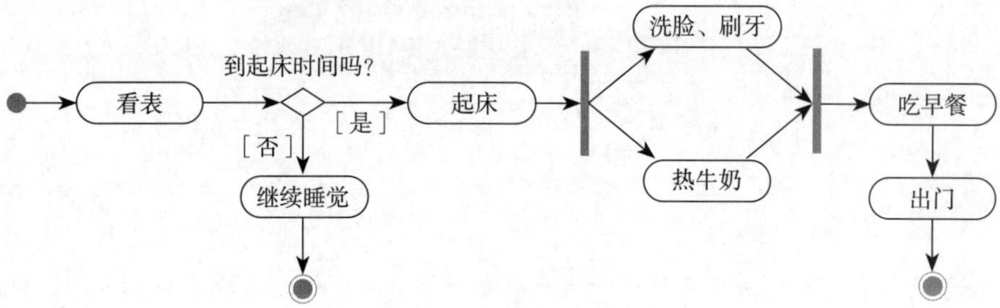

图6-17　小明起床活动图

三、飞机大战活动图的绘制

飞机大战游戏项目的参与者有玩家和游戏系统。玩家的用例有左移、右移、上移、下移和开炮。游戏系统有初始化、显示、定时和上、下、左、右移动用例，具体如图6-18、图6-19所示。

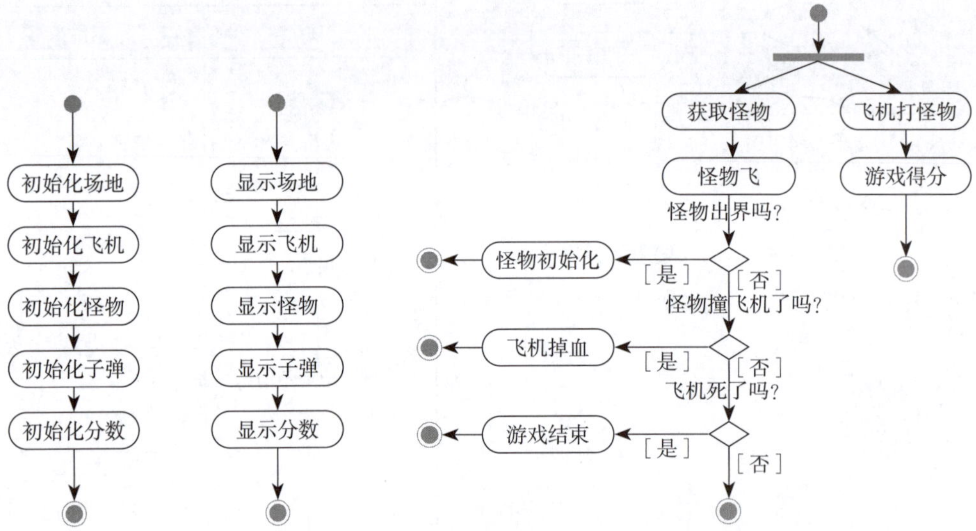

图6-18　游戏系统的初始化、显示和定时活动

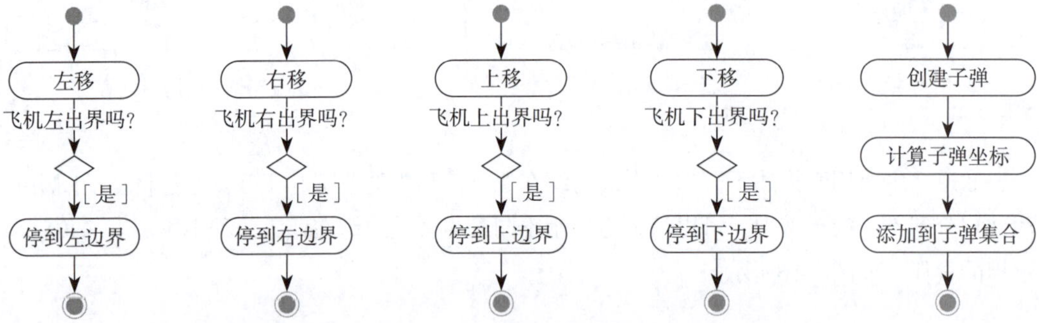

图6-19　参与者的左移、右移、上移、下移和开炮活动

任务2 识别项目的类

任务描述

本任务的内容是识别游戏项目中的类及类之间的关系，通过本次任务的学习，熟练识别游戏项目的类图，并能画出游戏项目中的类图，确定类与类之间的关系，为后面的编码做好准备。

任务目标

识别游戏项目的类图，并能画出类图。

任务实现

典型工作环节1　类图

类图以反映类的结构（属性、操作），以及类之间的关系为主要目的，描述了软件系统的结构，是一种静态建模方法。类图中的“类”与面向对象语言中的“类”的概念是对应的，是对现实世界中的事物的抽象，如图6-20所示。

类图

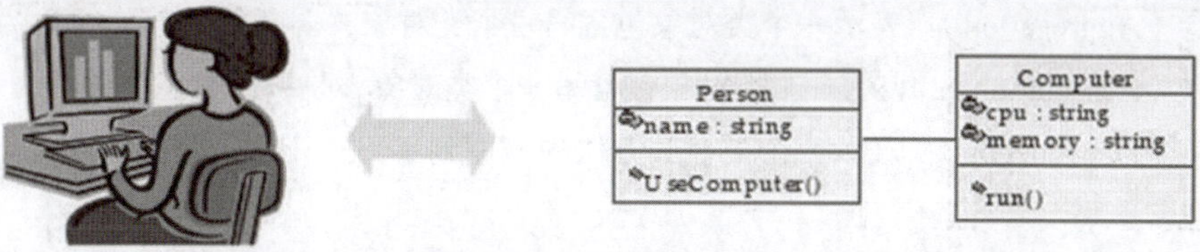

图6-20　人和计算机类图

一、类的表示方式

1. 类与接口

类与接口在类型中都是用矩形的方框来表示，方框分为两层：在第一层中会写接口名和类名，接口的第一层方框中还会用<<interface>>来表示，如图6-21所示。

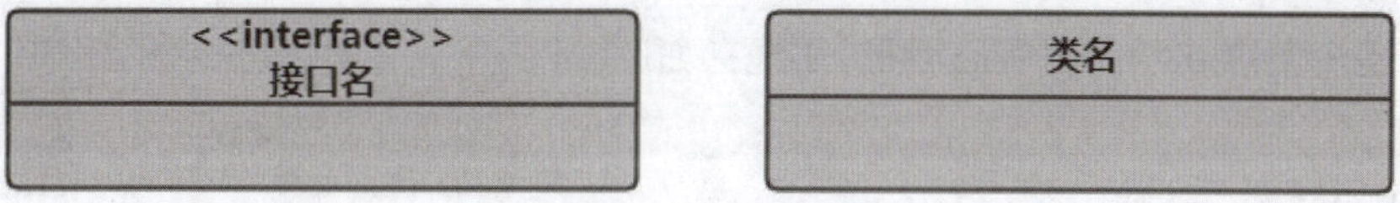

图6-21　接口和类

2. 属性、方法访问权限

在方框的第二层，则会写属性与方法，在属性与方法的左边还会用一些符号来表示访问权限，如图6-22所示。

+：表示public，即公开的，可以被任何其他类访问。

-：表示private，即私有的，只能被其所在的类访问。

#：表示protected，即受保护的，可以被其所在的类以及子类访问。

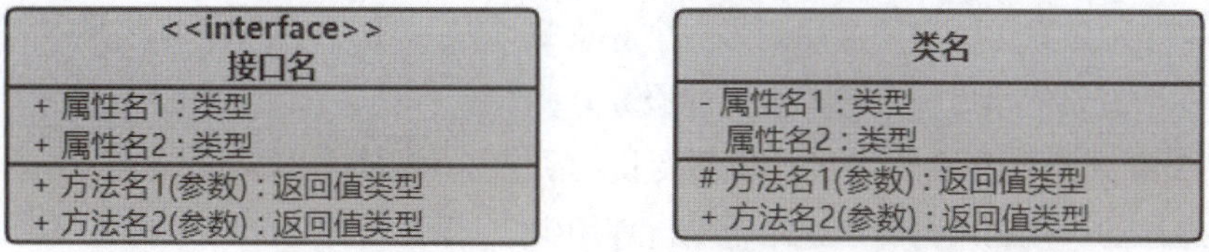

图6-22　属性、方法访问权限

无符号：表示default，即默认的访问权限，这种权限通常只允许同一个包内的类访问。

二、类之间的关系

类之间的关系一共有6种，耦合程度由强到弱可以表示为：

实现→泛化→组合→聚合→关联→依赖。

实现（Realization）：表示类和接口之间的实现关系。

泛化（Generalization）：表示类之间的继承关系，也被称作继承。

组合（Composition）：表示一个类对象包含另一个类对象，强整体与部分的关系。

聚合（Aggregation）：表示一个类对象包含另一个类对象，弱整体与部分的关系。

关联（Association）：表示一个类对象包含另一个类对象，是一种静态的关系。

依赖（Dependency）：表示一个类在其方法中使用到了另一个类，但两者之间不具有持久性的包含关系。

1. 实现关系

程序中继承抽象类和实现接口都属于实现关系，使用空心三角+虚线，如图6-23所示。

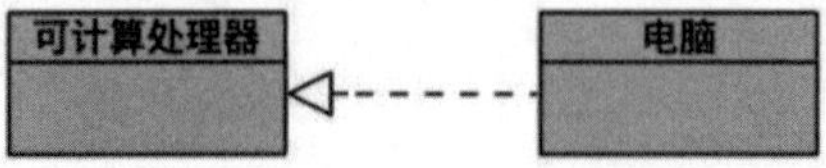

图6-23 实现关系

2. 泛化关系

两个对象之间如果可以用is-a来表示，就是泛化关系，使用空心三角+实线，如图6-24所示。

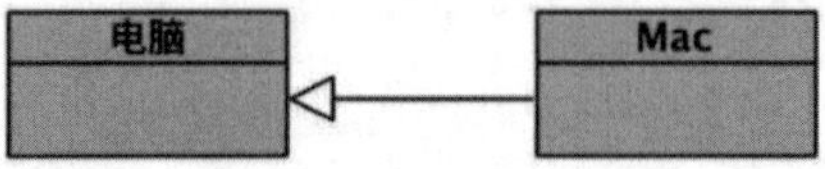

图6-24 泛化关系

3. 组合关系

表示整体由部分构成的关系，如果整体不存在了，部分也不复存在。使用实心菱形+实线，如图6-25所示。

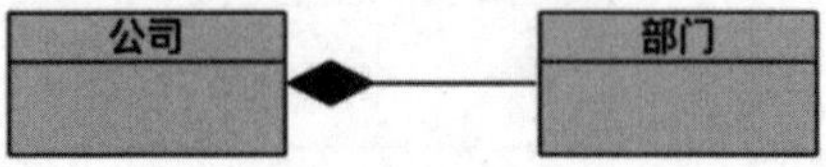

图6-25 组合关系

4. 聚合关系

与组合关系不同的是，整体和部分不是强依赖的，即使整体不存在了，部分仍然存在。使用空心菱形+实线，如图6-26所示。

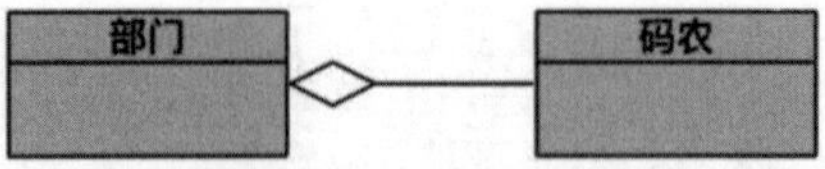

图6-26 聚合关系

5. 关联关系

一个类中的对象与对象之间的引用关系，可以理解为一个类中的所有成员变量，使用一条直线表示，如图6-27所示。

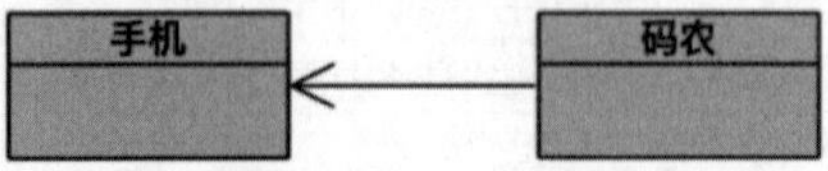

图6-27 关联关系

6. 依赖关系

描述一个对象在运行期间会用到另一个对象的关系。当一个对象依赖另一个对象提供的服务时，就是依赖关系。函数方法的入参、局部变量的引用、静态方法的直接调用都属于这个范畴。使用尖括号+虚线表示，如图6-28所示。

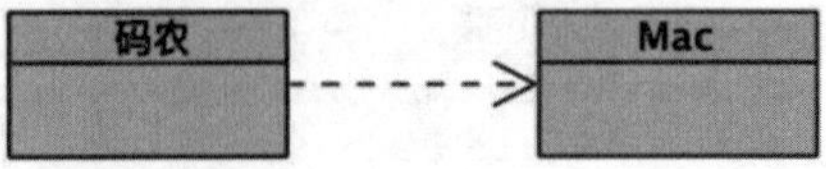

图6-28 依赖关系

典型工作环节2　飞机大战的类图

下面是飞机大战游戏项目的类图，如图6-29所示。

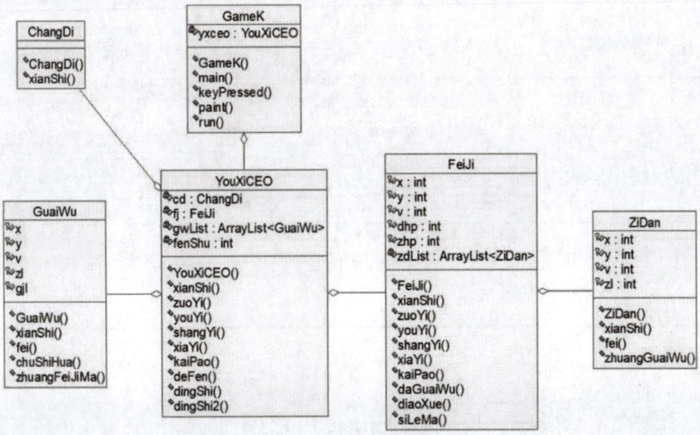

图6-29　飞机大战的类图

飞机大战的类图

任务3　显示移动飞机

任务描述

前面对飞机大战游戏项目做了细致详实的分析，绘制出了用例图、活动图和类图，从本任务开始将进入编码阶段。本次任务是完成飞机大战游戏项目的显示移动飞机任务。

任务目标

根据用例图、活动图完成飞机大战游戏项目中飞机的显示和移动。

任务实现

典型工作环节1　飞机大战项目编码准备

飞机大战项目编码准备

步骤1　准备好游戏项目的用例图、活动图和类图，在idea中新建Java名称为fjdz的项目，将项目所用的素材文件夹img和游戏框架GameK拷贝到对应位置，如图6-30所示。

步骤2 在GameK框架的各功能切入点的源代码如下。

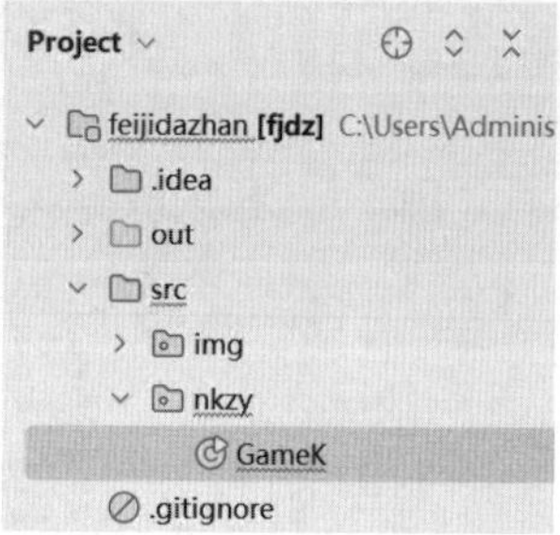

图6-30 飞机大战项目结构

- 变量的声明

声明游戏控制器对象yxceo，并进行反向创建YouXiCEO类。

```
//TODO:声明变量在此
YouXiCEO  yxceo;//游戏控制器对象
```

- 变量的初始化

初始化游戏控制器对象yxceo。

```
//TODO:初始化变量在此
yxceo=new  YouXiCEO();//初始化游戏控制器对象
```

- 游戏显示功能

实现游戏控制器yxceo对象的显示操作，反向在YouXiCEO类中创建xianShi（g）方法。

```
//TODO:绘图在此
yxceo.xianShi(g);//游戏控制器显示操作
```

- 键盘监听操作

实现游戏控制器yxceo对象上下左右移动和空格键开炮（发射子弹）操作，反向在YouXiCEO类中创建shangYi()、xiaYi()、zuoYi()、youYi()、kaiPao()方法。

```
//TODO:键盘按下
int  key=e.getKeyCode();//按键的ASCII值
System.out.println(key);
switch(key){
case 37:
  System.out.println("左键");
  yxceo.zuoYi();//游戏控制器左移
  repaint();
  break;
case 38:
  System.out.println("上键");
  yxceo.shangYi();//游戏控制器上移
  repaint();
  break;
case 39:
  System.out.println("右键");
  yxceo.youYi();//游戏控制器右移
  repaint();
```

```
  break;
case 40:
  System.out.println("下键");
  yxceo.xiaYi();//游戏控制器下移
  repaint();
  break;
case 32:
  System.out.println("空格键");
  yxceo.kaiPao();//游戏控制器开炮(发射子弹)
  repaint();
  break;
}
```

• 定时处理操作

实现游戏控制器yxceo对象的定时处理方法，一共有两个，分别处理子弹定时操作和怪物定时操作，反向在YouXiCEO类中创建dingShi()、dingShi2()方法。

```
if(this==ds1){
  //TODO:定时在此
  yxceo.dingShi();//游戏控制器定时1
  System.out.println("111");
}else{
  yxceo.dingShi2();//游戏控制器定时2
  System.out.println("222");
}
```

步骤3　项目最后完成的代码效果如图6-31所示。

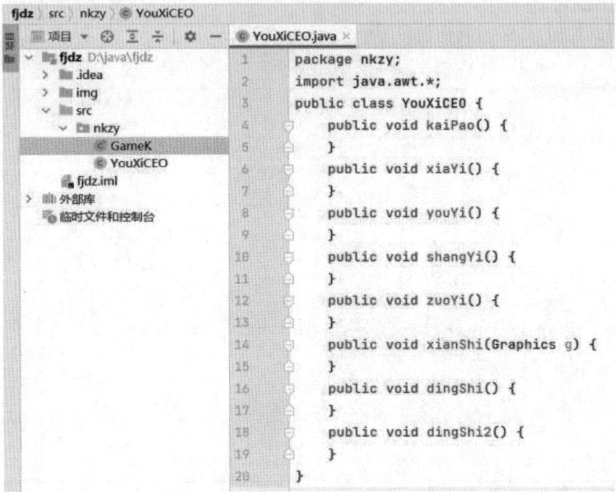

图6-31　GameK中定时处理

典型工作环节2 显示场地、显示飞机

显示场地、显示飞机

步骤1 在YouXiCEO类中声明场地、飞机对象，反向创建场地类、飞机类，源代码如下。

```
public class YouXiCEO {
  /**
  *cd:场地对象
  *fj:飞机对象
  */
  ChangDi  cd;
  FeiJi  fj;
}
```

步骤2 在YouXiCEO类构造方法中初始化场地、飞机对象，源代码如下。

```
/**
*游戏控制类的构造方法对成员变量初始化
*/
public YouXiCEO(){
  //初始化场地
  cd=new  ChangDi();
  //初始化飞机
  fj=new FeiJi();
}
```

步骤3 在YouXiCEO类xianShi（Graphics g）方法中进行场地对象的显示和飞机对象的显示，并在场地类和飞机类中创建对应的xianShi（Graphics g）方法，源代码如下。

```
/**
*显示方法
*@param g: 绘图工具
*/
public void xianShi(Graphics g){
  //场地显示
  cd.xianShi(g);
  //飞机显示
  fj.xianShi(g);
}
```

步骤4 在ChangDi类实现场地中背景的显示，源代码如下。

```
/**
*显示背景方法
*@param g:画笔,用于绘制图形
*/
public void xianShi(Graphics g){
  //显示背景
    Image bj=(new ImageIcon("src/img/背景.png")).getImage();
  g.drawImage(bj,0,0,null);
}
```

步骤5　在FeiJi类中声明飞机的*x*坐标，*y*坐标，*v*（速度），*dhp*（当前血量），*zhp*（总血量），源代码如下。

```
public class FeiJi {
  /**
  *x:x坐标
  *y:y坐标
  *v:速度
  *dhp:当前血量
  *zhp:总血量
  */
  int  x;
  int  y;
  int  v;
  int  dhp;
  int  zhp;
}
```

步骤6　在FeiJi类中实现飞机的显示，源代码如下。

```
/**
*飞机显示方法
*@param g: 绘图工具
*/
public void xianShi(Graphics g){
  //显示飞机
  Image fj=(new ImageIcon("src/img/飞机新.png")).getImage();
  g.drawImage(fj,x,y,null);
}
```

典型工作环节3 飞机移动

飞机移动

步骤1 在YouXiCEO类中实现飞机的上下左右操作，反向在FeiJi类中创建对应的方法，源代码如下。

```
/**
  游戏控制器左移
*/
public void zuoYi(){
  fj.zuoYi();
}
/**
*游戏控制器右移
*/
public void youYi(){
  fj.youYi();
}
/**
*游戏控制器上移
*/
public void shangYi(){
  fj.shangYi();
}
/**
*游戏控制器下移
*/
public void xiaYi(){
  fj.xiaYi();
}
```

步骤2 在FeiJi类中实现飞机的上下左右操作，源代码如下。

```
/**
*飞机左移方法
*/
public void zuoYi(){
  if(x-30<=0){
    x=0;
  }else {
    x=x-30;
  }
}
/**
*飞机右移方法
```

```
 */
public void youYi(){
    if(x+30>=822-64){
      x=822-64;
    }else {
      x=x+30;
    }
}
/**
 *飞机上移方法
 */
public void shangYi(){
    if(y-30<=0){
      y=0;
    }else {
      y=y-30;
    }
}
/**
*飞机下移方法
*/
public void xiaYi(){
    if(y+30>=597-53){
      y=597-53;
    }else{
      y=y+30;
    }
}
```

任务 4　飞机发射子弹

任务描述

前面已经完成飞机的显示和移动任务，本任务学习Java容器类，使用ArrayList容器类存放子弹对象，实现飞机发射子弹和让子弹飞的操作。

任务目标

学习Java容器类基本使用方法，完成飞机发射子弹。

任务实现

典型工作环节1 Java的容器类

一、ArrayList容器类

ArrayList是List接口的实现类，是List存储特征的具体实现，底层使用数组实现存储。

ArrayList
容器类

特点：有顺序，查询效率高，增删效率低，线程不安全。

范例6-4-1 使用ArrayList类，存储三个字符串元素的代码。

```
public static void main(String args[]){
  //创建了一个ArrayList集合,集合的名称是list
  //里面装的全都是String字符串类型的数据
  ArrayList<String> list=new ArrayList<String>();
  System.out.println(list);  //[]
  //向集合当中添加一些数据,需要用到add方法
  list.add("苹果");
  System.out.println(list);  //[苹果]
  list.add("香蕉");
  list.add("菠萝");
  list.add("葡萄");
  System.out.println(list); //[苹果,香蕉,菠萝,葡萄]
  list.add(100);    //错误写法! 因为创建的时候尖括号泛型已经说了是字符串
                    //添加进去的元素就必须都是字符串才行
}
```

运行结果如图6-32所示。

```
"C:\Program Files\Java\jdk-17\bin\java.exe"
[]
[苹果]
[苹果, 香蕉, 菠萝, 葡萄]
```

图6-32 ArrayList类简单使用

• public boolean add（E e）：将指定的元素添加到此集合的尾部。

• public E remove（int index）：移除此集合中指定位置上的元素，返回被删除的元素。

• public E get（int index）：返回此集合中指定位置上的元素，返回获取的元素。

• public int size()：返回此集合中的元素数。遍历集合时，可以控制索引范围，防止越界。

范例6-4-2 ArrayList类常用方法和遍历。

```
public static void main(String args[]){
  //创建了一个ArrayList集合,集合的名称是list
  //里面装的全都是String字符串类型的数据
  ArrayList<String> list=new ArrayList<String>();
  System.out.println(list);//[]
  //向集合中添加元素: add
  boolean success=list.add("富强");
  System.out.println(list);//[富强]
  System.out.println("添加的动作是否成功: "+success);//true
  list.add("民主");
  list.add("文明");
  list.add("和谐");
  list.add("自由");
  System.out.println(list);//[富强,民主,文明,和谐,自由]
   //从集合中获取元素: get。索引值从0开始
  String name=list.get(2);
  System.out.println("第2号索引位置: "+name);//文明
   //从集合中删除元素: remove。索引值从0开始。
  String whoRemoved=list.remove(3);
  System.out.println("被删除的人是: "+whoRemoved);//和谐
  System.out.println(list);//[富强,民主,文明,自由]
   //获取集合的长度尺寸,也就是其中元素的个数
  int size=list.size();
  System.out.println("集合的长度是: "+size);//4
}
```

运行结果如图6-33所示。

```
"C:\Program Files\Java\jdk-17\bin\java.exe"
[]
[富强]
添加的动作是否成功: true
[富强, 民主, 文明, 和谐, 自由]
第2号索引位置: 文明
被删除的人是: 和谐
[富强, 民主, 文明, 自由]
集合的长度是: 4
```

图6-33 ArrayList类常用方法和遍历

二、HashSet容器类

Java中的一个集合类，它实现了Set接口。Set是一种不允许包含重复元素的集合，而HashSet则是Set接口的一个具体实现。因此，HashSet用于存储一组唯一的元素，不允许重复。

HashSet学习

范例6-4-3 HashSet类基本操作。

```
public static void main(String args[]){
  //实例化HashSet
  HashSet<String> set=new HashSet<String>();
  //添加元素,注意观察结果,不能有重复元素,添加顺序问题
  set.add("a");
  set.add("b1");
  set.add("c2");
  set.add("d");
  set.add("a");
  //迭代器遍历
  System.out.println("-----迭代器遍历------");
  Iterator<String> iterator=set.iterator();
  while(iterator.hasNext()){
    System.out.println(iterator.next());
  }
  //增强for遍历
  System.out.println("-----增强for遍历------");
  for(String s:set){
    System.out.println(s);
  }
  //lambda遍历
  System.out.println("-----lambda 遍历------");
  set.forEach(f->System.out.println(f));
  System.out.println("------删除元素------");
  //删除元素
  boolean flag=set.remove("c2");
  for(String str:set){
    System.out.println(str);
  }
  System.out.println("------元素个数------");
  int size=set.size();
  System.out.println(size);
}
```

运行结果如图6-34所示。

```
-----迭代器遍历-------
a
d
b1
c2
-----增强for遍历------
a
d
b1
c2
-----lambda 遍历------
a
d
b1
c2
------删除元素------
a
d
b1
------元素个数------
3
```

图6-34　HashSet类基本操作

HashMap学习

三、HashMap容器类

HashMap是map接口的子类，是将键映射到值的对象，其中键和值都是对象，并且不能包含重复键，但可以包含重复值。

范例6-4-4　HashMap类基本操作。

```
public static void main(String args[]){
  //HashMap容器最常用的方法(类似于Python里面的字典)
  //创建一个HashMap的对象
  HashMap<String,String> hashmap=new HashMap<String,String>();
  //添加数据:put()
  hashmap.put("name","Tom");
  hashmap.put("age","18");
  hashmap.put("height","175.00");
  //取值:get()
  System.out.println("------取值:get()---------");
  System.out.println(hashmap.get("name"));
  System.out.println(hashmap.get("age"));
  System.out.println(hashmap.get("height"));
  System.out.println(hashmap.get("gender"));
  //移除:remove()
  System.out.println("------移除:remove()---------");
  hashmap.remove("age");
  System.out.println(hashmap.get("age"));
  //获取键的个数:size()
  System.out.println("------获取键的个数:size()---------");
  System.out.println(hashmap.size());
  //取出字典里面所有的值,先获取出所有的key,再遍历key去取值
  System.out.println("------取出字典里面所有的值---------");
  Set<String> keys=hashmap.keySet();
  System.out.println(keys);
```

```
    for(String key:keys){
      System.out.println(key+"=="+hashmap.get(key));
    }
    //是否包含某个键:containsKey()
    System.out.println("------是否包含某个键:containsKey()---------");
    System.out.println(hashmap.containsKey("name"));
    //是否包含某个值:containsValue()
    System.out.println("------是否包含某个值:containsValue()---------");
    System.out.println(hashmap.containsValue("175.00"));
  }
```

运行结果如图6-35所示。

```
------取值:get()---------
Tom
18
175.00
null
------移除:remove()---------
null
------获取键的个数:size()---------
2
------取出字典里面所有的值---------
[name, height]
name==Tom
height==175.00
------是否包含某个键:containsKey()------
true
------是否包含某个值:containsValue()----
true
```

图6-35　HashMap类基本操作

典型工作环节2　飞机发射子弹

飞机发射子弹

步骤1　在FeiJi类中声明zdList对象，并在其构造方法中初始化该对象，源代码如下。

```
public class FeiJi {
  /**
  *x:x坐标
  *y:y坐标
  *v:速度
  *dhp:当前血量
  *zhp:总血量
*zdList:子弹夹,很多子弹
  */
  int  x;
  int  y;
  ......
  ArrayList <ZiDan> zdList;
  /**
  *飞机的构造方法对成员变量初始化
```

```
  */
  public FeiJi(){
    x=300;
    y=500;
    ......
    zdList=new ArrayList<ZiDan>();
  }
}
```

步骤2　在YouXiCEO类的kaiPao()中让飞机开炮，在FeiJi类中创建kaiPao()方法，源代码如下。

```
/**
*游戏控制器开炮（发射子弹）
*/
public void kaiPao(){
  fj.kaiPao();
}
```

步骤3　创建ZiDan类，声明成员变量和初始化成员变量，源代码如下。

```
public class ZiDan {
  /**
  *x:x坐标
  *y:y坐标
  *v:速度
  *zl:种类
  */
  int  x;
  int  y;
  int  v;
  int  zl;
  /**
  *子弹的构造方法对成员变量初始化
  */
  public ZiDan(){
    //子弹种类0 1 2,使用Math.random()随机数创建
    zl=(int)(3*Math.random());
    //每颗子弹速度也是随机数,20~30之间的随机数
    v=(int)(20+10*Math.random());
  }
}
```

步骤4　在YouXiCEO类的kaiPao()中让飞机开炮，在FeiJi类中创建kaiPao()方法，源代码如下。

```
/**
*飞机开炮（发射子弹）方法
*/
public void kaiPao(){
  //循环创建3个子弹,添加到zdList对象中
  for(int i=0;i<3;i++){
    ZiDan zd=new ZiDan();
    //子弹的坐标与飞机坐标相关
    //子弹在飞机正上方出现
    zd.x=x+(64-16)/2;
    zd.y=y-53;
    zdList.add(zd);
  }
}
```

步骤5　在FeiJi类的xianShi（Graphics g）方法中让子弹逐个显示出来，源代码如下。

```
/**
*飞机显示方法
*@param g: 绘图工具
*/
public void xianShi(Graphics g){
  //显示飞机
  ......
  //显示血条
  ......
  //显示子弹夹中的子弹
  for(int i=0;i<zdList.size();i++){
    ZiDan zd=zdList.get(i);
    zd.xianShi(g);
  }
}
```

步骤6　在ZiDan类的xianShi（Graphics g）方法中实现子弹的显示，源代码如下。

```
/**
*显示方法
*@param g: 绘图工具
*/
```

```
public void xianShi(Graphics g){
  //显示子弹
  Image zd=(new ImageIcon("src/img/炮火/"+zl+".png")).getImage();
  g.drawImage(zd,x,y,null);
}
```

任务5　显示移动怪物

任务描述

前面的任务我们已经完成了飞机大战项目中场地的显示、飞机的显示、飞机的移动以及飞机如何发射子弹，子弹定时飞行功能，但前面没有涉及用子弹消灭病毒，本任务学习完成病毒的显示与移动操作。

任务目标

根据怪物的用例图完成显示、移动怪物的编码。

任务实现

典型工作环节1　显示怪物

步骤1　在YouXiCEO类中声明gws对象，反向创建GuaiWu类，并在其构造方法中初始化该对象，源代码如下。

显示怪物

```
public class YouXiCEO{
  /**
  *cd:场地对象
  *fj:飞机对象
  */
  ChangDi cd;
  ......
  ArrayList<GuaiWu> gws;
  /**
  *游戏控制类的构造方法对成员变量初始化
```

```
  */
  public YouXiCEO(){
    //初始化场地
    ......
    //初始化飞机
    ......
    //初始化怪物
    gws=new ArrayList<GuaiWu>();
    //为怪物s加20个怪物
    for(int i=0;i<20;i++){
      gws.add(   new GuaiWu()   );
    }
  }
}
```

步骤2　在GuaiWu类中声明成员变量和初始化成员变量，源代码如下。

```
public class GuaiWu {
  /**
  *x:x坐标
  *y:y坐标
  *v:速度
  *zl:种类
  *gjl:攻击力
  */
  int  x;
  int  y;
  ......
  /**
  *怪物的构造方法对成员变量初始化
  */
  public GuaiWu(){
    x=(int)(822*Math.random());
    y=(int)(-300+400*Math.random());
    zl=(int)(3*Math.random());
    switch(zl){
      case 0:
        v=10;
        gjl=100;
        break;
      case 1:
        v=20;
        gjl=150;
```

```
            break;
          case 2:
            v=30;
            gjl=200;
            break;
        }
      }
    }
}
```

步骤3　在YouXiCEO类的xianShi（Graphics g）方法中使用for循环对gus对象中的怪物进行显示，源代码如下。

```
/**
*显示方法
*@param g：绘图工具
*/
public void xianShi(Graphics g){
  //场地显示
  ......
  //飞机显示
  ......
  //怪物显示
  for(int i=0;i<gws.size();i++){
    GuaiWu gw=gws.get(i);
    gw.xianShi(g);
  }
}
```

步骤4　在GuaiWu类的xianShi（Graphics g）方法对怪物进行显示，源代码如下。

```
/**
 *显示方法
 *@param g
 */
public void xianShi(Graphics g){
  //显示怪物
  Image gw=(new ImageIcon("src/img/敌人/"+zl+".png")).getImage();
  g.drawImage(gw,x,y,null);
}
```

典型工作环节2 移动怪物

移动怪物

步骤1 YouXiCEO类的dingShi2()中使用for循环让gus对象中的怪物移动，反向在GuaiWu类中创建fei()、chuJieMa()、chuShiHua()方法，源代码如下。

```
/**
*游戏控制器定时器2
*1.怪物飞
*2.怪物出界
*3.怪物撞飞机,飞机掉血
*4.飞机是否死,游戏结束
*/
public void dingShi2(){
  for(int i=0;i<gws.size();i++){
    GuaiWu gw=gws.get(i);
    gw.fei();
    if(gw.chuJieMa()){
      gw.chuShiHua();
    }
  }
}
```

步骤2 在GuaiWu类中fei()方法实现怪物的移动，源代码如下。

```
/**
*怪物飞方法
*/
public void fei(){
  int sj=(int)(-50+100*Math.random());
  x=x+sj;
  y=y+v;
}
```

步骤3 在GuaiWu类中chuJieMa()方法判断怪物是否出界，源代码如下。

```
/**
*怪物出界方法
*/
public boolean chuJieMa(){
  return y>580;
}
```

步骤4　在GuaiWu类中chuShiHua()方法对怪物的位置初始化，源代码如下。

```
/**
*怪物初始化方法
*/
public void chuShiHua(){
  x=(int)(822*Math.random());
  y=(int)(-300+300*Math.random());
}
```

任务6　处理碰撞问题

任务描述

前面任务已经完成游戏项目场地的显示、飞机的显示、怪物的显示、飞机的移动以及飞机如何发射子弹、子弹定时飞、怪物的定时飞行操作，但飞机发射的子弹并不能消灭怪物，怪物撞到飞机上也完好无损，不能消灭怪物。本任务就来带领大家完成最后一个任务——处理碰撞问题，来消灭怪物。

任务目标

学习Rectangle类，实现飞机大战游戏项目中碰撞问题的处理。

任务实现

典型工作环节1　Rectangle类

在Java中的Rectangle类是一个矩形对象，它可以用来表示和操作矩形的属性和行为。Rectangle类在java.awt包中定义。

Rectangle类具有以下一些常用的方法和属性。

- width：表示矩形的宽度。
- height：表示矩形的高度。
- *x*：表示矩形左上角的*x*坐标。
- *y*：表示矩形左上角的*y*坐标。

Rectangle类

- setLocation（int x，int y）：设置矩形的位置。
- setSize（int width，int height）：设置矩形的尺寸。
- contains（int x，int y）：判断指定的坐标点是否在矩形内部。
- intersects（Rectangle r）：判断当前矩形是否与指定的矩形相交。
- union（Rectangle r）：计算当前矩形与指定矩形的并集，并返回新的矩形。
- intersection（Rectangle r）：计算当前矩形与指定矩形的交集，并返回新的矩形。

本项目中使用Rectangle来表示游戏中的碰撞区域，使得开发者可以方便地处理对象的碰撞问题。

范例6-6-1 碰撞问题处理。

判断病毒是否撞到飞机就是判断飞机是否中弹，飞机中弹其实就是一个数学问题，即判断两个矩形是否相交的问题，源代码如下。

```
Rectangle gwjx=new Rectangle(30,40,50,45);
Rectangle fjjx=new Rectangle(40,50,50,45);
if(gwjx.intersects(fjjx)){
  System.out.println("撞上了");
}else{
  System.out.println("没撞上");
}
```

其中，gwjx为怪物矩形，fjjx为飞机矩形，gwjx.intersects（fjjx）判断怪物矩形和飞机矩形是否相交，如果相交输出“撞上了”，否则输出“没撞上”。

典型工作环节2 飞机打怪物

飞机打怪物

步骤1 在YouXiCEO类中dingShi()方法中调用飞机打怪物，游戏得分方法，源代码如下。

```
/**
*游戏控制器定时器1
*收集得分
*/
public void dingShi(){
  int jf=fj.daGuaiWu(gws);
  deFen(jf);
}
```

步骤2 在FeiJi类中创建daGuaiWu（gws）方法实现飞机打怪物返回分数，源代码如下。

```
/**
*飞机打怪物方法
*@param  gwList：怪物列表,很多怪物的集合
*@return  jf 打死一个怪物加50分
*/
public int daGuaiWu(ArrayList<GuaiWu>  gwList){
  int jf=0;
  Iterator<ZiDan> shou=zdList.iterator();//使用Iterator遍历子弹,可以在遍历中删除
  while(shou.hasNext()){
    ZiDan zd=shou.next();
    zd.fei();
    if(zd.y<0){
      shou.remove();
    }
    for(int j=0;j<gwList.size();j++){//每个子弹要和每个怪物进行矩形相交判断
      GuaiWu gw=gwList.get(j);
      if(zd.zhuangGuaiWu(gw)){
        gw.chuShiHua();
        jf=jf+50;
      }
    }
  }
  return jf;
}
```

步骤3　在YouXiCEO类中编写deFen()方法，实现游戏加分操作，源代码如下。

```
/**
*游戏得分方法
*@param jf：分数
*fenShu：为YouXiCEO的成员变量,初始值为0
*/
public void deFen(int jf){
  fenShu=fenShu+jf;
}
```

典型工作环节3　怪物撞飞机

步骤1　在YouXiCEO类中dingShi2()方法中循环让怪物撞飞机，飞机掉血，最后验证飞机是否死，游戏是否结束，源代码如下。

怪物撞飞机

```
/**
*游戏控制器定时器2
*1.怪物飞
*2.怪物出界
*3.怪物撞飞机，飞机掉血
*4.飞机是否死，游戏结束
*/
public void dingShi2(){
  for(int i=0;i<gws.size();i++){
    GuaiWu gw=gws.get(i);
    gw.fei();
    ......
    if(gw.zhuangFeiJiMa(fj)){
      fj.diaoXue(gw);
    }
    if(fj.siLeMa()){
      System.exit(0);
    }
  }
}
```

步骤2　在GuaiWu类中创建zhuangFeiJiMa（fj）方法，判断怪物是否撞到飞机，源代码如下。

```
/**
*怪物撞飞机方法
*@param fj：飞机对象
*@return boolean怪物是否撞到飞机
*/
public boolean zhuangFeiJiMa(FeiJi fj){
  Rectangle gwjx=new Rectangle(x,y,53,42);
  Rectangle fjjx=new Rectangle(fj.x,fj.y,64,53);
  return gwjx.intersects(fjjx);
}
```

步骤3　在FeiJi类中创建diaoXue（gw）方法，实现飞机掉血功能，源代码如下。

```
/**
*飞机掉血方法
*@param gw：怪物对象
*/
public void diaoXue(GuaiWu gw){
  dhp=dhp-gw.gjl;
}
```

步骤4　在FeiJi类中创建siLeMa()方法，判断飞机是否死，源代码如下。

```
/**
*飞机死了吗方法
*@return boolean判断飞机当前血,是否死
*/
public boolean siLeMa(){
  return dhp<=0;
}
```

巩固与提高

一、单选题

1．下面关于类和对象的描述，错误的是（　　）。

A．对象是类的实例　　B．类是对象的模板

C．一个类只能有一个对象　　D．类和对象都具有属性和方法

2．在面向对象编程中，以下哪个概念用于描述对象之间的关系？（　　）

A．继承　　B．多态　　C．封装　　D．组合

3．以下哪种特性允许子类继承父类的属性和方法？（　　）

A．封装　　B．多态　　C．继承　　D．抽象

4．在面向对象编程中，以下哪个关键字用于定义类？（　　）

A．class　　B．function　　C．var　　D．void

5．对象的以下哪个特性使得它能够隐藏内部实现细节？（　　）

A．封装　　B．继承　　C．多态　　D．抽象

二、简答题

1．简述面向对象编程的三个主要特性及其作用。

2．请说明类和对象的关系。

3．简述面向对象编程中继承的优点。

三、编程题

拓展飞机大战游戏，分组完成植物大战僵尸游戏。

项目七

生鲜超市管理系统

项目引述

通过本项目实践，深化对Java程序设计的理解与应用，特别是JDBC API的使用。掌握数据库的基本操作，包括增删改查、预编译、事务处理及保存点等核心技术。结合GUI图形设计，开发一个功能全面的生鲜超市管理系统，实现对各类生鲜商品的信息化管理，如图7-1所示。此项目不仅强调技术实现，还融入了大数据工程思维、数据安全意识、责任感与职业道德等思政教育元素，旨在培养综合职业素养。

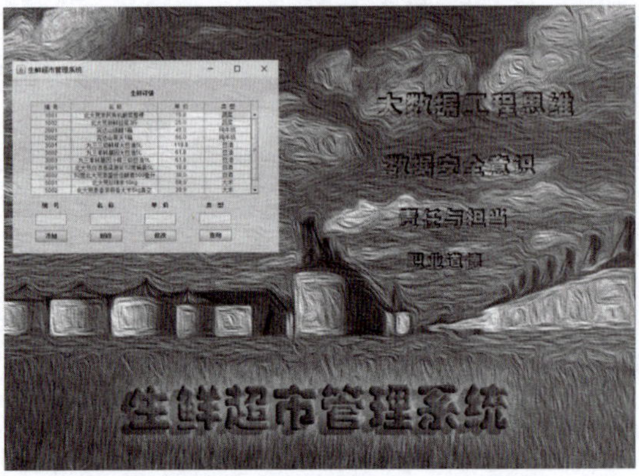

图7-1　生鲜超市管理系统运行界面

学习目标

【知识目标】

1. 了解生鲜超市管理系统需求；
2. 掌握Java JDBC一般方式实现操作数据库的方法；
3. 掌握Java JDBC预编译方式实现操作数据库的方法；
4. 熟悉JDBC的事务、保存点操作；
5. 掌握开发生鲜超市管理系统的流程。

【能力目标】

1. 会使用JDBC核心类和预编译方式操作数据库；
2. 会根据生鲜超市管理系统需求，使用GUI图形技术和JDBC技术开发生鲜超市管理系统。

【素质目标】

1. 培养善于思考、自主学习的习惯；

2. 培养良好的团队协作精神、创新精神；
3. 养成大数据工程思维。

思维导图

生鲜超市管理系统项目思维导图如图7-2所示。

图7-2　生鲜超市管理系统项目思维导图

小思考：目前为止，你知道的Java操作数据库的技术有哪些？

任务1 JDBC 增删改操作

任务描述

在软件开发过程中都离不开数据的处理，基于高效、方便等因素考虑，目前几乎所有的应用程序都会选择采用数据库来存储和管理数据信息，同时需要应用程序来访问和处理数据库中的存储数据。为了在Java语言中提供对数据库的支持，Sun公司于1996年提供了访问数据库的一套标准Java类库——JDBC（现在是甲骨文公司的一部分）。本任务将学习JDBC常用API、JDBC增删改操作等知识。

任务目标

熟悉JDBC常用API、掌握利用JDBC进行数据库增删改操作。

任务实现

典型工作环节1 JDBC简介

一、JDBC

JDBC的全称是Java数据库连接（Java Database Connectivity），它是一套用来执行SQL语句的Java API。应用程序可通过这套API连接到关系型数据库，并使用SQL语句来完成对数据库中数据的插入、删除、修改、查询等操作。

JDBC简介

JDBC出现后，操作不同类型的数据库就不需要修改大量的代码了，原因是它由一组Java语言编写的类和接口构成，为不同的数据库提供统一的接口，如图7-3所示。JDBC要求各个数据库厂商按照统一的规范来提供数据库驱动，在程序中由JDBC和具体的数据库驱动直接进行联系，因此用户就不用直接与底层的数据库交互，进而大大提高了代码的通用性。

二、JDBC常用API

在使用JDBC对应用程序的数据进行操作前，先对JDBC常用的API进行了解。JDBC API主要位于java.sql包中，该包定义了一系列访问数据库的接口和类。

1. Driver接口

Driver接口是全部JDBC驱动程序必须实现的接口，简称Driver类，此接口是专门提供给各

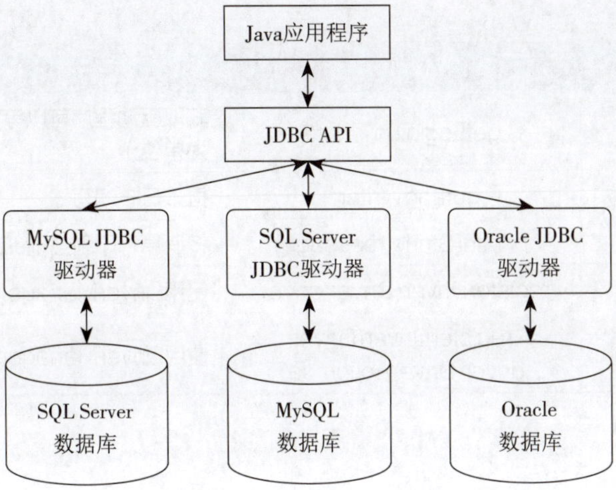

图7-3 JDBC工作原理

个数据库厂商使用的。需要使用者特别注意，在编写JDBC应用程序时，必须把所使用的数据库驱动程序或类库加载到项目中的classpath中（我们这里指的是MySQL数据库驱动JAR包）。

2. DriverManager类

DriverManager类用于加载JDBC驱动并且创建与数据库的连接；它还用于管理一组JDBC驱动程序的基本服务，是JDBC的管理层，作用于用户和驱动程序之间，负责跟踪可用的驱动程序，并在数据库和驱动程序之间建立连接；DriverManager类也处理诸如驱动程序登录时间限制及登录、跟踪消息的显示等工作。成功加载Driver类并在DriverManager类中注册后，DriverManager类即可用来建立数据库连接。在DriverManager类中的方法见表7-1。

表7-1 DriverManager类常见方法

修饰符和类型	方法	描述
static void	deregisterDriver(Driver driver)	从DriverManager注册驱动程序列表中删除指定的驱动程序
static Stream<Driver>	drivers()	检索包含当前加载的所有JDBC驱动程序的Stream，当前调用方有权访问的驱动
static Connection	getConnection(String url)	尝试与给定数据库URL建立连接，并获取连接对象
static Connection	getConnection(String url,String user，String password)	用给定数据库的URL、用户名和密码尝试与给定数据库建立连接，并获取连接对象
static Connection	getConnection(String ur,Properties info)	用给定数据库的URL和相关信息尝试与给定数据库建立连接，并获取连接对象
static Driver	getDriver(String url)	尝试查找给定URL的驱动程序
static Enumeration<Driver>	getDrivers()	检索包含当前加载的所有JDBC驱动程序的枚举

续表

修饰符和类型	方法	描述
static int	getLoginTimeout()	获取驱动程序可以等待的最长时间（以秒为单位）
static PrintWriter	getLogWriter()	检索日志编写器
static void	println(String message)	将消息打印到当前JDBC日志流
static void	registerDriver(Driver driver)	使用DriverManager注册给定的驱动程序
static void	registerDriver(Driver driver,DriverAction da)	使用DriverManager注册给定的驱动程序

3. Connection接口

Connection接口代表Java应用程序和特定数据库的连接（会话），DriverManager类的getConnection()方法返回了一个Connection对象，Connection对象表示数据连接对象，只有获得该连接对象后才能访问相应数据库、执行SQL语句、操作其中的数据表，并返回结果。在Connection接口中定义了一系列方法，其常用方法见表7–2。

表7–2 Connection接口常见方法

类型	方法	描述
Statement	createStatement()	创建Statement对象，用于发送SQL语句到指定数据库
PreparedStatement	prepareStatement(String sql)	创建PreparedStatement对象，用于发送参数化SQL语句到指定数据库，并对SQL语句进行预编译处理
CallableStatement	prepareCall(String sql)	创建一个调用数据库存储过程的CallableStatement对象
boolean	getAutoCommit()	检索此Connection对象是否为自动提交模式，如果是则返回true
void	setAutoCommit(boolean autoCommit)	设置此Connection对象的自动提交模式，默认为true，自动将更改同步到数据库中，如果为false，需要通过执行commit()或者rollback()方法手动更新同步到数据库
void	commit()	提交事务方法。一旦调用了此方法，所有在当前事务范围内的更改都将永久保存到数据库中
void	rollback()	撤销在当前事务中所做的所有更改，并释放此Connection对象当前持有的任何数据库锁
void	setReadOnly(boolean readOnly)	将此连接设置为只读模式，作为驱动程序的提示以启用数据库优化
boolean	isReadOnly()	检索此Connection对象是否处于只读模式
boolean	isClosed()	检索此对象Connection是否已闭
void	close()	释放此Connection对象的数据库和JDBC资源，立即而不是等待它们被自动释放

4. Statement接口

Statement接口用于执行静态的SQL语句，并返回结果对象。Statement对象可以通过Connection对象的createStatement()方法获取，该对象会把静态的SQL语句发送到数据库中进行编译执行，然后返回数据库的执行结果。Statement接口的常见方法见表7-3。

表7-3　Statement接口的常见方法

类型	方法	描述
boolean	execute(String sql)	执行给定的SQL语句，可能会返回多个结果
ResultSet	executeQuery (String sql)	执行给定的SQL语句，该语句返回单个ResultSet结果集对象
int	executeUpdate (String sql)	执行给定的SQL语句，可以是INSERT、DELETE或UPDATE，或者不返回任何内容，如SQL DDL语句的SQL语句，并返回更新的记录条数
void	close()	立即释放Statement对象的数据库和JDBC资源，而不是等待它自动关闭时再释放
void	addBatch(String sql)	将给定的SQL命令添加到此Statement对象的当前命令列表中
void	clearBatch()	清空此Statement对象的当前SQL命令列表
int[]	executeBatch()	将一批命令提交到数据库以执行，并且所有命令都执行成功，返回一个更新计数的数组

三、实现JDBC程序

我们对JDBC的常用API已经有了一定的了解，下面就可以使用JDBC的常用API实现JDBC应用程序了，通常JDBC的使用通过以下五个步骤进行。

步骤1　加载并注册数据库驱动。

方式一：Class.forName（“com.mysql.cj.jdbc.Driver”）

方式二：DriverManager.registerDriver（Driver driver）

DriverManager.registerDriver()方式会使数据库被注册两次，主要是因为在使用registerDriver()时，不仅会在运行时实例化数据库驱动，而且由于Java的类加载机制，驱动类中的静态代码块也会执行，这导致实际上在内存中创建了两个Driver对象。此外，这种方式还会对MySQL产生依赖，使得程序在运行时对特定的数据库驱动有强烈的依赖性，限制了程序的灵活性和可移植性。使用Class.forName()方式通过反射加载驱动类，只在第一次加载时注册驱动，避免了驱动的重复注册，同时也减少了程序对特定数据库驱动的依赖，提高了程序的灵活性和可移植性。

步骤2　通过DriverManager获取数据库连接对象。

常用的通过DriverManager获取数据库连接对象的具体方式如下。

Connection conn =DriverManager.getConnection（url，user，pwd）;

在getConnection()方法中有3个参数，url表示连接数据库的地址、user表示登录数据库的用户名、pwd表示登录数据库的密码，其中url地址格式如下。

jdbc:mysql://hostname:port/databasename

在上述代码中jdbc:mysql:是固定的写法，mysql是指MySQL数据库；hostname指主机名，如果是本机可以写localhost/127.0.0.1；如果连接其他计算机上的数据库要写该计算机的IP地址；port指端口号，MySQL默认端口号为3306；databasename指MySQL要连接的数据库名。

步骤3　通过Connection对象获取Statement对象。

Statement stmt=conn.createStatement();

步骤4　使用Statement对象执行SQL语句。

Statement对象有三种执行SQL语句的方法。

- executeQuery()：通常执行查询语句，执行后会返回ResultSet结果集对象。
- executeUpdate()：主要执行DML和DDL语句。执行DML语句的INSERT、DELETE或UPDATE时，返回受SQL语句影响的记录条数，执行DDL语句返回0。
- execute()：可以执行任意SQL语句。

步骤5　关闭连接，释放资源。

每次操作数据库结束后都要关闭数据库连接，释放资源，包括关闭Statement和Connection等资源，即调用其close()方法释放资源。

典型工作环节2　JDBC插入操作

搭建数据库环境

范例7-1-1　使用JDBC技术连接MySQL数据库，向student数据库的stu表中插入数据，并将结果打印在控制台。

步骤1　搭建数据库环境。

在MySQL中创建一个名称为student的数据库，然后在该数据库中创建一个stu表，并插入几条记录，创建数据库和表的SQL语句源代码如下。

```
create database student;
use student;
create table stu(
        sno varchar(10)primary key,
        sname varchar(20),
        sex varchar(2),
        age int
);
insert into stu values('0102','李硕','男',15);
insert into stu values('0203','王丽','女',18);
insert into stu values('0304','赵宇','男',20);
select*from stu;
```

查询结果如图7-4所示。

sno	sname	sex	age
0102	李硕	男	15
0203	王丽	女	18
0304	赵宇	男	20

图7-4　MySQL中数据表查询结果

下载并导入JAR包

步骤2　下载MySQL数据库驱动JAR包。

本项目使用的MySQL数据库版本为MySQL Community Server 8.3.0，需要先下载其JAR包，具体流程如下：

- 打开mysql的官网，https://www.mysql.com/。
- 选择DOWNLOADS，如图7-5所示。
- 选择MySQL Community（GPL）Downloads »，如图7-6所示。

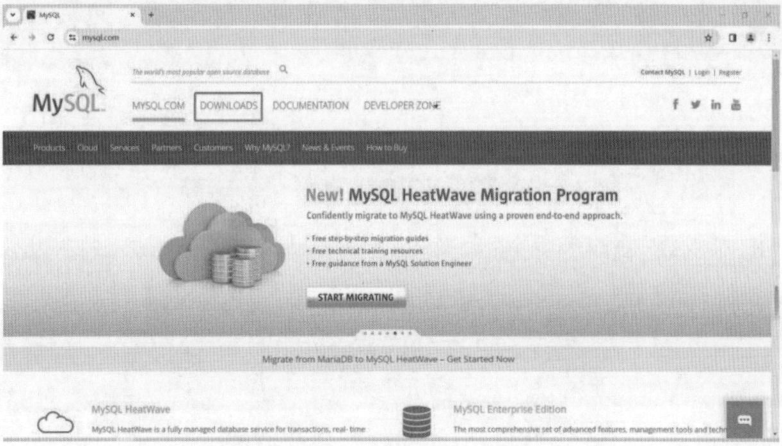

图7-5　DOWNLOADS选项卡

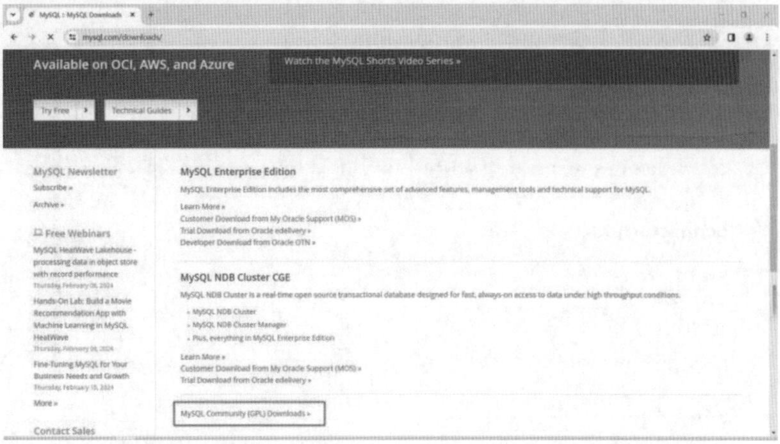

图7-6　MySQL Community(GPL) Downloads

- 选择Connector/J，如图7-7所示。
- 选择Archives选项卡，如图7-8所示。
- 选择下载第二个Download，zip压缩包形式，如图7-9所示。

选择8.3.0版本和Platform Independent选项，下载zip压缩包。

步骤3　创建项目环境，导入数据库驱动JAR包。

在Idea中新建一个名称为project7的Java项目，并在该项目下创建一个lib目录。将下载好的MySQL数据库驱动文件mysql-connector-j-8.3.0.zip压缩包解压后复制其中的mysql-connector-j-8.3.0.jar到项目的lib目录中，然后右键单击lib包内的mysql-connector-j-8.3.0.jar选择“添加为库”，导入数据库驱动完毕，如图7-10所示。

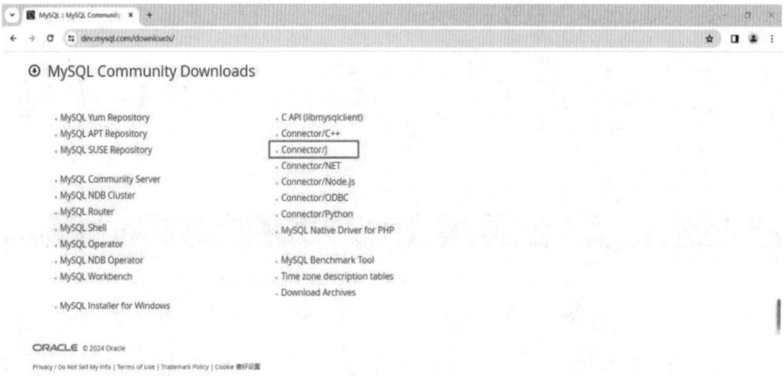

图7-7　Connector/J

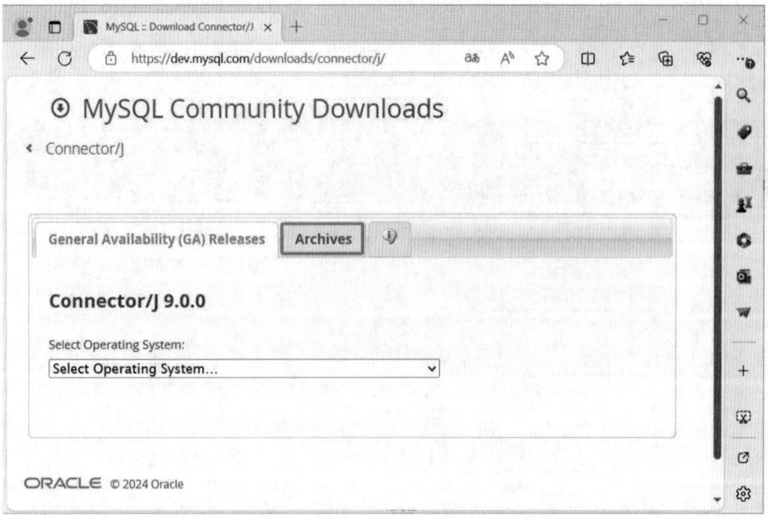

图7-8　Archives选项卡

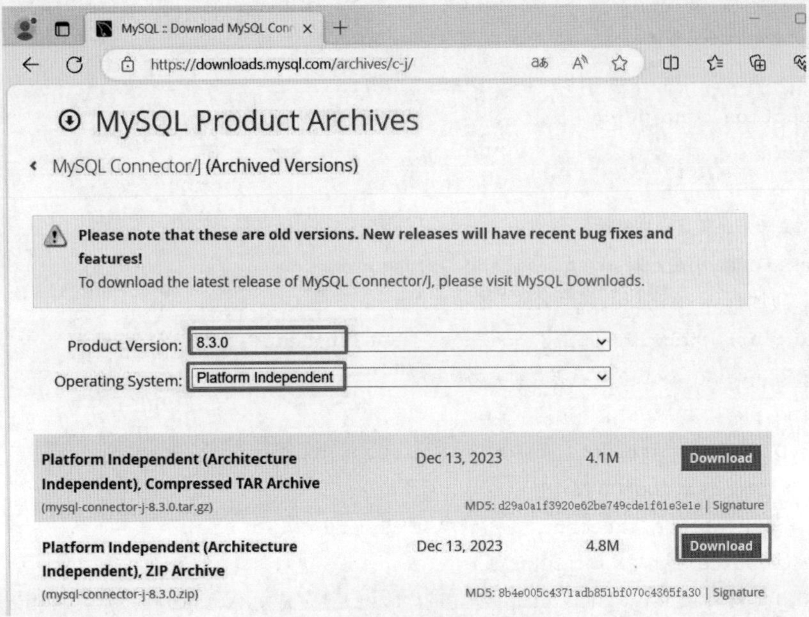

图7-9　选择下载版本及方式

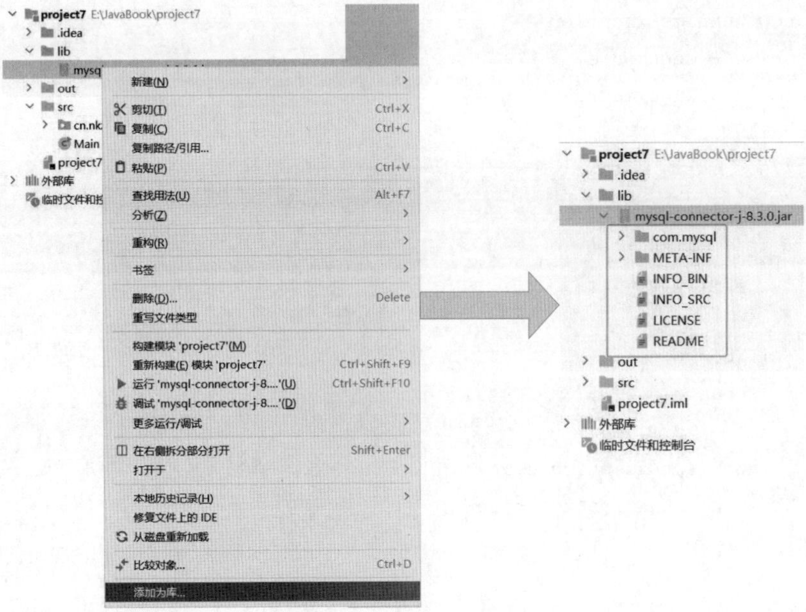

图7-10　导入JAR包

步骤4　编写JDBC插入程序。

在项目的src目录下，新建一个包，在该包中创建类InsertStu，该类用于向数据库中的stu表中插入记录，并将结果输出到控制台，源代码如下。

JDBC插入操作

```
public class InsertStu{
  public static void main(String[]args){
    Connection conn=null;
    Statement stmt=null;
    try{
    //1.注册并加载数据库驱动
    Class.forName("com.mysql.cj.jdbc.Driver");
    //2.通过DriverManager获取数据库连接对象
    String url="jdbc:mysql://localhost:3306/student";//数据库url地址
    String user="root";//数据库用户名
    String pwd="123456";//数据库密码
    conn=DriverManager.getConnection(url,user,pwd);
    //3.通过Connection对象获取Statement对象
    stmt=conn.createStatement();//获取Statement对象
    //4.使用Statement对象执行SQL语句
    String sql="insert into stu values('0205','罗静','女',19)";//插入SQL语句
    int num=stmt.executeUpdate(sql);//执行SQL语句
    System.out.println("插入记录的条数为："+num);
  }catch(ClassNotFoundException e){
  throw new RuntimeException(e);
    }catch(SQLException e){
      throw new RuntimeException(e);
      }finally{
        //5.关闭连接,释放资源
        try{
          if(stmt!=null){
            stmt.close();
          }
          if(conn!=null){
            conn.close();
          }
        } catch(SQLException e){
        throw new RuntimeException(e);
      }
    }
  }
}
```

要实现JDBC数据插入操作，首先需要注册并加载MySQL数据库驱动，然后通过DriverManager获取一个Connection连接对象；使用Connection对象创建一个Statement对象；再使用Statement对象的executeUpdate()方法执行SQL语句，并返回插入的记录条数，输出结果；最后关闭连接，释放stmt和conn数据库资源。目前数据库资源还是很宝贵的，数据库允

许并发访问连接数量也是有限的，因此数据库资源使用完毕一定要释放资源，并且为了保证资源的释放应该将释放资源的操作放在finally代码块中。

程序执行成功后，控制台的打印结果如图7-11左图所示，数据库中的查询结果如图7-11右图所示，该插入操作不能重复执行，stu表的sno字段是关键字不能重复插入，否则报错。

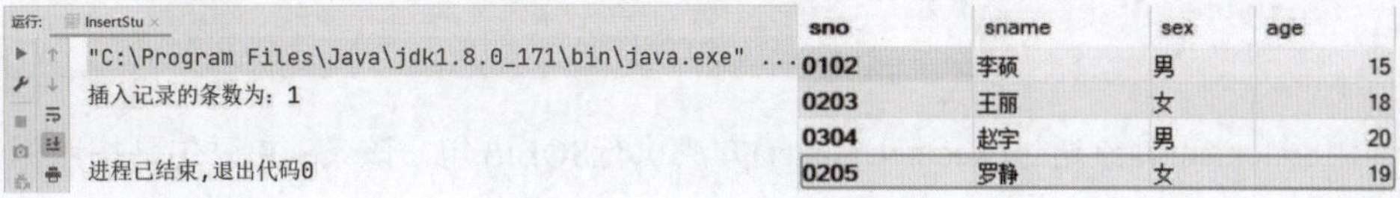

图7-11 插入记录运行结果

典型工作环节3 JDBC删除操作

范例7-1-2 使用JDBC技术连接MySQL数据库，删除student数据库的stu表中指定数据，将结果打印在控制台。

JDBC删除操作

在project7项目中进行删除操作，因此不必重复搭创建项目环境、下载并导入数据库驱动和创建数据库、数据表和添加数据等操作了，直接删除stu表中指定的记录即可。在项目src下的指定包中创建类DeleteStu，该类用于向数据库中的stu表中删除指定记录，并将删除结果输出到控制台，源代码如下。

```
public class DeleteStu{
  public static void main(String[]args){
    Connection conn=null;
    Statement stmt=null;
    try{
      //1.注册并加载数据库驱动
      Class.forName("com.mysql.cj.jdbc.Driver");
      //2.通过DriverManager获取数据库连接对象
      String url="jdbc:mysql://localhost:3306/student";//数据库url地址
      String user="root";//数据库用户名
      String pwd="123456";//数据库密码
      conn=DriverManager.getConnection(url,user,pwd);
      //3.通过Connection对象获取Statement对象
      stmt=conn.createStatement();//获取Statement对象
      //4.使用Statement对象执行SQL语句
      String sql="delete from stu where sno='0203'";//删除SQL语句
      int num=stmt.executeUpdate(sql);//执行SQL语句
      System.out.println("删除记录的条数为: "+num);
    }catch(ClassNotFoundException e){
```

```
            throw new RuntimeException(e);
        }catch(SQLException e){
            throw new RuntimeException(e);
        }finally{
            ......//5.关闭连接,释放资源
        }
    }
}
```

使用Statement对象通过executeUpdate()方法执行SQL语句，该条SQL语句是按照学号进行删除，返回删除的记录条数并输出结果。程序执行成功后，控制台的打印结果如图7-12左图所示，数据库中的查询结果如图7-12右图所示。

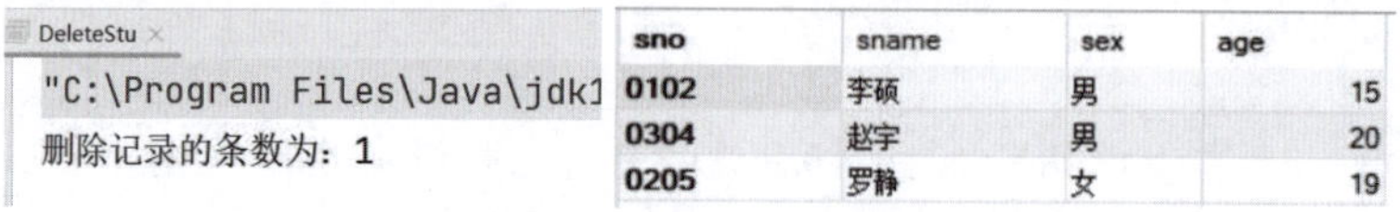

图7-12　删除记录运行结果

典型工作环节4　JDBC修改操作

范例7-1-3　使用JDBC技术连接MySQL数据库，修改student数据库的stu表中指定数据，并将结果打印在控制台。

JDBC修改操作

在项目的src下的指定包中创建类UpdateStu，该类用于向数据库中的stu表中修改所有男生的年龄相同，并将结果输出到控制台，源代码如下。

```
public class UpdateStu{
    public static void main(String[]args){
        Connection conn=null;
        Statement stmt=null;
        try{
            //1.注册并加载数据库驱动
            Class.forName("com.mysql.cj.jdbc.Driver");
            //2.通过DriverManager获取数据库连接对象
            String url="jdbc:mysql://localhost:3306/student";//数据库url地址
            String user="root";//数据库用户名
            String pwd="123456";//数据库密码
            conn=DriverManager.getConnection(url,user,pwd);
            //3.通过Connection对象获取Statement对象
            stmt=conn.createStatement();//获取Statement对象
            //4.使用Statement对象执行SQL语句
```

```
            String sql="update stu set age=19 where sex='男'";//修改年龄SQL语句
            int num=stmt.executeUpdate(sql);//执行SQL语句
            System.out.println("修改记录的条数为: "+num);
        }catch(ClassNotFoundException e){
            throw new RuntimeException(e);
        }catch(SQLException e){
            throw new RuntimeException(e);
        } finally{
            ......
            //5.关闭连接,释放资源
        }
    }
}
```

使用Statement对象通过executeUpdate()方法执行SQL语句，该SQL语句是将所有男生的年龄都改为19，返回修改的记录条数并输出结果。程序执行成功后，控制台的打印结果如图7-13左图所示，数据库中的查询结果如图7-13右图所示。

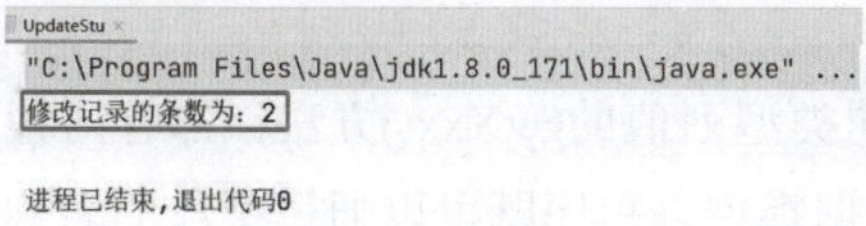

sno	sname	sex	age
0102	李硕	男	19
0304	赵宇	男	19
0205	罗静	女	19

图7-13　修改记录运行结果

典型工作任务2～4实现的是对数据库中表的增删改操作，分三个类实现的，代码有冗余，如何简化冗余的代码，请思考并实现对数据库中表的增删改操作。

任务2　JDBC查询操作

任务描述

查询是按条件筛选数据表中的数据，形成类似表结构的虚拟记录集，存放于计算机内存中，非实际数据表。若无查询条件，则返回全部数据。查询功能强大，可检索、计算、合并数据。在Java中，通过JDBC的Statement对象执行查询语句后将查询的结果存入ResultSet结果集中。本任务学习ResultSet接口，用其来处理查询结果集，获取结果集中指定数据。

任务目标

认识Java JDBC常用API中的ResultSet接口、掌握利用JDBC进行数据库查询操作，并实现对结果集的处理和指定数据的访问。

任务实现

典型工作环节1 ResultSet接口

ResultSet接口类似于一个数据表，用于保存JDBC执行查询时返回的结果集以及对应数据表的相关信息，例如列名、类型等，ResultSet实例通过执行查询数据库的语句生成。

ResultSet接口

ResultSet对象具有指向当前数据行的指针。开始指针指向第一行记录之前，通过next()方法可以将指针移动到下一行，如果存在下一行，该方法则返回true，否则返回false，因此可以通过while循环来遍历ResultSet结果集。默认ResultSet对象不可以更新，只能移动指针，因而只能遍历一次，并且只能由前向后遍历。如果需要，可以生成可滚动和可更新的ResultSet对象。

ResultSet接口还提供了从当前行检索不同类型列值的getXxx()方法，都有两种重载方法，而采用哪种getXxx()方法取决于字段的数据类型。程序既可以通过字段的名称来获取指定数据，也可以通过字段的索引来获取指定的数据，字段的索引是从1开始编号的。例如数据表的第一列字段名为sno，字段类型为String，那么既可以使用getString(1)获取该列的值，也可以使用getString("sno")获取该列的值。ResultSet接口提供的常量和方法，见表7–4、表7–5。

表7–4 ResultSet的常量

类型	常量名	描述
static int	CLOSE_CURSORS_AT_COMMIT	指示调用Connection.commit()方法时应该关闭ResultSet对象
static int	CONCUR_READ_ONLY	指示可能不会更新的ResultSet对象的并发模式的常量
static int	CONCUR_UPDATABLE	指示可能更新的ResultSet对象的并发模式的常量
static int	FETCH_FORWARD	指示结果集中的行将是从前向后处理
static int	FETCH_REVERSE	指示结果集中的行将是反向加工，从后向前处理
static int	FETCH_UNKNOWN	指示将处理的结果集顺序是未知的常量
static int	HOLD_CURSORS_OVER_COMMIT	指示调用Connection.commit()方法时不应关闭ResultSet对象

续表

类型	常量名	描述
static int	TYPE_FORWARD_ONLY	指示ResultSet对象类型的常量，其光标只能向前移动
static int	TYPE_SCROLL_INSENSITIVE	指示可滚动，但通常不受其他的更改影响的Result对象的类型
static int	TYPE_SCROLL_SENSITIVE	指示可滚动并且通常受其他的更改影响的Result对象的类型

表7-5 ResultSet的常用方法

类型	方法	描述
boolean	first()	将光标移动到ResultSet结果集的第一行，如果结果集为空则返回false，否则返回true
boolean	last()	将光标移动到ResultSet结果集的最后一行，如果结果集为空则返回false，否则返回true
boolean	previous()	将光标移动到上一行，如果存在上一行则返回true，否则返回false
boolean	next()	将光标移动到下一行，如果存在下一行则返回true，否则返回false
void	beforeFirst()	将光标移动到ResultSet结果集的第一行之前
void	afterLast()	将光标移动到ResultSet结果集的最后一行之后
boolean	absolute(int row)	将光标移动到ResultSet结果集的指定行
boolean	relative(int row)	将光标移动到相对于当前行的指定行，正数表示向后移动，负数表示向前移动，如果存在指定行则返回true，否则返回false
boolean	isFirst()	查看光标是否位于ResultSet结果集的第一行，如果是则返回true，否则返回false
boolean	isLast()	查看光标是否位于ResultSet结果集的最后一行，如果是则返回true，否则返回false
boolean	isBeforeFirst()	查看光标是否位于ResultSet结果集的第一行之前，如果是则返回true，否则返回false
boolean	isAfterLast()	查看光标是否位于ResultSet结果集的最后一行之后，如果是则返回true，否则返回false
void	close()	立即释放此ResultSet对象的数据库和JDBC资源而不是等待当它自动关闭时释放资源
void	isClosed()	是否关闭并释放资源
int	getInt()	以int类型获取指定列对应SQL类型的值，如果列值为NULL，则返回值为0
long	getLong()	以long类型获取指定列对应SQL类型的值，如果列值为NULL，则返回值为0
float	getFloat()	以float类型获取指定列对应SQL类型的值，如果列值为NULL，则返回值为0
double	getDouble()	以double类型获取指定列对应SQL类型的值，如果列值为NULL，则返回值为0

续表

类型	方法	描述
boolean	getBoolean()	以boolean类型获取指定列对应SQL类型的值，如果列值为NULL，则返回值为false
String	getString()	以String类型获取指定列对应SQL类型的值，如果列值为NULL，则返回值为null
Date	getDate()	以java.sql.Date类型获取指定列对应SQL类型的值，如果列值为NULL，则返回值为null
Object	getObject()	以Object类型获取指定列对应SQL类型的值，如果列值为NULL，则返回值为null
Date	getMetaData()	获取ResultSet对象的相关信息，并返回ResultSetMetaData类型的对象
void	updateInt()	更改SQL类型对应的int型的指定列。用于插入和更新，但不会同步到数据库，需要执行updateRow()或者insertRow()方法完成同步
void	updateLong()	更改SQL类型对应的long型的指定列。用于插入和更新，但不会同步到数据库，需要执行updateRow()或者insertRow()方法完成同步
void	updateFloat()	更改SQL类型对应的Float型的指定列。用于插入和更新，但不会同步到数据库，需要执行updateRow()或者insertRow()方法完成同步
void	updateDouble()	更改SQL类型对应的double型的指定列。用于插入和更新，但不会同步到数据库，需要执行updateRow()或者insertRow()方法完成同步
void	updateString()	更改SQL类型对应的String型的指定列。用于插入和更新，但不会同步到数据库，需要执行updateRow()或者insertRow()方法完成同步
void	updateDate()	更改SQL类型对应的Date型的指定列。用于插入和更新，但不会同步到数据库，需要执行updateRow()或者insertRow()方法完成同步
void	updateNull()	将指定列更改为NULL，用于插入和更新，但不会同步到数据库，需要执行updateRow()或者insertRow()方法完成同步
void	updateRow()	将当前行的更新内容同步到数据库。更新当前行对应列值后，必须调用该方法，否则不会将更新内容同步到数据库
void	insertRow()	将插入行的内容同步到数据库。如果光标不在插入行上或者有不允许为空列值为空，将抛出异常
void	deleteRow()	删除当前行。执行此方法后，并不会即刻同步到数据库，而是在执行close()方法后才同步到数据库

典型工作环节2 遍历查询结果集

范例7-2-1 使用JDBC技术连接MySQL数据库，查询student数据库的stu表中指定数据，并将结果打印在控制台。

在项目的src下创建包，在该包下创建类SelectStu，该类用于查询stu表中的所有学生数据，并将查询结果集输出到控制台，源代码如下。

遍历查询结果集

```
public class SelectStu{
  public static void main(String[]args){
    Connection conn=null;
    Statement stmt=null;
    ResultSet rs=null;
    try{
      //1.注册并加载数据库驱动
      Class.forName("com.mysql.cj.jdbc.Driver");
      //2.通过DriverManager获取数据库连接对象
      String url="jdbc:mysql://localhost:3306/student";//数据库url地址
      String user="root";//数据库用户名
      String pwd="123456";//数据库密码
      conn=DriverManager.getConnection(url,user,pwd);
      //3.通过Connection对象获取Statement对象
      stmt=conn.createStatement();//获取Statement对象
      //4.使用Statement对象执行SQL语句
      String sql="select * from stu";//查询stu表中所有学生信息
      rs=stmt.executeQuery(sql);
      System.out.println("sno"+"\t"+"sname"+"\t"+"sex"+"\t"+"age");
      //5.遍历ResultSet结果集
      while(rs.next()){
        String sno=rs.getString("sno");//通过sno列名获取sno字段的值
        String sname=rs.getString("sname");//通过sname列名获取sname字段的值
        String sex=rs.getString(3);//通过第3列索引获取sex字段的值
        int age=rs.getInt("age");//通过第4列列名获取age字段的值
        System.out.println(sno+"\t"+sname+"\t\t"+sex+"\t\t"+age);
      }
    } catch(ClassNotFoundException e){
      throw new RuntimeException(e);
    } catch(SQLException e){
      throw new RuntimeException(e);
    } finally{
      //6.关闭连接,释放资源
      try{
        if(rs!=null){
          rs.close();//关闭ResultSet结果集,释放资源
        }
        if(stmt!=null){
          stmt.close();//关闭Statement对象,释放资源
        }
        if(conn!=null){
          conn.close();//关闭Connection对象,释放资源
        }
      }catch(SQLException e){
        throw new RuntimeException(e);
      }
    }
  }
}
```

使用Statement对象通过executeQuery()方法执行SQL语句，该SQL是查询stu表中所有学生信息，并返回ResultSet结果集。遍历结果集并输出各字段信息，在获取各个字段值时可以调用getXxx()方法，使用列名或者索引两种方式。控制台的打印结果如图7-14左图所示，数据库中的查询结果如图7-14右图所示。

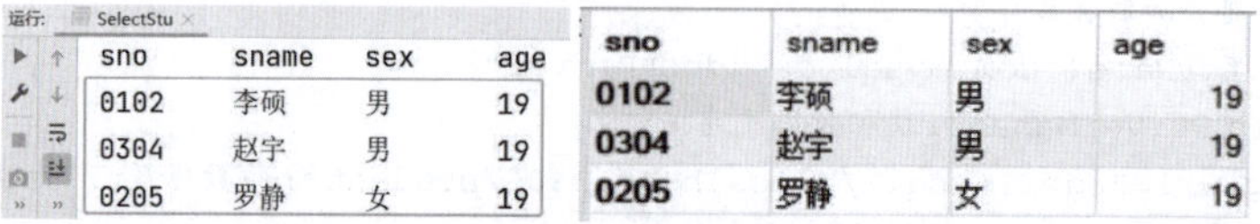

图7-14 遍历结果集

典型工作环节3 获取结果集中指定数据

获取结果集中指定数据

ResultSet主要用于存储结果集，可以通过next()方法由前向后逐个获取结果集中的数据，如果想获取结果集中任意位置的数据，则需要在创建Statement对象时设置两个ResultSet定义的常量，具体设置方式如下。

```
Statement stmt=conn.createStatement(
  ResultSet.TYPE_SCROLL_INSENSITIVE,
  ResultSet.CONCUR_READ_ONLY
);
rs=stmt.executeQuery(sql);
```

ResultSet.TYPE_SCROLL_INSENSITIVE表示结果集可以滚动，ResultSet.CONCUR_READ_ONLY表示以只读方式打开结果集。

范例7-2-2 使用JDBC技术连接MySQL数据库，获取student数据库的stu表中指定学生数据，并将结果打印在控制台。

在包中创建类ResultSetStu，该类用于查询stu表中的所有学生数据，使用ResultSet对象读取结果集中的指定数据，源代码如下。

```
public static void main(String[]args){
  ResultSet rs=null;
  Statement stmt=null;
  Connection conn=null;
  try{
    //1.加载并注册数据库驱动
    Class.forName("com.mysql.cj.jdbc.Driver");
    //2.通过DriverManager获取数据库连接对象
    String url="jdbc:mysql://localhost:3306/student";
```

```
    String user="root";
    String pwd="123456";
    conn=DriverManager.getConnection(url,user,pwd);
    //3.通过Connection对象获取Statement对象
    stmt=conn.createStatement(
      ResultSet.TYPE_SCROLL_INSENSITIVE,//设置结果集可滚动
      ResultSet.CONCUR_READ_ONLY  //设置结果集以只读方式打开
    );
    //4.使用Statement对象执行SQL语句
    String sql="select*from stu";
    rs=stmt.executeQuery(sql);
    rs.absolute(2);//将光标定位到第2条记录
    System.out.println("第2条记录的sname值为:"+rs.getString("sname"));
    rs.first();//将光标定位到第1条记录
    System.out.println("第1条记录的sname值为:"+rs.getString("sname"));
    System.out.println("是否是第1条记录:"+rs.isFirst());
    rs.last();//将光标定位到最后1条记录
    System.out.println("最后1条记录的sname值为:"+rs.getString("sname"));
    System.out.println("是否是最后1条记录:"+rs.isLast());
    rs.previous();//将光标前移1条记录
    System.out.println("上条记录的sname值为:"+rs.getString("sname"));
    rs.relative(-1);//光标相对移动,参数为正,光标前移;参数为负,光标后移
    System.out.println("向前相对移动1条记录的sname值为:"+rs.getString(2));
    rs.beforeFirst();//将光标定位到第1条记录之前
    rs.next();//将光标后移1行
    System.out.println("后移后记录sname值为: "+rs.getString("sname"));
  }catch(ClassNotFoundException e){
    throw new RuntimeException(e);
  }catch(SQLException e){
    throw new RuntimeException(e);
  }finally{
    try{
      //关闭连接,释放资源
      if(rs!=null){
        rs.close();
      }
      if(stmt!=null){
        stmt.close();
      }
      if(conn!=null){
        conn.close();
      }
    }catch(SQLException e){
      throw new RuntimeException(e);
    }
  }
 }
}
```

将光标绝对定位到第2条记录并输出其sname值；将光标定位到第1条记录，判断光标是否位于第1条记录并输出其sname值；将光标定位到最后1条记录，判断光标是否位于最后1条记录并输出其sname值；将光标前移1条记录，并输出该条记录的sname值；将光标相对移动-1，即向前移动一条记录，并输出该条记录的sname值；将光标定位到第一条记录之前，再后移一条记录，然后打印其sname值，控制台的打印结果如图7-15所示。

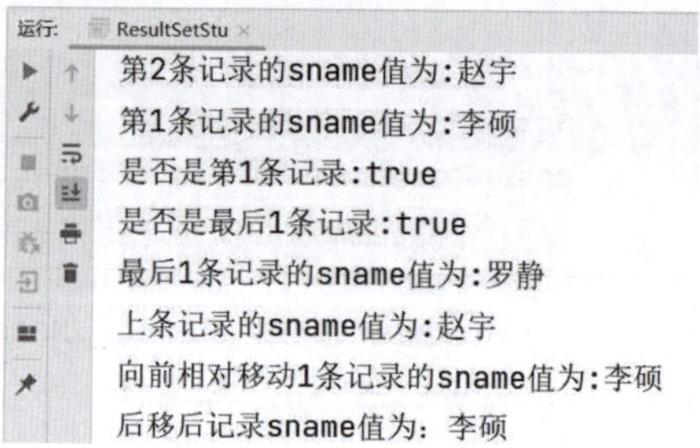

图7-15 访问结果集指定数据

任务3 JDBC预编译操作

任务描述

JDBC预编译是一种防止SQL注入的手段。预编译的SQL语句可以提前被数据库编译和优化，然后可以通过占位符传递参数。这样，即使用户输入的数据包含SQL指令，也不会被数据库执行，从而避免了SQL注入的安全风险。本任务学习使用JDBC常用API中的PreparedStatement接口实现对数据的预编译处理。

任务目标

认识Java JDBC常用API中的PreparedStatement接口，掌握利用JDBC进行数据库预编译操作，并实现对数据库的增删改查预编译处理。

任务实现

典型工作环节1 PreparedStatement接口

PreparedStatement接口

前面的JDBC程序中，SQL语句的执行是通过Statement对象实现的。Statement对象每次执行SQL语句时都会对其进行编译。当相同的SQL语句执行多次时Statement对象就会让数据库频繁编译相同的SQL语句，进而降低数据库的访问效率。为了解决这个问题，Statement提供了一个接口PreparedStatement，用于执行预编译的SQL语句，该接口扩展了带参数的SQL语句的执行，应用该接口中的SQL语句可以使用占位符“?”来代替参数，然后通过setXxx()方法为SQL语句的参数赋值。预编译的信息会存储在PreparedStatement 对象中。当相同的SQL语句再次执行时，程序会使用PreparedStatement对象中的数据，而不需要对SQL语句再次编译去操作数据库，进而大大提高了数据的访问效率，PreparedStatement接口的常用方法见表7–6。

表7–6　PreparedStatement接口的常用方法

类型	方法	描述
boolean	execute()	执行此PreparedStatement对象中的SQL语句，它可以是任何类型的SQL语句
ResultSet	executeQuery()	在此PreparedStatement对象中执行SQL查询并返回查询生成的ResultSet对象
int	executeUpdate()	执行此PreparedStatement对象中的SQL语句，它必须是 SQL 数据操作语言（DML）语句，例如INSERT、UPDATE、DELETE，或不返回任何内容的SQL语句，例如DDL语句
void	addBatch()	将一组参数添加到此PreparedStatement对象的批处理命令中
ResultSetMetaData	getMetaData()	检索包含有关ResultSet对象的列消息的 ResultSetMetaData对象，ResultSet对象将在执行此ResultSetPreparedStatement对象时返回
ParameterMetaData	getParameterMetaData()	检索此PreparedStatement对象参数的编号、类型和属性
void	setArray (int parameterIndex, Array x)	将指定的参数设置为给定java.sql.Array对象
void	setDate (int parameterIndex, Date x)	将指定参数设置为给定java.sql.Date值，使用正在运行的虚拟机的默认时区应用程序
void	setDate (int parameterIndex, Date x,Calendar cal)	将指定参数设置为给定java.sql.DateCalendar值，使用给定的对象
void	setDouble (int parameterIndex, double x)	将指定的参数设置为给定的 Java double值
void	setFloat (int parameterIndex, float x)	将指定的参数设置为给定的 Java float值
void	setInt (int parameterIndex,int x)	将指定的参数设置为给定的 Java int值
void	setLong (int parameterIndex, long x)	将指定的参数设置为给定的 Java long值

续表

类型	方法	描述
void	setShort (int parameterIndex, short x)	将指定的参数设置为给定的 Java short值
void	setByte (int parameterIndex, byte x)	将指定的参数设置为给定的 Java byte值
void	setString (int parameterIndex, String x)	将指定的参数设置为给定的 Java String值

典型工作环节2 预编译增删改查操作

范例7-3-1 使用JDBC技术连接MySQL数据库，并使用预编译方式实现对student数据库的stu表的增删改查操作，并将结果打印在控制台。

预编译增删改查操作

在项目的src下创建包，在该包中创建类PreParedStu，该类用于对stu表中的数据进行增删改查预编译操作，并将操作结果集输出到控制台，源代码如下。

```
public class PreParedStu{
  public static void main(String[]args){
    Connection conn=null;
    PreparedStatement pstmt=null;
    ResultSet rs=null;
    try{
      //1.注册并加载数据库驱动
      Class.forName("com.mysql.cj.jdbc.Driver");
      //2.通过DriverManager获取数据库连接对象
      String url="jdbc:mysql://localhost:3306/student";//数据库url地址
      String user="root";//数据库用户名
      String pwd="123456";//数据库密码
      conn=DriverManager.getConnection(url,user,pwd);//获取数据库连接对象
      //3.使用PrepareStatement对象,删除指定记录
      //1)删除记录的SQL语句
      String delSql="delete from stu where sno=?";
      //2)通过Connection对象获取PrepareStatement对象,该对象用于执行SQL语句
      pstmt=conn.prepareStatement(delSql);
      //3)为SQL语句中的参数赋值
      pstmt.setString(1,"0205");
      //4)执行删除记录的SQL语句
      int delNum=pstmt.executeUpdate();
      System.out.println("删除记录的条数为: "+delNum);
```

```
    //4.使用PrepareStatement对象修改指定记录
    //1)修改记录的SQL语句
    String updSql="update stu set age=?  where sno='0102'";
    //2)通过Connection对象获取PrepareStatement对象,该对象用于执行SQL语句
    pstmt=conn.prepareStatement(updSql);
    //3)为SQL语句中的参数赋值
    pstmt.setInt(1,18);
    //4)执行修改记录SQL语句
    int updNum=pstmt.executeUpdate();
    System.out.println("修改记录的条数为: "+updNum);
    //5.使用PrepareStatement对象插入一条记录
    //1)插入记录的SQL语句
    String inSql="insert into stu values(?,?,?,?)";
    //2)通过Connection对象获取PrepareStatement对象,该对象用于执行SQL语句
    pstmt=conn.prepareStatement(inSql);
    //3)为SQL语句中的参数赋值
    pstmt.setString(1,"0202");
    pstmt.setString(2,"孙玉");
    pstmt.setString(3,"女");
    pstmt.setInt(4,19);
    //4)执行插入记录SQL语句
    int inNum=pstmt.executeUpdate();
    System.out.println("插入记录的条数为:"+inNum);
    //6.使用PrepareStatement对象查询指定条件的记录
    //1)查询指定条件记录的SQL语句
    String selSql="select*from stu where sex=?
    //2)通过Connection对象获取PrepareStatement对象,该对象用于执行SQL语句
    pstmt=conn.prepareStatement(selSql);
    //3)为SQL语句中的参数赋值
    pstmt.setString(1,"男");
    //4)执行查询记录SQL语句
    rs=pstmt.executeQuery();
    //5)使用ResultSet对象遍历结果集中的数据
    System.out.println("sno"+"\t"+"sname"+"\t"+"sex"+"\t"+"age");
    while(rs.next()){
      String sno=rs.getString("sno");//通过sno列名获取sno字段的值
      String sname=rs.getString("sname");//通过sname列名获取sname字段的值
      String sex=rs.getString(3);//通过第3列索引获取sex字段的值
      int age=rs.getInt(4);//通过第4列索引获取age字段的值
      System.out.println(sno+"\t"+sname+"\t\t"+sex+"\t\t"+age);
    }
  }catch(ClassNotFoundException e){
    throw new RuntimeException(e);
```

```
        }catch(SQLException e){
          throw new RuntimeException(e);
        }finally{
          //6.关闭连接,释放资源
          try{
            if(rs!=null){
              rs.close();
            }
            if(pstmt!=null){
              pstmt.close();
            }
            if(conn!=null){
              conn.close();
            }
          }catch(SQLException e){
            throw new RuntimeException(e);
          }
        }
      }
    }
```

使用预编译删除记录，首先要编写删除记录的SQL语句，再通过Connection对象获取PreparedStatement对象，用于执行SQL语句，再为SQL语句中的参数赋值，其中赋值语句是字符串类型的sno值，因此使用的是setString()方法，该方法有两个参数：第一个为占位符序号；第二个为实际参数值，执行删除记录的SQL语句executeUpdate()并输出删除返回的结果。其次用于预编译的修改记录代码，其中赋值语句是int类型的age值，因此使用的是setInt()方法，该方法也有两个参数：第一个为占位符序号；第二个为实际参数值。再次是用于预编译的插入记录代码，其中赋值语句既有String类型的也有Int类型的，共有四个参数，需要依次按照序号赋值。最后是用于预编译的查询记录代码，其中也需要赋值语句，使用executeQuery()执行查询语句并遍历结果集输出到控制台，输出结果如图7-16（a）所示，数据库中的数据如图7-16（b）所示。

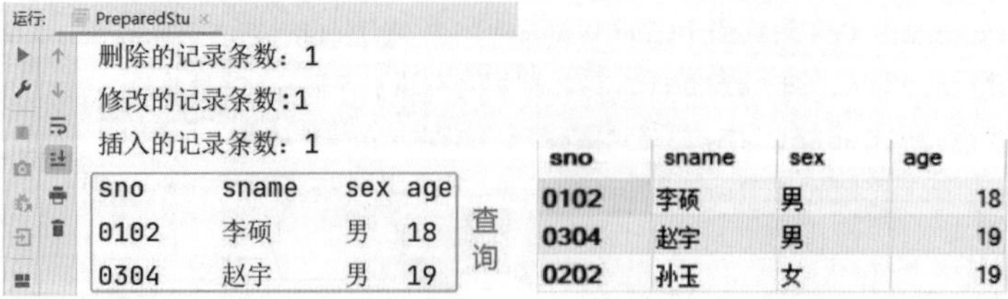

（a）　　　　　　（b）

图7-16 预编译增删改查运行结果

任务 4 JDBC 事务操作

任务描述

JDBC程序中，当一个Connection对象被创建后，默认情况下是自动提交事务的，即每次成功执行一个SQL，都会向对应的数据库自动提交，而不能回滚。为了让多个SQL在JDBC中作为一个整体来执行，就需要用到“事务”，以保证数据的一致性，可以使用Connection接口中的setAutoCommit(false)方法传入一个false值，取消自动提交事务；当所有SQL都成功执行后，可以调用Connection接口的commit()方法来提交事务；若中途出现失败或异常，则可以调用Connection接口的rollback()方法回滚事务。本任务学习JDBC中事务的相关操作。

任务目标

认识Java JDBC常用API中的事务、掌握利用JDBC的事务管理方法来完成事务提交、回滚、保存点等操作。

任务实现

典型工作环节1 事务

现实生活中我们的一个银行账号可以同时使用卡和折进行管理，张晓梅同学有一个银行账号就是同时使用卡和折管理的。目前该账号有800元钱，她同时使用卡和折进行取款，银行系统都会提示可取金额为800元，如果该生使用卡和折同时完成了取款操作，那银行就会亏空800元，实际上这种情况是不会出现的，这正是数据库事务处理的功劳。

事务

一、事务简介

1. 事务

事务是指一系列的数据库操作。这些操作要么全做，要么全不做，是一个不可分割的单元，即数据库应用程序中的一个基本逻辑单元。它可以是一条SQL语句、一组SQL语句、一个完整的程序。它体现了事务的原子性需求，对事务还有一致性、隔离性、持久性等其他需求。

数据库的资源是共享的，可供多个用户同时使用。多个用户并发地存取数据库时，可能会产生多个事务同时存取同一数据，出现存取数据不正确或者破坏数据库一致性等情况。

2. 数据出错情形

（1）脏读。当一个事务访问数据，并对数据进行了修改，而这种修改还没有提交到数据库中，同时另外一个事务也访问并使用了该数据，那么另外一个事务读到的这个数据是脏数据，依据脏数据所做的操作可能是不正确的。事物级别是TRANSACTION_ READ_COMMITTED或者以上可防止脏读。

（2）不可重复读。指一个事务读取某一数据行时，另一事务同时在修改此行数据，则前一事务在重复读取此行数据时将得到一个前后不一致的数据。事物级别是TRANSACTION_REPEATABLE_READ或者以上可防止不可重复读。

（3）错误读。也称幻读，同一事务中，用同样的操作读取两次数据，得到的记录数不相同，幻读是指事务不是独立执行时发生的一种现象，例如第一个事务对一个表中的数据进行了修改，这种修改涉及表中的全部数据行。同时，第二个事务也修改这个表中的数据，这种修改是向表中插入一行新数据。那么，以后就会发生操作第一个事务的用户发现表中还有没有修改的数据行就好像发生了幻觉一样。

JDBC事务处理可采用隔离级别控制数据读取操作。JDBC支持5个隔离级别设置，其名称和含义见表7-7。

表7-7 隔离级别常量

类型	常量名称	描述
static int	TRANSACTION_NONE	指示不支持事务
static int	TRANSACTION_READ_COMMITTED	防止脏读，最常用的隔离级别，并且是大多数数据库的默认隔离级别
static int	TRANSACTION_READ_UNCOMMITTED	允许脏读
static int	TRANSACTION_REPEATABLE_READ	防止脏读和不可重复读
static int	TRANSACTION_SERIALIZABLE	防止脏读，不可重复读取和幻读

二、常用事务处理方法

在JDBC中，可以使用Connection对象来管理事务，通过调用setAutoCommit（boolean autoCommit）方法来设置是否自动提交事务。在默认情况下，autoCommit()是设置为true的，这意味着每个单独的SQL操作都是一个事务，并会自动提交。要进行JDBC事务处理，需要关闭自动提交，然后显式地提交或回滚事务。Connection提供三个方法来完成基本事务的管理，见表7-8。

表7-8 基本事务方法

类型	方法名	描述
void	setAutoCommit (boolean autoCommit)	将此连接的自动提交模式设置为给定状态，默认autoCommit值为true

续表

类型	方法名	描述
void	rollback()	撤销在当前事务中所做的所有更改，并释放此 Connection对象当前持有的任何数据库锁，即回滚事务
void	commit()	提交事务方法。一旦调用了此方法，所有在当前事务范围内的更改都将永久保存到数据库中

在调用了commit()方法之后，所有为这个事务创建的结果集对象都被关闭了，除非通过createStatement()方法传递参数 HOLD_CURSORS_OVER_COMMIT 。与其功能相对的另一个参数是CLOSE_CURSORS_AT_COMMIT，它在commit()方法被调用时关闭ResultSet对象。

事务提交和回滚

范例7-4-1　使用JDBC技术连接MySQL数据库，并使用事务提交和回滚操作完成同时修改student数据库的stu表中两个指定学号的学生年龄操作，并将修改情况打印在控制台，源代码如下。

```
public class TransactionStu{
  public static void main(String[]args)throws SQLException{
    Connection conn=null;
    Statement stmt=null;
    try{
      //1.注册并加载数据库驱动
      Class.forName("com.mysql.cj.jdbc.Driver");
      //2.通过DriverManager获取数据库连接对象
      String url="jdbc:mysql://localhost:3306/student";//数据库url地址
      String user="root";//数据库用户名
      String pwd="123456";//数据库密码
      conn=DriverManager.getConnection(url,user,pwd);
      //关闭自动提交
      conn.setAutoCommit(false);
      //3.通过Connection对象获取Statement对象
      stmt=conn.createStatement();//获取Statement对象
      //4.使用Statement对象执行SQL语句
      String sql="update stu set age=age+1 where sno='0102'";
      int num1=stmt.executeUpdate(sql);
      sql="update stu set age=age+1 where sno='0304'";
      int num2=stmt.executeUpdate(sql);
      if(num1>0&&num2>0){
        conn.commit();  //提交事务
        System.out.println("操作成功,提交事务");
      }else{
        conn.rollback();//事务回滚
```

```
            System.out.println("操作失败,回滚事务");
          }
        } catch(Exception e){
        //程序异常,事务将回滚,使两个操作都不成功
          conn.rollback();
          System.err.println("程序异常,回滚事务");
        }finally{
          .....
         //5.关闭连接,释放资源
        }
      }
    }
```

在这个范例中，我们首先连接到数据库，然后关闭自动提交，再执行两个修改操作后提交事务，如果两条修改语句都修改了值，则输出“操作成功，提交事务”，即我们要保证两条修改操作同时完成；如果其中的一条修改语句没有修改值，则输出“操作失败，回滚事务”，如果其中的一条修改语句出现异常则输出“程序异常，回滚事务”。最后，无论提交事务是否成功，我们都确保在最后关闭数据库连接，释放资源。

注意：要进行事务操作，数据表的类型需要设置为InnoDB类型。

典型工作环节2 保存点

事务中包含多个任务，当任务失败时，也许其中的部分任务不需要被回滚，比如一个淘宝订单需要3个任务，分别为更新账户表、将该订单插入等待处理的订单队列中、给客户发送确定购买信息，如果前两个任务完成后，突然断网导致客户确认购买信息没有发送成功，此时不需要对整个事务进行回滚。

保存点

可以使用保存点（Savepoint）来控制回滚的数量。保存点就是对事务的某些子任务设置标识符，该标识符为回滚操作提供位置指示。JDBC3.0以上支持保存点的操作，关于保存点的方法，参见表7-9。

表7-9 保存点方法

类型	方法名	描述
Savepoint	setSavepoint()	设置保存点，返回保存点
void	releaseSavepoint()	释放指定名称的保存点
void	rollback(“保存点名称”)	指示事务回滚到指定的保存点

范例7-4-2　使用JDBC技术连接MySQL数据库，并使用事务提交、回滚、保存点操作完成向student数据库的stu表中插入一条学生信息后，再根据学号删除一条学生信息，最后根据学号修改姓名。源代码如下。

```
public class SavepointStu{
  public static void main(String[]args){
    Connection conn=null;
    Statement stmt=null;
    Savepoint sp=null;
    try{
      //1.注册并加载数据库驱动
      Class.forName("com.mysql.cj.jdbc.Driver");
      //2.通过DriverManager获取数据库连接对象
      String url="jdbc:mysql://localhost:3306/student";//数据库url地址
      String user="root";//数据库用户名
      String pwd="123456";//数据库密码
      conn=DriverManager.getConnection(url,user,pwd);
      //3.设置手动提交事务
      conn.setAutoCommit(false);
      //4.通过Connection对象获取Statement对象
      stmt=conn.createStatement();
      //5.使用Statement对象执行SQL语句
      stmt.executeUpdate("insert into stu(sno,sname)values('0209','张倩2')");//插入
      sp=conn.setSavepoint("FirstSavepoint");//设置保存点
      stmt.executeUpdate("delete from stu where sno='0102'");//删除
      //假设此时发现前面的删除有误,则回滚到删除前
      conn.rollback(sp);
      stmt.executeUpdate("update stu set sname='赵宇' where sno='0304'");
      conn.commit();
    } catch(Exception e){
      throw new RuntimeException(e);
    } finally{
      ......//关闭连接,释放资源
    }
  }
}
```

该范例展示了如何在Java中使用JDBC的保存点来管理事务中的回滚。它首先设置提交方式为false以禁用自动提交，向stu表中插入一条记录，然后创建一个保存点。在保存点后删除一条数据库记录，假设此时发现前面的删除有误，则回滚到定义保存点的位置，再继续执行回滚后的语句。最后，我们释放所有数据库资源。

任务5 编写生鲜超市管理系统界面

任务描述

在生鲜超市管理系统中，商家要售卖各种各样的水果、蔬菜、米面、粮油、熟食、海鲜等商品，为了便于管理，应将生鲜信息记录在生鲜超市管理系统中对其进行统一管理，通过该系统可以方便地实现对生鲜信息的增删改查等操作，本任务学习生鲜超市管理系统的界面制作。

任务目标

了解生鲜超市系统需要、掌握利用GUI技术实现生鲜超市管理系统界面制作方法。

任务实现

在生鲜超市管理系统中，生鲜信息包括编号、名称、单价及类型。本任务要求使用学习过的GUI技术，编写生鲜超市管理系统界面，在界面中要展示所有生鲜的信息，进而对生鲜信息实现具体的操作。每当有新的生鲜运送到超市时，需要在系统中添加新的生鲜信息，如果某种生鲜没有了就需要删除该生鲜信息，生鲜的价格也需要随着市场价格而变更，进而需要进行修改，这些操作都可以在管理系统中完成。

典型工作环节1 生鲜超市系统窗口

在project7项目的src下创建freshsuppermarket包，在该包下创建view包，在view下创建FreshWindow窗口显示层类，在该类中添加Jtable表格，并将表格放入JScrollPane面板中，表格下方需要添加标签、文本框及按钮等组件，该类是抽象类继承自JFrame。

初始化窗口

步骤1 定义窗口类的属性，源代码如下。

```
JLabel tableLabel=new JLabel("生鲜详情");//设置生鲜详情表格标题
JScrollPane tablePane=new JScrollPane();// 滚动面板
protected JTable table=new JTable();// 生鲜表格
//定义功能组件标签
JLabel noLabel=new JLabel("编号");
JLabel nameLabel=new JLabel("名称");
```

```
JLabel priceLabel=new JLabel("单价");
JLabel typeLabel=new JLabel("类型");
//定义功能组件文本框
protected JTextField noText=new JTextField();
protected JTextField nameText=new JTextField();
protected JTextField priceText=new JTextField();
protected JTextField typeText=new JTextField();
//定义功能组件按钮
JButton addBtn=new JButton("添加");
JButton delBtn=new JButton("删除");
JButton updBtn=new JButton("修改");
JButton selBtn=new JButton("查询");
```

定义了组成系统窗口所需的组件，其中各个文本框的访问修饰符使用的是protected，目的是使该类的其他包中的子类可以直接继承并访问。

步骤2　窗口属性初始化，源代码如下。

```
public FreshWindow(){
  //1.设置系统标题
  this.setTitle("生鲜超市管理系统");
  //2.设置窗口显示大小及位置
  this.setBounds(200,200,600,420);
  //3.添加窗口组件
  this.addComponent();
  //4.添加监听器
  this.addListener();
}
```

定义该类的构造方法，对标题、界面显示大小和位置进行设置，添加组件到窗口，并添加监听器。

步骤3　组件方法实现，源代码如下。

添加组件

```
private void addComponent(){
  this.setLayout(null);//取消窗口布局
  tableLabel.setBounds(260,20,70,25);//设置标题位置及大小
  this.add(tableLabel);//将标题添加到窗体
  //设置表格内容居中
  DefaultTableCellRenderer  r=new DefaultTableCellRenderer();
  r.setHorizontalAlignment(JLabel.CENTER);
  table.setDefaultRenderer(Object.class,r);
```

```
    //添加滚动面板
    tablePane.setBounds(40,50,500,200);//设置面板位置及大小
    tablePane.setViewportView(table);//将表格添加到滚动面板
    this.add(tablePane);//将滚动面板添加到窗体
    //添加各个功能组件标签
    noLabel.setBounds(65,260,70,25);//设置生鲜编号标签的位置及大小
    this.add(noLabel);//将生鲜编号标签添加到窗体
    nameLabel.setBounds(185,260,70,25);//设置生鲜名称标签的位置及大小
    this.add(nameLabel);//将生鲜名称标签添加到窗体
    priceLabel.setBounds(305,260,70,25);//设置生鲜单价标签的位置及大小
    this.add(priceLabel);//将生鲜单价标签添加到窗体
    typeLabel.setBounds(425,260,70,25);//设置生鲜类型标签的位置及大小
    this.add(typeLabel);//将生鲜类型标签添加到窗体
    //添加各个功能组件文本框
    noText.setBounds(50,290,70,25);//设置生鲜编号文本框的位置及大小
    this.add(noText);//将生鲜编号文本框添加到窗体
    nameText.setBounds(170,290,70,25);//设置生鲜名称文本框的位置及大小
    this.add(nameText);//将生鲜名称文本框添加到窗体
    priceText.setBounds(290,290,70,25);//设置生鲜单价文本框的位置及大小
    this.add(priceText);////将生鲜单价文本框添加到窗体
    typeText.setBounds(410,290,70,25);//设置生鲜类型文本框的位置及大小
    this.add(typeText);//将生鲜类型文本框添加到窗体
    //添加各个功能按钮
    addBtn.setBounds(50,325,70,25);//设置"添加"按钮的位置及大小
    this.add(addBtn);// 添加"添加"按钮到窗体
    delBtn.setBounds(170,325,70,25);//设置"删除"按钮的位置及大小
    this.add(delBtn);// 添加"删除"按钮到窗体
    updBtn.setBounds(290,325,70,25);//设置"修改"按钮的位置及大小
    this.add(updBtn);// 添加"修改"按钮到窗体
    selBtn.setBounds(410,325,70,25);//设置"查询"按钮的位置及大小
    this.add(selBtn);// 添加"查询"按钮到窗体
    //设置文本框居中对齐
      noText.setHorizontalAlignment(JTextField.CENTER);
      nameText.setHorizontalAlignment(JTextField.CENTER);
      priceText.setHorizontalAlignment(JTextField.CENTER);
      typeText.setHorizontalAlignment(JTextField.CENTER);
}
```

定义了构造方法中调用初始化的操作，其中添加标签、表格、文本框、增删改查按钮等组件，并设置表格内容居中。

步骤4 按钮监听事件，源代码如下。

```
private void addListener(){
    //"添加"按钮监听事件
    addBtn.addActionListener(new ActionListener(){
        @Override
        public void actionPerformed(ActionEvent e){
            addFresh();
        }
    });
    //"删除"按钮监听事件
    delBtn.addActionListener(new ActionListener(){
        @Override
        public void actionPerformed(ActionEvent e){
            deleteFresh();
        }
    });
    //"修改"按钮监听事件
    updBtn.addActionListener(new ActionListener(){
        @Override
        public void actionPerformed(ActionEvent e){
            updateFresh();
        }
    });
    //"查询"按钮监听事件
    selBtn.addActionListener(new ActionListener(){
        @Override
        public void actionPerformed(ActionEvent e){
            selectByFreshType();//按照生鲜类型查询
        }
    });
}
```

添加按钮监听

为各个按钮添加监听操作，组件监听都定义了添加、删除、修改和查询操作的监听。

步骤5　定义各种抽象方法，源代码如下。

```
protected abstract void queryFresh();
protected abstract void updateFresh();
protected abstract void deleteFresh();
protected abstract void addFresh();
protected abstract void selectByFreshType();
```

定义了添加、删除、修改和查询的抽象方法，查询方法有两种：一种是查询全部生鲜信息；另一种是按照功能性类型查询，各个方法均定义为 protected，目的是方便窗口的子类重写方法后仍然可以访问。由于FreshWindow类定义了抽象方法，此时该类必须定义为抽象类。

典型工作环节2 测试生鲜超市窗口

测试窗口

创建test包，在包下创建WindowTest窗口测试类，该类继承自FreshWindow。

步骤1 定义生鲜超市窗口测试类，并在主方法中实现抽象方法，抽象方法源代码如下。

```
@Override
protected void updateFresh(){

}
@Override
protected void deleteFresh(){

}
@Override
public void addFresh(){

}
@Override
public void selectByFreshType(){

}
```

重写FreshWindow抽象类的增删改查方法，只是实现方法的重写，但没有写具体的操作。

步骤2 显示窗口，源代码如下。

```
public static void main(String[]args){
  WindowTest wt=new WindowTest();
  wt.setVisible(true);
  wt.queryFresh();
}
```

在主方法中创建生鲜窗口对象、显示窗口，并调用queryFresh()，目的是能够在系统窗口中看到表格中数据的显示效果。

步骤3　实现查询所有生鲜信息的方法，源代码如下。

```
@Override
protected void queryFresh(){
   //1. 定义表格表头信息
   String[]thead={"编  号","名  称","单  价","类  型"};
   //2. 模拟数据
   String[][]tbody=new String[][]{
      {"1001","完达山老酸奶一箱","49.9","酸奶"},
      {"1002","完达山巴氏高钙酸奶一箱","29.9","酸奶"},
      {"2001","北大荒秋木耳100g","14.9","木耳"},
      {"2002","东北黑木耳干货500g","69.9","木耳"},
      {"3001","北大荒东北纯黄玉米挂面240g*6袋","39.9","挂面"},
      {"4001","北大荒红肠500g","39.8","肠"},
      {"4002","北大荒哈尔滨风干肠50g*10根","89.9","肠"}
   };
   //3. 将模拟数据添加到表格
   TableModel freshModel=new DefaultTableModel(tbody,thead);
   table.setModel(freshModel);
}
```

在该方法中设置了若干条模拟生鲜信息的数据，使其能够显示在表格中，其中thead为表头信息，tbody为存放表格具体内容的二维数组，最后将数据显示在表格中。运行效果如图7-17所示。

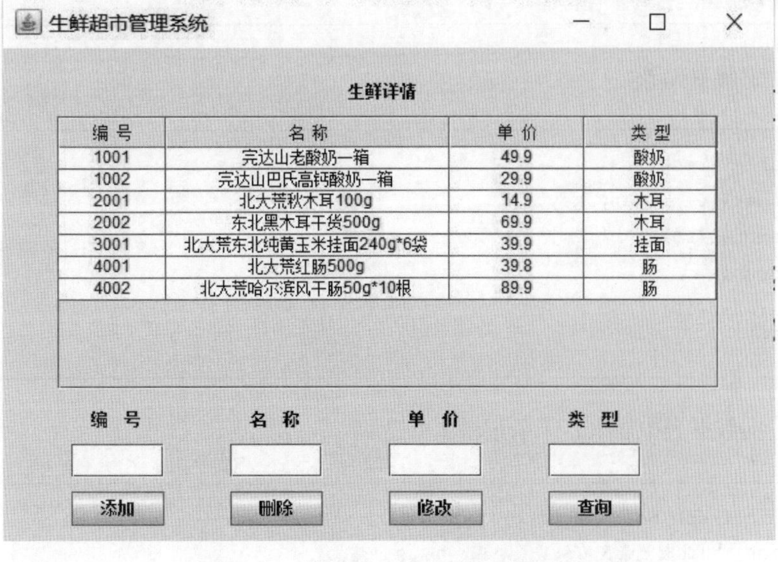

图7-17　生鲜超市管理系统界面显示

任务6 实现生鲜超市管理系统显示操作

任务描述

结合前面任务学习的JDBC技术与生鲜超市管理系统GUI图形化界面，连接MySQL数据库来实现生鲜数据显示操作和按类型查询生鲜信息操作。

任务目标

熟悉JDBC技术、掌握利用JDBC技术实现生鲜超市管理系统查询操作。

任务实现

典型工作环节1 搭建项目数据库环境

搭建项目数据库环境

要实现生鲜超市管理系统的显示操作，需要与MySQL数据库连接，首先需要有存储和管理生鲜数据信息的数据库以及对应的数据表，数据表用于存储各种生鲜信息，然后在表中插入若干条记录作为初始数据。

步骤1 创建并使用数据库。

```
create database freshstore;
use freshstore;
```

步骤2 创建数据表。

```
create table fresh(
  no varchar(10)primary key,
  name varchar(20),
  price double,
  type varchar(10)
);
```

步骤3 向数据表中插入若干条记录，并查询。

```
insert into fresh(no,name,price,type)
values('1001','北大荒亲民有机酸菜整棵',15.8,'蔬菜'),
```

```
('1002','北大荒新鲜韭菜3斤',25,'蔬菜'),
('2001','完达山臻醇1箱',49,'纯牛奶'),
('2002','完达山黑沃1箱',56,'纯牛奶'),
('3001','九三三级鲜榨大豆油5L',119.8,'豆油'),
('3002','九三非转基因大豆油5L',61.8,'豆油'),
('3003','九三非转基因冷榨三级豆油1L',61.8,'豆油'),
('4001','北大荒白酒高粱原浆52度桶装5L','19.8','白酒'),
('4002','52度北大荒酒盛世佳酿酒500毫升','38','白酒'),
('5001','北大荒珍珠米10kg','68','大米'),
('5002','北大荒泰香茉莉香大米5kg真空','39.9','大米'),
('6001','北大荒雪花小麦粉面粉10斤','29.9','白面');
select*from fresh;
```

插入生鲜记录后，查询fresh表中生鲜信息如图7-18所示。

no	name	price	type
1001	北大荒亲民有机酸菜整棵	15.8	蔬菜
1002	北大荒新鲜韭菜3斤	25	蔬菜
2001	完达山臻醇1箱	49	纯牛奶
2002	完达山黑沃1箱	56	纯牛奶
3001	九三三级鲜榨大豆油5L	119.8	豆油
3002	九三非转基因大豆油5L	61.8	豆油
3003	九三非转基因冷榨三级豆油1L	61.8	豆油
4001	北大荒白酒高粱原浆52度桶装5L	19.8	白酒
4002	52度北大荒酒盛世佳酿酒500毫升	38	白酒
5001	北大荒珍珠米10kg	68	大米
5002	北大荒泰香茉莉香大米5kg真空	39.9	大米
6001	北大荒雪花小麦粉面粉10斤	29.9	白面

图7-18　fresh数据表生鲜信息

典型工作环节2　导入数据库驱动JAR包

数据库环境搭建好之后，连接数据库需要在项目中导入数据库驱动程序JAR包。前面我们已经在项目中导入了MySQL数据库JAR包，此处不需要再次导入JAR包，如果是创建新项目就需要重新导入JAR包。

典型工作环节3　创建数据库工具类

每次使用JDBC操作数据库时，都需要加载数据库驱动、获取数据库连接对象以及关闭连接、释放资源。为了避免代码的重复书写，考虑建立一个专门用于数据库相关操作的数据库工具类。

创建数据库工具类

创建tools包，在该包中创建一个JDBCUtil工具类，该类用于获取数据库连接对象和释放数据库资源。

步骤1：创建getConnection()方法，连接数据库，返回连接对象。

```
public static Connection getConnection()throws Exception{
  //1.加载数据库驱动
  Class.forName("com.mysql.jdbc.Driver");
  //2.通过DriverManager获取数据库连接对象
  String url="jdbc:mysql://localhost:3306/freshstore";
  String username="root";
  String pwd="123456";
  Connection conn=DriverManager.getConnection(url,username,pwd);
  return conn;
}
```

getConnection()方法是连接数据库并获取数据库连接对象的静态方法，在使用该方法时不用创建对象后再调用该方法，而是直接使用类名调用。

步骤2：创建release()方法，关闭数据库连接，释放两个资源。

```
public static void release(Statement stmt,Connection conn)throws SQLException{
  if(conn!=null){
    conn.close();
  }
  if(stmt!=null){
    stmt.close();
  }
}
```

release（conn，stmt）方法是关闭数据库连接，释放数据库连接对象和Statement对象资源。

步骤3：创建release()方法，关闭数据库连接，释放三个资源。

```
public static void release(ResultSet rs,Statement stmt,Connection conn)throws
SQLException{
  if(rs!=null){
    rs.close();
  }
  release(stmt,conn);
}
```

release（rs，stmt，conn）是关闭数据库连接，释放数据库连接对象、Statement对象以及ResultSet结果集的资源。两个release()方法实现方法的重载，释放不同的数据库资源。

典型工作环节4　实现生鲜项实体类

在项目中使用JDBC对数据库中的生鲜数据进行相关操作时需要将一条生鲜信息存入一个对象中，我们把该对象的类称为生鲜项实体类。

实现生鲜项实体类

创建domain包，在该包中创建Fresh类，用于封装数据库中对应的记录，该类实现的源代码如下。

步骤1：定义Fresh类的属性。

```
private String no;//生鲜编号
private String name;//生鲜名称
private double price;//生鲜单价
private String type;//生鲜类型
```

其中属性为生鲜的编号、名称、价格和类型。

步骤2：定义Fresh类的构造方法。

```
public Fresh(){

}
public Fresh(String no,String name,double price,String type){
  this.no=no;
  this.name=name;
  this.price=price;
  this.type=type;
}
```

定义了一个无参的构造方法和一个四个参数的构造方法。

步骤3：封装属性。

```
public String getNo(){
  return no;
}
public void setNo(String no){
  this.no=no;
}
public String getName(){
  return name;
}
public void setName(String name){
  this.name=name;
```

```
}
public double getPrice(){
  return price;
}
public void setPrice(double price){
  this.price=price;
}
public String getType(){
  return type;
}
public void setType(String type){
  this.type=type;
}
```

实现了封装各个属性的getter()和setter()方法。

典型工作环节5 实现所有生鲜数据的查询操作

数据层查询所有生鲜信息

步骤1：实现数据层的所有生鲜信息查询。

创建dao包，在该包中创建FreshDao类，使用该类与生鲜数据进行交互操作。该类创建queryAll()方法，源代码如下。

```
public ArrayList<Fresh> queryAll()throws Exception{
  //1.定义存放查询结果的集合
  ArrayList<Fresh> list=new ArrayList<>();
  //2.获取数据连接对象
  Connection conn=JDBCUtil.getConnection();
  //3.获取Statement对象
  Statement stmt=conn.createStatement();
  //4.查询所有生鲜信息发送SQL语句
  String sql="select * from fresh";//查询所有生鲜信息的SQL
  ResultSet rs=stmt.executeQuery(sql);//执行查询操作,得到查询结果集
  //5.处理结果集,将每一条结果集中的数据封装到一个fresh对象,并添加到集合中
    while(rs.next()){
    Fresh fresh=new Fresh();
    //将获取的结果集当前行中的no值赋值给fresh的no属性
    fresh.setNo(rs.getString("no"));
    //将获取的结果集当前行中的name值赋值给fresh的name属性
    fresh.setName(rs.getString("name"));
    //将获取的结果集当前行中的sex值赋值给fresh的sex属性
    fresh.setPrice(rs.getDouble("price"));
```

```
            //将获取的结果集当前行中的type值赋值给fresh的type属性
            fresh.setType(rs.getString("type"));
            //将封装后的fresh对象添加到集合中
            list.add(fresh);
            }
        //6.释放资源
        JDBCUtil.release(rs,stmt,conn);
        //7.返回结果集
        return list;
    }
```

首先定义一个存放查询到的所有生鲜信息的list集合，然后获取数据库连接对象，再获取Statement对象，使用该Statement对象执行查询所有生鲜信息的SQL语句，最后通过遍历结果集将查询结果集存放到list集合中，释放资源并返回list集合。

步骤2：实现服务层的所有生鲜信息查询。

创建service包，在该包中创建FreshService类，该类为服务层，创建queryFresh()方法用于实现服务层的查询所有生鲜信息的操作。

```
public class FreshService{
    FreshDao freshDao=new FreshDao();
    public ArrayList<Fresh> queryFresh()throws Exception{
        //调用数据层的获取查询所有生鲜数据的方法,获取到存放所有生鲜信息的集合
        ArrayList<Fresh> freshList=freshDao.queryAll();
        //返回结果集
        return freshList;
    }
}
```

使用freshDao对象queryFresh()方法调用数据层的查询方法获取查询到的list集合，然后返回该集合，将freshDao对象定义为FreshService 的属性是为了后期该类的其他方法使用该对象调用数据层的其他方法。

其他层查询所有生鲜信息

步骤3：实现控制层的所有生鲜信息查询。

创建ctrl包，在该包中创建FreshCtrl类，该类为控制类，在此处实现窗口界面中的查询所有生鲜信息操作。

```
public class FreshCtrl extends FreshWindow{
    private FreshService freshService=new FreshService();
    public FreshCtrl()throws Exception{
        queryFresh();//查询生鲜信息
    }
```

```
  protected void queryFresh(){
    try{
      //1.定义表头信息
      String[]thead={"编  号","名  称","单  价","类  型"};
      //2.调用FreshService的查询所有生鲜信息的方法
      ArrayList<Fresh> freshList=freshService.queryFresh();
      //3.调用listToArray方法,将查询到的结果集转为二维数组,以便为表格赋值
      String[][]tbody=listToArray(freshList);
      //4.将存放查询结果的二维数组存入表格
      TableModel freshModel=new DefaultTableModel(tbody,thead);
      table.setModel(freshModel);
    }catch(Exception e){
      throw new RuntimeException(e);
    }
  }
}
```

将freshService对象定义为FreshCtrl类的属性，使用它可以调用服务层的查询方法，也便于后面该类的其他方法使用该对象调用服务层的其他方法。构造方法中需要调用queryFresh()方法，实现窗口一启动就能看到查询到的所有生鲜信息，在queryFresh()中首先定义表头信息，然后调用服务层的查询所有生鲜信息的方法，返回查询到的freshList集合，再调用listToArray()方法将集合转换为二维数组，最后将集合中的数据存入表格中展示出来。

集合转换二维数组

步骤4：实现集合转换为数组的方法。

```
public String[][]listToArray(ArrayList<Fresh>list){
  //定义存放转换结果的二维数组
  String[][]tbody=new String[list.size()][4];
  for(int i=0;i<list.size();i++){
    Fresh fresh=list.get(i);//获取集合中第i个元素
    tbody[i][0]=fresh.getNo();//将生鲜编号存入第i行第0列
    tbody[i][1]=fresh.getName();//将生鲜名称存入第i行第1列
    tbody[i][2]=fresh.getPrice()+"";//将生鲜单价转换为字符串并存入第i行第2列
    tbody[i][3]=fresh.getType();//将生鲜类型存入第i行第3列
  }
  return tbody;
}
```

首先定义存放集合中数据的二维数组，然后遍历集合，获取集合中的一个生鲜对象，将该生鲜对象的各个属性存入二维数组的一行中，最后返回该二维数组。

步骤5：测试查询所有生鲜信息。

在test包下创建FreshWindowTest类，该类为测试类，在此处可以测试窗口界面中的查询所有生鲜信息的操作。

```
public class FreshWindowTest{
  public statics void main(string[]args){
    try{
      FreshCtrl freshCtrl=new FreshCtrl();
      freshCtrl.setVisible(true);
    }catch(Exception e){
      throw new RuntimeException(e);
    }
  }
}
```

生鲜超市管理系统一运行就会查询所有的生鲜信息并显示在窗口的表格中，运行结果如图7-19所示。

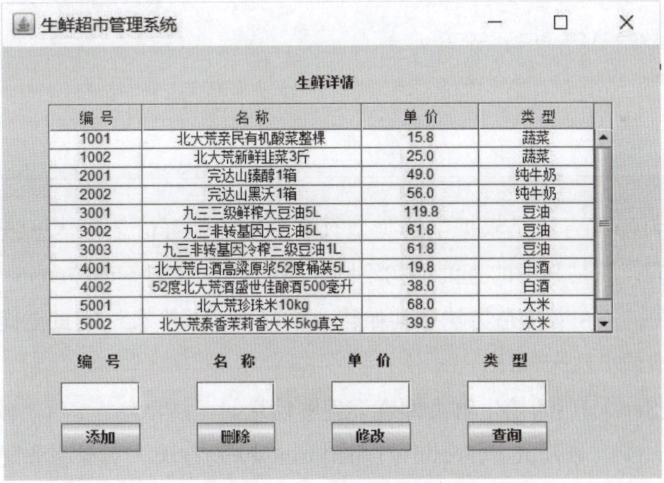

图7-19　查询所有生鲜信息

典型工作环节6　实现按类型查询生鲜信息操作

生鲜超市管理系统中，管理员可以按照生鲜的类型对生鲜数据进行查询操作，然后对其进行管理。

按类型查询

步骤1：实现数据层的按生鲜类别查询生鲜信息。

在FreshDao类创建 queryFreshByType(String type)方法，实现数据层的按生鲜类别查询生鲜信息，源代码如下。

```
public ArrayList<Fresh> queryFreshByType(String type)throws Exception{
  //1.定义存放查询结果的集合
  ArrayList<Fresh> list=new ArrayList<>();
  //2.获取数据连接对象
  Connection conn=JDBCUtil.getConnection();
  //3.获取Statement对象
  Statement stmt=conn.createStatement();
  //4.执行按类型查询信息的SQL语句
  String sql="select * from fresh where type='"+type+"'";//按类型查询生鲜信息的SQL
  ResultSet rs=stmt.executeQuery(sql);//执行查询操作
  //5.处理结果集
  while(rs.next()){
    Fresh fresh=new Fresh();
    fresh.setNo(rs.getString("no"));
    fresh.setName(rs.getString("name"));
    fresh.setPrice(rs.getDouble("price"));
    fresh.setType(rs.getString("type"));
    list.add(fresh);
  }
  //6.释放资源
  JDBCUtil.release(rs,stmt,conn);
  //7.返回结果集
  return list;
}
```

queryFreshByType()方法是根据生鲜类型查询对应的生鲜信息，其思路与查询所有生鲜信息方法基本相同，只是其中的查询语句不同，我们可以考虑将list、conn、stmt抽取出来作为FreshDao的属性，并在其构造方法中初始化，这样可以减少大量的重复代码，还可以考虑将遍历结果集抽取成方法来调用。

步骤2：实现Service层的按生鲜类型查询生鲜信息。

在FreshService类，创建queryFreshByType(String type)方法，实现服务层的按类型查询生鲜信息的操作。

```
public ArrayList<Fresh> queryFreshByType(String type)throws Exception{
  //调用数据层的按类型查询生鲜信息的方法,获取其查询结果集
  ArrayList<Fresh> freshList=freshDao.queryFreshByType(type);
  //返回结果集
  return freshList;
}
```

步骤3：实现控制层的按生鲜类型查询生鲜信息操作。

在FreshCtrl类找到selectByFreshType()方法，在此处控制窗口界面中“查询”按照类型查询生鲜信息操作。

```
public void selectByFreshType()throws SQLException{
  try{
    //1.定义表头信息
    String[]thead={"编  号","名  称","单  价","类  型"};
    //2.从类型文本框接收生鲜类型文本
    String type=typeText.getText();
    //3.调用freshService的按类型查询方法
    ArrayList<Fresh> freshList=freshService.queryFreshByType(type);
    //4.调用listToArray方法,将查询到的结果集转为二维数组,以便为表格赋值
    String[][]tbody=listToArray(freshList);
    //5.将存放查询结果的二维数组存入表格
    TableModel freshModel=new DefaultTableModel(tbody,thead);
    table.setModel(freshModel);
    //6.清空类型文本框
    typeText.setText("");
  }catch(Exception e){
    throw new RuntimeException(e);
  }
}
```

selectByFreshType()实现控制层按照指定生鲜类型进行信息查询，其实现思路与查询所有生鲜信息基本相同，查询完信息后要清空类型文本框。启动项目，当我们在类型文本框中输入要查询的生鲜类型时，就可以查询到对应类型的生鲜信息，例如查询“大米”类型的信息，运行结果如图7-20所示。

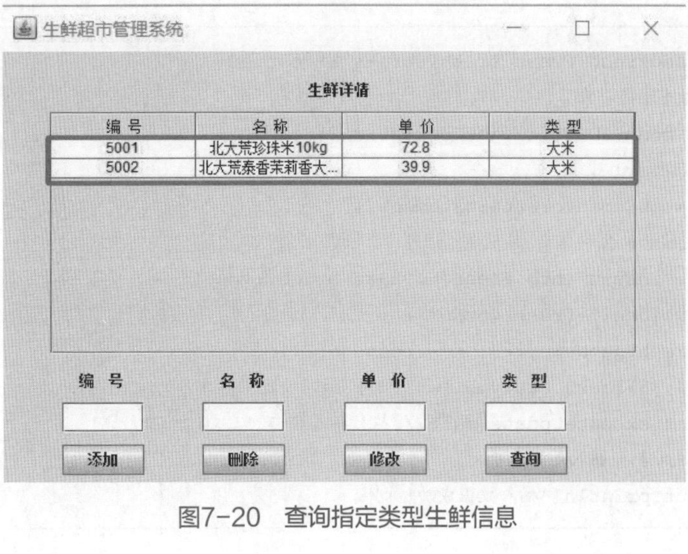

图7-20　查询指定类型生鲜信息

任务 7 实现对生鲜超市系统增删改操作

任务描述

结合前面任务学习的JDBC技术和GUI技术，在任务5和任务6中，已经完成生鲜超市管理系统界面显示和生鲜数据查询操作，本任务将生鲜超市管理系统与JDBC技术结合，连接MySQL数据库来添加、删除和修改生鲜数据。

任务目标

熟悉JDBC技术、掌握利用JDBC技术实现生鲜超市管理系统生鲜数据的增删改操作。

任务实现

分层实现生鲜数据的添加、删除和修改操作。

典型工作环节1 实现生鲜数据插入操作

根据各种生鲜的售卖情况和季节的变化，管理员会根据市场的需要增加新的生鲜商品或者增加应季的生鲜商品。

步骤1：在dao包的FreshDao类增加addFresh()方法，用于实现数据层生鲜数据的插入操作。该类的插入方法实现的源代码如下。

数据层插入操作

```
public void addFresh(Fresh fresh)throws Exception{
  //1.获取数据库连接对象
  Connection conn=JDBCUtil.getConnection();
  //2.获取Statement对象
  Statement stmt=conn.createStatement();
  //3.插入指定编号的生鲜信息,发送SQL语句
  String sql="insert into fresh(no,name,price,type)"
          +"values("+fresh.getNo()+",'"
          +fresh.getName()+"','"+fresh.getPrice()
          +"','"+fresh.getType()+"')";//插入指定生鲜信息的SQL语句
  int num=stmt.executeUpdate(sql);//执行插入语句
  if(num> 0){//判断插入是否成功
    System.out.println("插入数据成功！");
```

```
    }
    //4.释放资源
    JDBCUtil.release(stmt,conn);
}
```

首先获取数据库连接对象、创建Statement对象，然后插入指定的生鲜信息的SQL并执行，再判断是否插入生鲜信息成功了，最后释放数据库资源。

服务层插入操作

步骤2：在service包的FreshService类中增加addFresh()方法，该方法实现服务层的生鲜信息插入操作，该方法实现的源代码如下。

```
public boolean addFresh(String no,String name,String price,String type)throws
Exception{
    boolean flag=true;
    //调用查询方法,获取所有生鲜数据
    ArrayList<Fresh> freshList=queryFresh();
    //使用输入的生鲜编号与所有生鲜数据对比
    for(int i=0;i<freshList.size();i++){
        Fresh fresh=freshList.get(i);
        //如果存在重复编号数据,则添加不成功
        if(no.equals(fresh.getNo())){
            flag=false;
        }
    }
    //如果没有重复编号,将数据封装为fresh对象
    Fresh fresh=new Fresh(no,name,Double.parseDouble(price),type);
    //调用数据层的插入方法
    freshDao.addFresh(fresh);
    //返回添加是否成功的标记
    return flag;
}
```

首先需要定义一个用于标记是否插入成功的变量，然后查询所有的生鲜信息，再循环判断是否有重复编号的生鲜信息，如果存在则标记false，否则封装接收到的数据并调用数据层的插入方法来插入生鲜信息，最后返回添加是否成功标记。

控制层插入操作

步骤3：找到ctrl包的FreshCtrl类中的addFresh()方法，该方法实现控制层的插入操作，控制窗口界面中的“插入”按钮的插入生鲜信息操作，该方法实现的源代码如下。

```
public void addFresh(){
  try{
    //1.接收数据
    String no=noText.getText();
    String name=nameText.getText();
    String price=priceText.getText();
    String type=typeText.getText();
    //2.调用服务层的添加方法
    boolean isAdd=freshService.addFresh(no,name,price,type);
    //3.判断添加是否成功
    if(isAdd){
      JOptionPane.showMessageDialog(this,"添加成功!");
      queryFresh();//调用查询方法,刷新表格中的生鲜信息
      //清空文本框
      noText.setText("");
      nameText.setText("");
      priceText.setText("");
      typeText.setText("");
    }else{
      //否则添加不成功,弹出错误提示对话框
      JOptionPane.showMessageDialog(this,"生鲜编号不能重复,请检查输入生鲜数据!");
    }
  }catch(Exception e){
    throw new RuntimeException(e);
  }
}
```

首先接收文本框中要插入的生鲜数据，然后调用服务层的添加方法，如果插入成功，则弹出“添加成功”的消息框，执行查询所有生鲜信息的方法来刷新表格中的生鲜信息并清空各个文本框，如果插入不成功则弹出错误提示信息。运行FreshWindowTest类，在文本框中分别输入编号、名称、单价和类型，单击“添加”按钮，插入一条生鲜信息，运行结果如图7-21所示。另外添加生鲜信息时要注意编号和价格文本框不能为空，编号为主键不能为

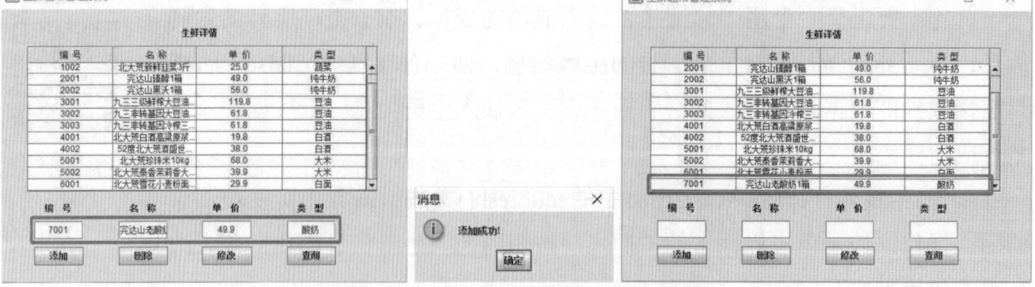

图7-21 添加生鲜信息运行结果

空，文本框中输入价格后需要转换为double类型插入数据库，空字符串无法完成转换操作，如果为空程序报错。

典型工作环节2　实现生鲜数据删除操作

根据各种生鲜的售卖情况和季节的变化，管理员会根据市场的需要删除不应季的生鲜或者卖的不好的生鲜商品。

删除指定生鲜信息

步骤1：在dao包的FreshDao类增加delFresh()方法，用于实现数据层生鲜信息的删除操作。该类删除方法实现的源代码如下。

```
public void delFresh(String no)throws Exception{
  //1.获取数据库连接对象
  Connection conn=JDBCUtil.getConnection();
  //2.获取Statement对象
  Statement stmt=conn.createStatement();
  //3.删除指定编号生鲜信息
  String sql="delete from fresh where no="+no;//删除指定编号生鲜信息的SQL语句
  int num=stmt.executeUpdate(sql);//执行删除SQL语句
  if(num>0){//判断删除成功
    System.out.println("删除数据成功！");
  }
  JDBCUtil.release(stmt,conn);
}
```

首先获取数据库连接对象、创建Statement对象，然后编写删除指定编号的生鲜信息的SQL语句并执行，再判断是否删除生鲜信息成功了，最后需要释放数据库资源。

步骤2：在service包的FreshService类中增加delFresh()方法，在此处实现服务层中的删除操作，该类删除方法实现的源代码如下。

```
public boolean delFresh(String no)throws Exception{
  boolean flag=false;
  //调用查询所有生鲜信息的方法获取所有生鲜信息的集合
  ArrayList<Fresh>freshList=queryFresh();
  //遍历该集合,使用输入的编号与所有生鲜信息的编号对比
  for(int i=0;i<freshList.size();i++){
    Fresh fresh=freshList.get(i);
    //如果存在相同编号生鲜信息,则可以删除
    if(no.equals(fresh.getNo())){
      //调用数据层的删除指定编号生鲜方法
      freshDao.delFresh(no);
```

```
        //删除数据后,修改标记值
        flag=true;
      }
    }
    return flag;
  }
```

首先需要定义一个用于标记是否删除成功的变量，然后查询所有的生鲜信息，再遍历集合，判断是否有相同编号的生鲜信息，如果存在则调用数据层的delFresh()方法删除该编号的生鲜信息并标记true，最后返回删除是否成功标记。

步骤3：找到ctrl包的FreshCtrl类的deleteFresh()方法，该方法用于控制窗口界面中的“删除”按钮删除生鲜信息操作，其源代码如下。

```
protected void deleteFresh(){
  try{
    //1.获取生鲜编号
    String no=noText.getText();
    //2.调用服务层的删除方法
    boolean isDelete=freshService.delFresh(no);
    //3.判断删除是否成功
    if(isDelete){//如果删除成功
      queryFresh(); //调用查询方法,刷新表格中的生鲜信息
      //弹出删除成功对话框
      JOptionPane.showMessageDialog(this,"删除成功");
      noText.setText("");//清空生鲜编号文本框
    }else{
      //没有删除成功弹窗错误提示
      JOptionPane.showMessageDialog(this,"没有该编号的生鲜信息,无法删除!");
}
  }catch(Exception e){
    throw new RuntimeException(e);
  }
}
```

deleteFresh()方法实现控制层的根据生鲜编号删除对应的生鲜信息，接收从生鲜编号文本框中输入的生鲜编号，然后调用服务层删除方法，如果返回值为true，则调用查询方法，刷新表格中的生鲜信息，再弹出“删除成功”信息的提示对话框，最后清空生鲜编号文本框，否则弹出无法删除的对话框。在文本框中输入一个生鲜编号，单击“删除”按钮，删除输入编号的生鲜信息，运行结果如图7–22所示。

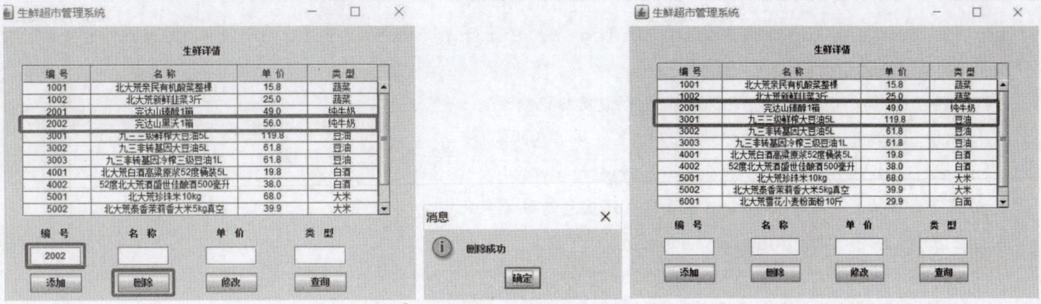

图7-22　删除生鲜信息运行结果

典型工作环节3　实现生鲜数据修改操作

生鲜的价格通常都是随时变化的，有可能涨价，也有可能降价，生鲜超市管理系统就要随时调整价格，名称和类型也可能发生变化。

数据层修改操作

步骤1：在dao包的FreshDao类增加updateFresh()方法，用于实现数据层生鲜信息的修改操作。该方法实现的源代码如下。

```
public void updateFresh(String no,String name,String price,String type)throws
Exception{
  //1.获取数据库连接对象
  Connection conn=JDBCUtil.getConnection();
  //2.获取Statement对象
  Statement stmt=conn.createStatement();
  //3.修改指定编号生鲜信息
  String sql="update fresh set name='"+name+"',price='"+Double.parseDouble(price)+
       "',type='"+type+"'where no='"+no+"'";//修改生鲜信息的SQL语句
  int num=stmt.executeUpdate(sql);//执行修改的SQL语句
  if(num>0){//判断修改是否成功
    System.out.println("修改成功！");
  }
  //4.释放资源
  JDBCUtil.release(stmt,conn);
}
```

该updateFresh()方法实现数据层的根据生鲜编号修改对应的生鲜信息，首先获取数据库连接对象、创建Statement对象，然后编写根据生鲜编号修改生鲜的名称、价格及类型的SQL语句，再判断是否修改生鲜信息成功了，最后释放数据库资源。

服务层修改操作

步骤2：在service包的FreshService类中增加updateFresh()方法，在此处实现服务层中的修改操作，该方法实现的源代码如下。

```
public boolean updateFresh(String no,String name,String price,String type)
throws Exception{
  boolean flag=false;//定义修改是否成功标记变量
  //调用查询所有生鲜信息的方法获取所有生鲜信息的集合
  ArrayList<Fresh>freshList=queryFresh();
  //遍历该集合,使用输入的编号与所有生鲜信息的编号对比
  for(int i=0;i<freshList.size();i++){
    Fresh fresh=freshList.get(i);
    //如果存在相同编号生鲜信息,则进行修改
    if(no.equals(fresh.getNo())){
      freshDao.updateFresh(no,name,price,type);//调用数据层修改生鲜信息的方法
      flag=true;//修改后,更改修改标记值为true
    }
  }
  return flag;
}
```

首先需要定义一个用于标记是否修改成功的变量，然后查询所有的生鲜信息，再遍历集合，判断是否有相同编号的生鲜信息，如果存在则调用数据层的updateFresh()方法修改该编号的生鲜信息，最后返回修改是否成功标记。

控制层修改操作

步骤3：在ctrl包的FreshCtrl类中找到updateFresh()，该方法控制窗口界面中“修改”按钮的修改生鲜信息操作，其修改方法的源代码如下。

```
protected void updateFresh(){
  try{
    //1.获取生鲜数据
    String no=noText.getText();//获取生鲜编号
    String name=nameText.getText();//获取生鲜名称
    String price=priceText.getText();//获取生鲜单价
    String type=typeText.getText();//获取生鲜类型
    //2.调用服务层的修改方法
    boolean isUpdate=freshService.updateFresh(no,name,price,type);
    //3.判断修改是否成功
    if(isUpdate){//如果修改成功
      queryFresh();//调用查询方法,刷新表格中的生鲜信息
      //弹出修改成功的对话框
      JOptionPane.showMessageDialog(this,"修改成功!");
      //清空文本框
      noText.setText("");
      nameText.setText("");
      priceText.setText("");
```

```
        typeText.setText("");
      }else{//没有修改成功弹出错误提示对话窗
        JOptionPane.showMessageDialog(this,"没有此编号的生鲜数据,请检查!");
      }
    }catch(Exception e){
      throw new RuntimeException(e);
    }
  }
```

updateFresh()是根据生鲜编号修改生鲜的名称、价格及类型，首先接收文本框中输入的生鲜数据，然后调用服务层修改方法，如果返回值为true，则调用查询方法，刷新表格中生鲜信息，弹出“修改成功”的对话框，最后需要清空对应的各个文本框，否则弹出修改失败的对话框。启动项目，在文本框中分别输入编号、名称、单价和类型，单击“修改”按钮，修改指定编号的生鲜信息，运行结果如图7-23所示。

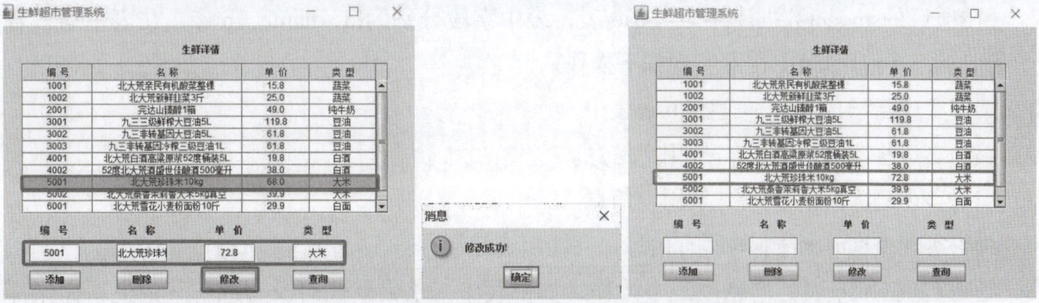

图7-23　修改生鲜信息运行结果

巩固与提高

一、选择题

1. 以下能够实现JDBC加载数据库驱动的是（　　）。[多选]

　A．Statement.executeUpdate(String sql)　　B．Class.forName()

　C．DriverManager.registerDriver()　　D．ResultSet.getString()

2.（　　）类是用来创建数据库连接。

　A．Connection　　B．DriverManager　　C．Statement　　D．ResultSet

3. 使用JDBC技术实现增删改操作时执行SQL语句需要调用的方法是（　　）。

　A．executeQuery()　　B．executeUpdate()

　C．executeInsert()　　D．executeDelete()

4. JDBC中查询结果集的接口是（　　）。

　A．ResultSet　　B．List　　C．Collection　　D．Set

5．在JDBC编程中执行完下列SQL语句select name, sex, age from stu, 能得到rs的第一列数据的代码是（　　）。[多选]

A．rs. getString(0)　　B．rs. getString(“sex”)

C．rs.getString(1)　　D．rs. getString(“name”)

6．在JDBC操作数据库时，能够提供executeQuery方法的接口是（　　）。[多选]

A．Statement　　B．Connection

C．ResultSet　　D．PreparedStatement

二、简答题

1．简述实现JDBC数据库连接的步骤。

2．简述预编译处理并举例说明。

3．简述事务及保存点。

三、编程题

在项目的student数据库中创建user表，表中字段分别为id，name，pwd，在表中插入若干条记录，并使用JDBC技术实现如下操作。

1．编码实现新增1条用户信息到user表中。

2．编码实现修改user表中的1条用户信息。

3．编码实现删除user表中的1条用户信息。

4．编码实现查询user表中的所有信息，并输出在控制台。

5．编码实现对user表的增删改三个操作，如果其中一条更新代码没有成功其他更新操作都需要回滚。

项目八

QQ 聊天室

项目引述

QQ聊天室项目是Java程序设计课程中的终极挑战项目，如图8-1所示。要想完成此项目，需要深入掌握Java网络编程、多线程处理、IO文件操作等一系列高级应用编程技能。该项目的核心目标是设计一个功能完备的QQ聊天室界面，并实现服务器端与客户端之间的信息高效通信。

图8-1　QQ聊天室项目运行效果

学生们将以小组为单位，共同协作完成这一富有挑战性的QQ聊天室项目。在此过程中，他们不仅能够体验到北大荒人历经数十年艰苦奋斗、勇于开拓所带来的巨大变迁，还能深刻认识到网络规范的重要性。更重要的是，这个项目将有效培养团队协作精神、严谨的科学态度以及精益求精的职业精神，为未来的专业成长奠定坚实的基础。

学习目标

【知识目标】

1. 了解IO流概念、分类；
2. 了解多线程的概念、应用；
3. 了解网络通信协议、网络编程的应用；
4. 理解IO技术、IO读取文件原理；
5. 掌握IO字节流、IO字符流对文件读写操作；
6. 掌握线程的创建、多线程同步、多线程通信；
7. 理解TCP通信；
8. 掌握TCP网络编程；
9. 掌握QQ聊天室项目开发思路、流程和具体实现。

【能力目标】

1. 会使用IO字节流进行文件复制等操作；
2. 会使用IO字符流实现文件读取、输出等操作；
3. 能够熟练编写Socket服务器/客户端程序；
4. 能够综合应用IO流、多线程、Socket等知识，解决实际问题。

【素质目标】

培养分析问题、解决问题的能力，培养团队协作精神、严谨的科学态度和精益求精的职业精神、分析解决实际Java网络问题的能力。

思维导图

QQ聊天室项目思维导图如图8-2所示。

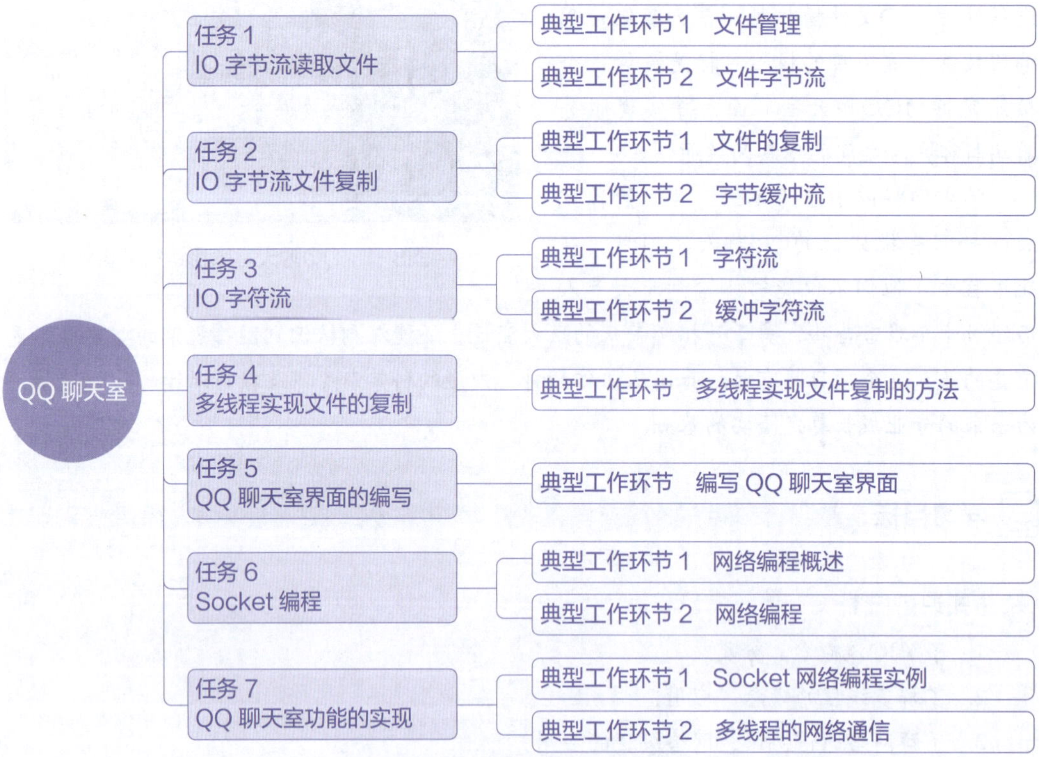

图8-2 QQ聊天室项目思维导图

小思考：结合实际使用QQ聊天软件的功能体验，如何实现群聊天功能？

任务1 IO字节流读取文件

任务描述

本任务主要学习Java中输入输出相关类和接口的用法；通过学习，能够熟练掌握Java的文件管理、输入输出流的概念，能够使用字节流读取文件。

任务目标

能够熟练使用字节流读取文件。

任务实现

典型工作环节1 文件管理

一、文件管理概述

在程序中要对磁盘文件或目录进行操作，首先要对文件或目录建立连接，为此Java提供了File类。File类也位于java.io包中，但不是流类，而是专门用来管理磁盘文件和目录。

文件管理

二、File类

Java类库中的File类可以对文件系统中的文件和目录进行操作，一个File对象表示一个磁盘文件或目录，其对象属性中包含了文件或目录的相关信息，如名称、长度、所含文件个数等，其方法可以完成对文件或目录的常用管理操作，如创建、删除等。

File类提供了3个不同的构造方法。

1. File(String path)

此构造方法中的String类参数path指定所建对象对应的磁盘文件名或目录名及其路径。

2. File(String path，String name)

此构造方法中的参数path表示文件或目录的路径，参数name表示文件或目录名。

3. File(File dir，String name)

此构造方法中的参数dir表示一个磁盘目录对应的File对象，参数name表示文件名或目录名。

File对象的操作：

public String getName()：得到文件名。

public String getPath()：得到文件路径。

public boolean exists()：判断文件或目录是否存在。

public long length()：返回文件的字节数。

public boolean canRead()：返回当前文件是否可读。

public boolean canWrite()：返回当前文件是否可写。

public boolean equals（File file）：比较文件或目录。

public boolean isFile()：检测是否是文件。

public boolean isDirectiry()：检测是否是目录。

public boolean renameTo（File file）：重命名文件。

public void delete()：删除文件。

File类的基本用法

范例8-1-1 File类的基本用法。

```
public class Demo8_1_1{
  public static void main(String[]args){
    //对已存在文件的属性进行操作
    File f1=new File("d:\\test1.txt");
    System.out.println("文件路径："+f1.getAbsolutePath());
    System.out.println("文件大小："+f1.length());
    System.out.println("文件可读："+f1.canRead());
    //创建文件
    File f2=new File("d:\\test2.txt");
    if(!f2.exists()){//如果文件不存在,创建文件
      try{
        f2.createNewFile();
      }catch(IOException e){
        e.printStackTrace();
      }
    }else{
      System.out.println("文件存在,不能创建！");
    }
    //创建文件夹
    File f3=new File("d:\\ff");
    if(f3.isDirectory()){//如果是文件夹
      System.out.println("文件夹已存在");
    }else{
      f3.mkdir();
    }
    //列出文件夹下的所有文件
    File f=new File("D:\\kk");
    if(f.isDirectory()){
      File lists[]=f.listFiles();
```

```
        for(int i=0;i<lists.length;i++){
            System.out.println("文件名: "+lists[i].getName());
        }
      }
   }
}
```

代码执行结果：程序第一次运行，效果如图8-3所示。

程序再次运行，效果如图8-4所示。

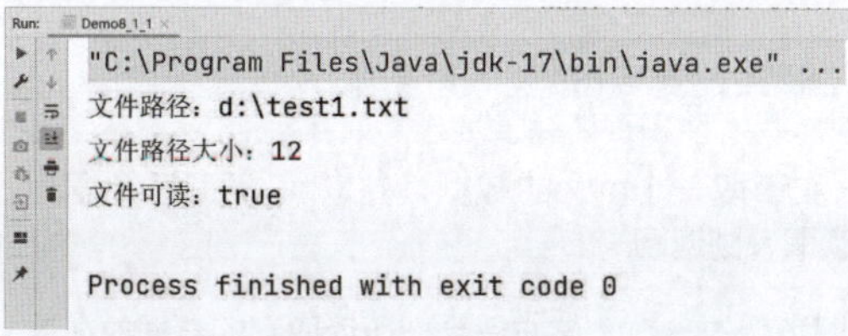

图8-3 File类的基本用法第一次运行

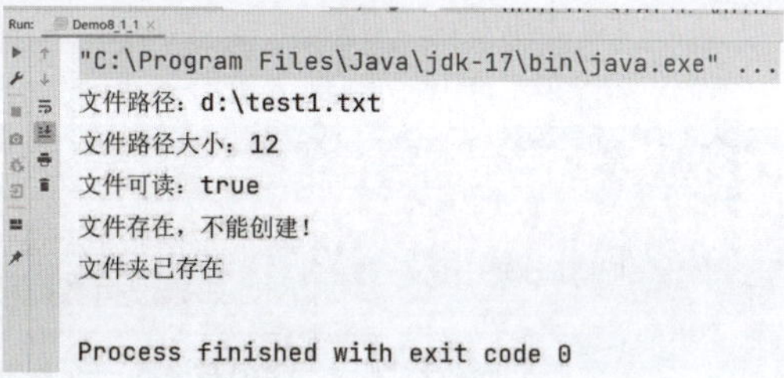

图8-4 File类的基本用法再次运行

典型工作环节2 文件字节流

一、Java语言中的IO流

多数应用程序都需要实现与设备之间的数据传输，例如键盘可以输入数据，显示器可以显示程序的运行结果等。在Java中，将这种通过不同输入输出设备（键盘、内存、显示器、网络等）之间的数据传输抽象表示为“流”。Java语言主要通过流来完成IO操作，Java中的“流”都位于java.io包中，称为IO（输入输出）流。

文件字节流

IO流有很多种，按照操作数据的不同，可以分为字节流和字符流，按照数据传输方向的不同又可分为输入流和输出流，程序从输入流中读取数据，向输出流中写入数据。在IO包中，字节流的输入输出流分别用java.io.InputStream和java.io.OutputStream表示，字符流的输入输出分别用java.io.Reader和java.io.Writer表示，具体分类如图8-5所示。

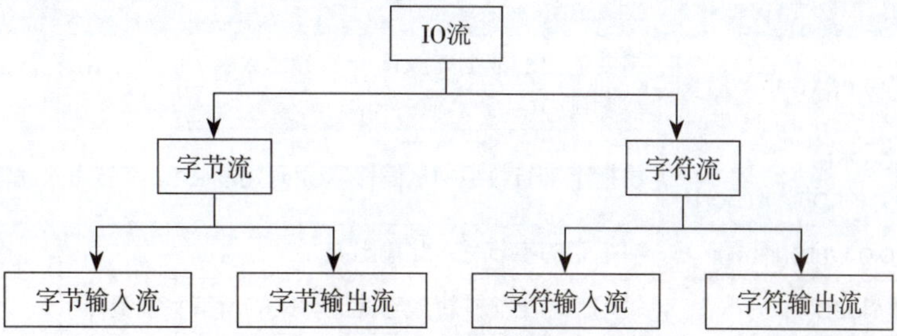

图8-5 IO流分类

二、字节流

1. 字节流的概念

在计算机中，无论是文本、图片、音频还是视频，所有的文件都是以二进制（字节）形式存在，IO流中针对字节的输入输出提供了一系列的流，统称为字节流。字节流是程序中最常用的流，根据数据的传输方向可将其分为字节输入流和字节输出流。在JDK中，提供了两个抽象类InputStream和OutputStream，它们是字节流的顶级父类，所有的字节输入流都继承自InputStream，所有的字节输出流都继承自OutputStream。

InputStream提供了与读相关的方法，如表8-1所示。

表8-1 InputStream的常用方法

方法	含义
int read()	这个方法没有参数，一次读取一个byte的数据，并以int 类型把数据返回，如果没有数据可以读取，则返回-1
int read(byte[] b)	这个方法有一个byte数据类型的参数，该方法会把所读取到的数据放在这个byte数组中，返回一个int 型数据，这个int型数据存储了返回的真正读取到的数据byte数
int read (byte[] b，int off，int len)	从输入流读取若干字节，把它们保存到参数b指定的字节数组中，off指定字节数组开始保存数据的起始下标，len表示读取的字节数目
int available()	获取这个流中还有多少个byte的数据可以读取
void close()	关闭输入流并释放与该流关联的所有系统资源

OutputStream提供了与写数据有关的方法，如表8-2所示。

InputStream和OutputStream这两个类虽然提供了一系列和读写数据有关的方法，但是这两个类是抽象类，不能被实例化，因此，针对不同的功能，InputStream和OutputStream提供了不同的子类。针对文件的读写，JDK专门提供了FileInputStream和FileOutputStream两个类。

表8-2 OutputStream的常用方法

方法	含义
void write(byte[] buffer)	将要输出的数组先放在一个byte数组中，然后用这个方法一次把一组数据输出
void write (byte[] buffer，int off，int len)	将指定字节数组中从偏移量off开始的len个字节写入此输出流
abstract void write(int b)	将指定的字节写入此输出流
void close()	关闭此输出流并释放与此流有关的所有系统资源
void flush()	刷新此输出流并强制输出所有缓冲的输出字节

2. 字节流读取文件

FileInputStream是InputStream的子类，它是操作文件的字节输入流，专门用于读取文件中的数据。

使用FileInputStream读取一个字符

范例8-1-2 使用FileInputStream读取一个字符。

首先需要在D盘创建文件test.txt文件，输入内容为：Hello nkzy!

```
public class Demo8_1_2 {
  public static void main(String[]args){
    //创建一个文件对象
    File f=new File("d:\\test.txt");
    InputStream fis=null;
    {
      try{
      //创建一个文件字节输入流
        fis=new FileInputStream(f);
      //读取一个字节并输出
        System.out.println((char)fis.read());
       } catch(Exception e){
          e.printStackTrace();
       }finally{
          try{
              //关闭文件字节输入流
              fis.close();
          }catch(Exception e){
            e.printStackTrace();
          }
       }
    }
  }
}
```

代码执行结果，如图8-6所示。

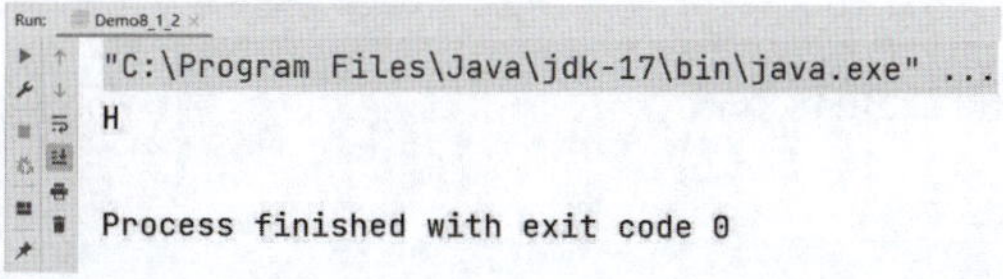

图8-6 FileInputStream读取一个字符程序运行效果

使用FileInputStream读取整个文件

范例8-1-3 使用FileInputStream读取整个文件。

```
public class Demo8_1_3{
  public static void main(String[]args){
    //创建一个文件对象
  File f=new File("d:\\test.txt");
    //声明一个文件字节输入流
  FileInputStream fis=null;
    try{
    //创建一个文件字节输入流,用于读取文件
    fis=new FileInputStream(f);
      //获取这个流中有多少个byte的数据可以读取
int length=fis.available();
      //循环读取文件中的内容并输出
    for(int i=0;i<length;i++){
        System.out.print((char)fis.read());
    }
    }catch(Exception e){
      e.printStackTrace();
    }finally{
    try{
        fis.close();
    } catch(IOException e){
        e.printStackTrace();
    }
    }
  }
}
```

代码执行结果，如图8-7所示。

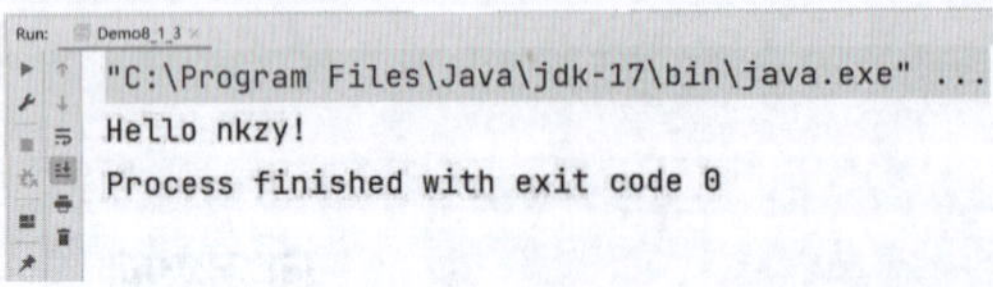

图8-7　FileInputStream读取整个文件程序运行效果

把字符串的内容保存到文件中

3. 字节流输出文件

FileOutputStream是OutputStream的子类，它是操作文件的字节输出流，专门用于把数据写入文件。

范例8-1-4　把字符串的内容，保存到文件中。

```
public class Demo8_1_4 {
  public static void main(String[]args){
    //创建一个文件对象
    File f=new File("d:\\aa.txt");
    //声明文件字节输出流
    FileOutputStream fos=null;
    try{
      //创建文件字节输出流
      fos=new FileOutputStream(f);
      //定义一个字符串
    String s="Hello nkzy!";
      //把s.getBytes()获取的所有字节写到输出流
      fos.write(s.getBytes());
    }catch(Exception e){
      e.printStackTrace();
    }finally{
      try{
        fos.close();
      } catch(Exception e){
        e.printStackTrace();
      }
    }
  }
}
```

代码执行结果：会在D盘生成一个新文本文件aa.txt，打开此文件，会生成如图8-8所示的内容。

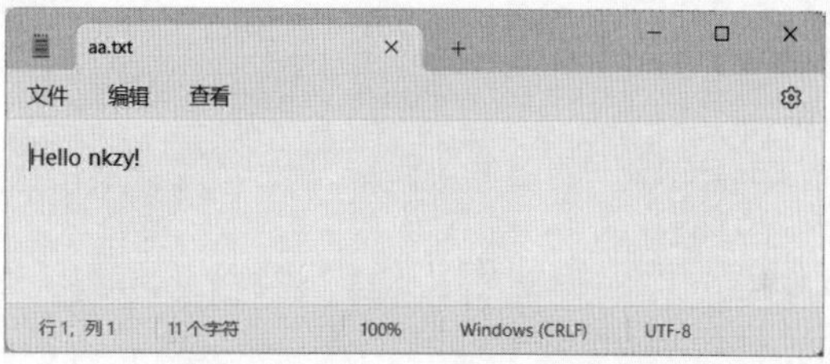

图8-8　字符串的内容保存到文件中程序运行效果

任务 2 IO 字节流文件复制

任务描述

本任务主要学习Java语言IO字节流文件复制；通过学习，能够理解IO字节流、字节缓冲流实现原理，掌握IO字节流文件复制操作。

任务目标

能够熟练使用字节流实现文件复制。

任务实现

典型工作环节1 文件的复制

在实际应用程序中，IO流通常都是成对出现的，即输入流和输出流一起使用。例如文件的复制就需要通过输入流来读取文件中的数据，通过输出流将数据写入文件。

小文件内容的复制

一、复制小文件

范例8-2-1 小文件内容的复制。

```
public class Demo8_2_1 {
public static void main(String[]args){
    //创建文件对象
    File inFile=new File("d:\\aa.txt");
    File outFile=new File("d:\\bb.txt");
    //声明文件输入流对象
    FileInputStream fis=null;
    //声明文件输出流对象
    FileOutputStream fos=null;
    try{
      //创建文件输入流对象
      fis=new FileInputStream(inFile);
      //创建文件输出流对象
      fos=new FileOutputStream(outFile);
      //得到源文件的字节数
```

```
        int length=fis.available();
        //对源文件进行遍历并写入目标文件
        for(int i=0;i<length;i++){
          fos.write(fis.read());
        }
      } catch(Exception e){
        e.printStackTrace();
      }finally{
        try{
          fos.close();
          fis.close();
        }catch(IOException e){
          e.printStackTrace();
        }
      }
    }
  }
```

代码执行结果：会在D盘生成一个新文本文件bb.txt，打开此文件，会生成如图8-9所示的内容，与aa.txt 内容相同。

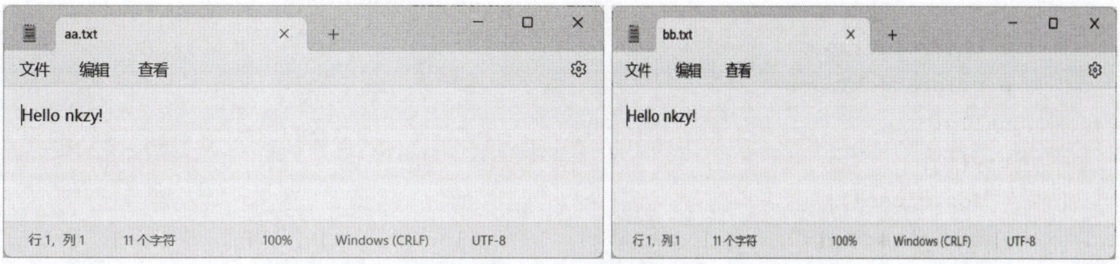

图8-9　小文件内容的复制程序运行效果

二、复制大文件

范例8-2-1中，实现了文件的复制。在复制过程中，通过for循环将字节逐个进行复制。每循环一次，就通过FileInputStream的read()方法读取一个字节，并通过FileOutputStream的write()方法将该字节写入指定文件。虽然能够完成文件的复制，但需要频繁地操作文件，效率非常低。

大文件内容的复制

当通过流的方式复制文件时，为了提高效率可以定义一个字节数组作为缓冲区。在复制文件时，可以一次性读取多个字节的数据，并保存在字节数组中，然后将字节数组中的数据一次性写入文件。

范例8-2-2　大文件内容的复制。

```
public class Demo8_2_2 {
public static void main(String[]args){
    //创建文件
    File inFile=new File("d:\\tomcat.zip");
    File outFile=new File("d:\\tomcat1.zip");
    //声明文件字节输入流
    FileInputStream fis=null;
    //声明文件字节输出流
    FileOutputStream fos=null;
    try{
      //创建文件字节输入流
      fis=new FileInputStream(inFile);
      //创建文件字节输出流
      fos=new FileOutputStream(outFile);
      //声明一个字节数组,作为临时空间
      byte[]tmp=new byte[8192];
      //声明源文件需要几次临时空间
      int length=fis.available()/8192;
      //读出源文件并保存到目标文件
      for(int i=0;i<=length;i++){
        int size=fis.read(tmp);
        fos.write(tmp,0,size);
      }
    }catch(Exception e){
      e.printStackTrace();
    }finally{
      try{
        fos.close();
        fos.close();
      }catch(IOException e){
        e.printStackTrace();
      }
    }
  }
}
```

代码执行结果：会在D盘生成新的文件tomcat1.zip，该文件与tomcat.zip大小相同。

典型工作环节2 字节缓冲流

一、字节缓冲流

通过前面两个实例我们知道，程序中的缓冲区就是一块内存，用于存放暂时输入输出的数据，使用缓冲区减少了对文件的操作次数，所以可以提高读写数据的效率。为了提高操作的效率，Java提供了这样的机制，能把数据流连接，让原来没有特殊访问方法的流，通过连接到特殊的流后，变成可以用特定的方法来访问数据，通过对数据的处理为程序提供了更为强大的读写功能，这就是处理流类。常见的处理流类有BufferedInputStream、BufferedOutputStream、BufferedReader、BufferedWriter、InputStreamReader、OutputStreamWriter、PrintStream、PrintWriter等。

在IO包中提供了两个带缓冲功能的处理流，分别是BufferedInputStream、BufferedOutputStream，它们的构造方法中分别接收InputStream和OutputStream类型的参数，在读写数据时提供缓冲功能。

使用字节缓冲流实现文件的复制

二、字节缓冲流操作文件

范例8-2-3 使用字节缓冲流实现文件的复制。

```
public class Demo8_2_3 {
  public static void main(String[]args){
    //声明文件字节输入流
    FileInputStream fis=null;
    //声明文件字节输出流
    FileOutputStream fos=null;
    //声明缓冲字节输入流
    BufferedInputStream bis=null;
    //声明缓冲字节输出流
    BufferedOutputStream bos=null;
    try{
      //创建文件字节输入流
      fis=new FileInputStream("d:\\aa.txt");
      //创建文件字节输出流
      fos=new FileOutputStream("d:\\aa1.txt");
      //创建缓冲字节输入流
      bis=new BufferedInputStream(fis);
      //创建缓冲字节输出流
      bos=new BufferedOutputStream(fos);
      int len;
      //判断是否读到文件末尾
      while((len=bis.read())!=-1){当不是文件末尾就写入
        bos.write(len);
      }
    }catch(Exception e){
      e.printStackTrace();
    }finally{
      try{
        bos.close();
        bis.close();
```

```
            }catch(IOException e){
                e.printStackTrace();
            }
        }
    }
}
```

代码执行结果：会在D盘生成一个新的文件aa1.txt。

任务 3 IO 字符流

任务描述

本任务主要学习IO字符流；通过学习，能够理解IO字符流、字符缓冲流、转换流实现原理，掌握IO字符流实现文件的读写操作。

任务目标

能够熟练使用字符流实现文件操作。

任务实现

典型工作环节1 字符流

一、字符流

前面我们学习过InputStream类和OutputStream类在读写文件时操作都是字节，如果想在程序中操作字符，需要使用JDK提供的字符流。

字符流

在java.io包中，Reader表示字符输入流，Writer表示字符输出流，它们都是抽象类，不能被实例化。因此，针对不同的功能，Reader和Writer提供了不同的子类。针对文件的读写，JDK专门提供了FileReader和FileWriter两个子类。

二、字符流操作文件

在程序开发中，经常需要对文本的内容进行读取，如果想从文件中直接读取字符，可以使用字符输入流FileReader类；如果要向文件中写入字符就需要使用FileWriter类。

范例8-3-1 使用FileReader，FileWriter类，实现文件的复制。

```
public class Demo8_3_1 {
  public static void main(String[]args){
    //声明文件字符输入流
    FileReader fr=null;
    //声明文件字符输出流
    FileWriter fw=null;
    try{
      //创建文件字符输入流
      fr=new FileReader("d:\\aa.txt");
      //创建文件字符输出流
      fw=new FileWriter("d:\\vv.txt");
      int n=0;
      //定义一个字节数组,作为缓冲区
      char []c=new char[1024];
      //判断是否读到文件末尾
      while((n=fr.read(c))!=-1){
        //把缓冲区中的内容从第一个字节开始向文件写入n个字节
        fw.write(c,0,n);
        //把缓冲区中的内容转换成字符串
        String s=new String(c,0,n);
        //输出
        System.out.println(s);
      }
    }catch(Exception e){
      e.printStackTrace();
    }finally{
      try{
        fr.close();
        fw.close();
      } catch(Exception e){
        e.printStackTrace();
      }
    }
  }
}
```

代码执行结果，会在D盘生成一个新的文件vv.txt。IDE控制台输出结果如图8-10所示。

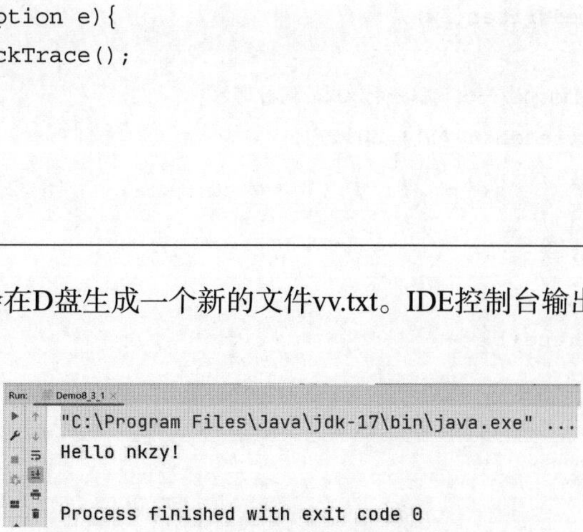

图8-10 字符流文件复制程序控制台输出结果

典型工作环节2 缓冲字符流

一、缓冲字符流

使用BufferedReader实现文件的复制

为了提高读写数据的效率，字符流同样提供了带缓冲区的处理流，分别是BufferedReader和BufferedWriter。

BufferedReader类从字符输入流中读取文本，缓冲各个字符，从而实现字符、数组和行的高效读取。它可以指定缓冲区的大小，或者可使用默认的大小。大多数情况下，默认值就足够大了。

BufferedWriter类将文本写入字符输出流，缓冲各个字符，从而提供单个字符、数组和字符串的高效写入。在BufferedWriter类中提供了一个重要的方法readLine()，该方法用于一次读取一行文本。

范例8-3-2 使用BufferedReader，BufferedWriter类，实现文件的复制。

```
public class Demo8_3_2 {
  public static void main(String[]args){
    //声明缓冲字符输入流
    BufferedReader br=null;
    //声明缓冲字符输出流
    BufferedWriter bw=null;
    try{
      //创建文件字符输入流
      FileReader fr=new FileReader("d:\\aa.txt");
      //创建缓冲字符输入流,把文件字符输入流对象转换成缓冲流对象
      br=new BufferedReader(fr);
      //创建文件字符输出流
      FileWriter fw=new FileWriter("d:\\cc.txt");
      //创建缓冲字符输出流,把文件字符输出流对象转换成缓冲流对象
      bw=new BufferedWriter(fw);
      String str;
      //使用缓冲字符流的方法一次读取一行文本,同时写入
      while((str=br.readLine())!=null){
        bw.write(str);
        bw.newLine();
      }
    }catch(Exception e){
      e.printStackTrace();
    }finally{
      try{
        bw.close();
        br.close();
      }catch(Exception e){
```

```
            e.printStackTrace();
        }
      }
    }
  }
```

代码执行结果：会在D盘生成一个新的文件cc.txt。打开此文件，会生成如图8-11所示的内容，与aa.txt 内容相同。

图8-11　缓冲字符流程序运行后复制的文件

二、转换流

使用缓冲字符流、转换流

前面提到IO流可分为字节流和字符流，有时字节流和字符流之间也需要进行转换。在JDK中提供了两个类可以将字节流转换为字符流，它们分别是InputStreamReader和OutputStreamWriter。

转换流也是一种处理流，其中OutputStreamWriter是Writer的子类，它可以将一个字节输出流包装成字符输出流，方便直接写入字符，而InputStreamReader是Reader的子类，它可以将一个字节输入流包装成字符输入流，方便直接读取字符。

范例8-3-3　使用缓冲字符流、转换流完成从键盘上输入要查询的文件名，输出此文件信息。

```
public class Demo8_3_3 {
  //声明文件对象
  static File file=null;
  public static void main(String[]args){
    System.out.println("请您输入完整的文件名（含路径名）：");
    //声明缓冲字符输入流
    BufferedReader br=null;
    try{
      //创建转换流,把输入的字节流转化成字符流
      InputStreamReader isr=new InputStreamReader(System.in);
      //把转换后的字符流转换成缓冲流
      br=new BufferedReader(isr);
      //读取输入的内容
```

```
            String filePath=br.readLine();
            //根据输入的路径创建文件对象
            file=new File(filePath);
            //判断是不是文件
            if(file.isFile()){
                //如果是文件,调用方法显示文件的信息
                showFileInfo(file);
            }else{
                System.out.println("文件名输入有误! ");
            }
        }catch(Exception e){
            e.printStackTrace();
        }finally{
            try{
                br.close();
            }catch(IOException e){
                e.printStackTrace();
            }
        }
    }
    //显示文件信息的方法
    public static void showFileInfo(File f){
        System.out.println("文件名为: "+f.getName());
        System.out.println("该文件的绝对路径为: "+f.getAbsolutePath());
        System.out.println("该文件的父目录为: "+f.getParent());
        System.out.println("该文件的长度为: "+f.length());
        if(f.canRead()){
            System.out.println("该文件可以写入! ");
        }else{
            System.out.println("该文件不可以写入! ");
        }
    }
}
```

代码运行结果：控制台输出效果如图8-12所示。

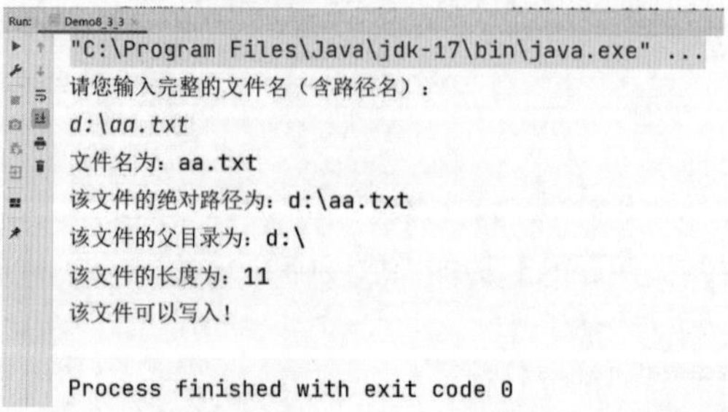

图8-12 缓冲字符流、转换流程序运行后的效果

任务 4　多线程实现文件的复制

任务描述

本任务主要学习多线程实现文件的复制；通过学习，能够进一步理解多线程、IO流相关知识，能够使用多线程、IO流结合实现文件的复制。

任务目标

能够熟练使用多线程实现文件的复制。

任务实现

典型工作环节　多线程实现文件复制的方法

多线程实现文件的复制

范例8-4-1　创建一个有复制功能的类，继承Thread类，重写run()方法，把FileInputStream输入流、FileOutputStream输出流写在run()方法内。

```
public class Demo8_4_1 extends Thread{  //该类继承自Thread类
  private String sourceFilePath;
  private String destFilePath;
  public Demo8_4_1(String sourceFilePath,String destFilePath){
    this.sourceFilePath=sourceFilePath;
    this.destFilePath=destFilePath;
  }
  @Override
  //重写了run方法
  public void run()
    //文件字节输入流
    FileInputStream inputStream=null;
    //文件字节输出流
    FileOutputStream outputStream=null;
    //输入流读数据,输出流写数据完成文件复制
    try{
      inputStream=new FileInputStream(new File(sourceFilePath));
      outputStream=new FileOutputStream(new File(destFilePath));
      byte[]buffer=new byte[1024];
```

```
        int length;
        while((length=inputStream.read(buffer))!=-1){
          outputStream.write(buffer,0,length);
          System.out.println(Thread.currentThread().getName()+":完成文件复制!");
        }
      }catch(Exception e){
        throw new RuntimeException(e);
      }finally{
        try{
          inputStream.close();
          outputStream.close();
        }catch(Exception e){
          e.printStackTrace();
        }
      }
    }
    public static void main(String[]args){
      String sourceFilePath="d:\\aa.txt";
      String destFilePath1="d:\\dest1.txt";
      String destFilePath2="d:\\dest2.txt";
      //创建两个线程对象t1,t2
      Demo8_4_1 t1=new Demo8_4_1(sourceFilePath,destFilePath1);
      Demo8_4_1 t2=new Demo8_4_1(sourceFilePath,destFilePath2);
      //启动线程t1,t2,实现多线程复制文件
      t1.start();
      t2.start();
    }
  }
```

代码运行结果：在控制台输出效果如图8-13所示。

程序运行结束后，在D盘生成dest1.txt和dest2.txt两个文件，两个文件的内容与D盘aa.txt文件内容相同。

在【范例8-4-1】中，我们创建了Demo8_4_1类，该类继承自Thread类，并重写了run方法，在run方法中，我们使用FileInputStream和FileOutputStream进行文件的读写操作。

在main方法中，我们创建了两个线程对象，并分别调用它们的start方法来启动线程。这样，源文件的内容被同时复制到目标文件中，实现了多线程复制文件的功能。

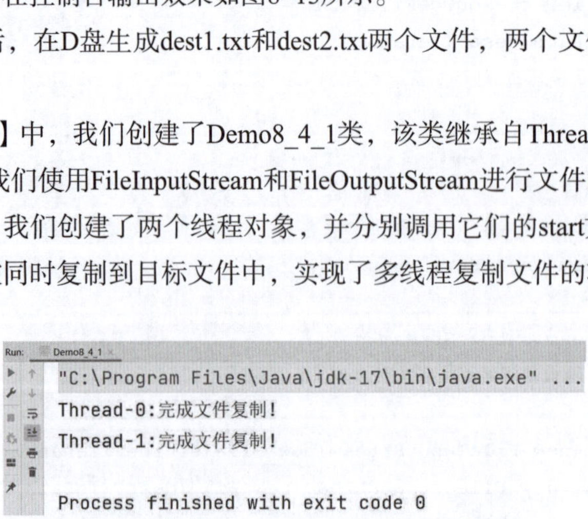

图8-13 多线程实现文件的复制程序执行后的效果

任务 5　编写 QQ 聊天室界面

任务描述

本任务主要学习QQ聊天室界面的编写；通过学习，能够进一步掌握Java针对GUI提供的常用类库，理解组件、容器的概念，掌握组件、容器、布局管理器等实际应用。

任务目标

能够熟练使用图形用户界面GUI知识完成QQ聊天室界面的编写。

任务实现

典型工作环节　编写QQ聊天室界面

QQ聊天室界面的编写

范例8-5-1　编写QQ聊天室界面。

步骤1　创建Demo8_5_1.java类，该类继承JFrame，在类中声明聊天界面需要的组件变量，源代码如下。

```
public class Demo8_5_1 extends JFrame{
  //1.声明文本框组件
  JTextField jTextField=null;
  //2.声明文本域组件
  JTextArea jTextArea=null;
  //3.声明按钮组件
  JButton jButton=null;
  //4.声明面板组件
  JPanel jPanel=null;
  //5.声明滚动面板组件
  JScrollPane jScrollPane=null;
}
```

步骤2　在Demo8_5_1.java类的构造函数中，创建组件并进行布局，源代码如下。

```
public Demo8_5_1(){
  //创建文本框
```

```
  jTextField=new JTextField(20);
  //创建文本域
  jTextArea=new JTextArea();
  //创建发送按钮
  jButton=new JButton("发送");
  //创建面板
  jPanel=new JPanel();
  //把文本框加入面板
  jPanel.add(jTextField);
  //把发送按钮加入面板
  jPanel.add(jButton);
  //把文本域加入滚动面板
  jScrollPane=new JScrollPane(jTextArea);
  //设置窗体的标题
  this.setTitle("QQ聊天室界面");
  //把滚动面板加入窗体的中部
  this.add(jScrollPane,"Center");
  //把面板加入窗体的内部
  this.add(jPanel,"South");
  //设置窗体的大小
  this.setSize(400,300);
  //获取显示器屏幕大小
  Dimension screenSize=Toolkit.getDefaultToolkit().getScreenSize();
  //获取显示器屏幕的宽度
  int screenWidth=screenSize.width;
  //获取显示器屏幕的高度
  int screenHeight=screenSize.height;
  //获取窗体的宽度
  int frameWidth=this.getSize().width;
  //获取窗体的高度
  int frameHeight=this.getSize().height;
  //使用窗体居中显示
  setLocation((screenWidth-frameWidth)/2,(screenHeight-frameHeight)/2);
  //设置关闭窗体
  this.setDefaultCloseOperation(JFrame.EXIT_ON_CLOSE);
  //设置窗体可显示
  this.setVisible(true);
}
```

步骤3　在Demo8_5_1.java类的主方法中，创建对象，源代码如下。

```
public static void main(String[]args){
  Demo8_5_1 demo8_5_1=new Demo8_5_1();
}
```

步骤4 运行程序源代码，在控制台输出效果如图8-14所示。

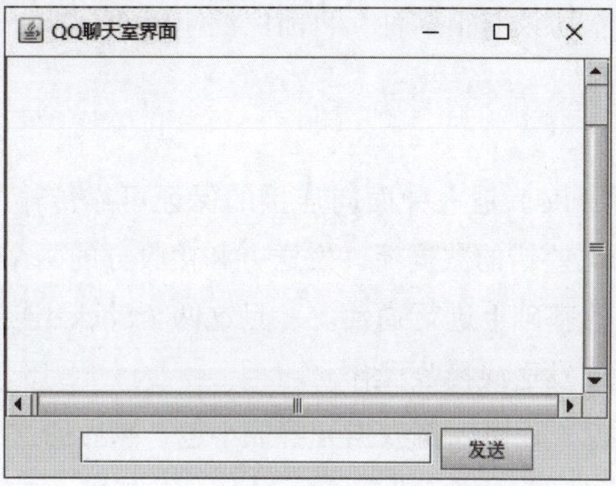

图8-14 QQ聊天器界面执行后的界面

任务6 Socket编程

任务描述

本任务主要学习Socket编程；通过学习，了解网络通信协议的种类，理解套接字的基本概念，掌握Socket类和ServerSocket类的用法，能够熟练掌握Socket编程的基本原理。

任务目标

能够熟练掌握Socket编程的基本原理。

任务实现

典型工作环节1 网络编程概述

计算机网络是指通过某种方式将多台计算机进行连接，它实现了多台计算机之间的互联以及数据交换。位于同一个网络中的计算机如果想实现彼此间的通信，必须通过编写网络程序来实现，这些程序可以实现数据的交换。

网络编程概述

一、网络通信协议

通过计算机网络可以使多台计算机实现连接，位于同一个网络中的计算机在进行连接和通信时需要遵守一定的规则。在计算机网络中，这些连接和通信的规则被称为网络通信协议，它对数据的传输格式、传输速率、传输步骤等做了统一规定，通信双方必须同时遵守才能完成数据交换。网络通信协议有很多种，目前广泛应用的是TCP/IP协议。

二、TCP/IP协议

TCP协议（传输控制协议）是一种面向连接的保证可靠传输的协议。通过TCP协议传输，得到的是一个顺序的无差错的数据流，发送方和接收方的两个成对的Socket之间必须建立连接，以便在TCP协议的基础上进行通信。一旦这两个Socket连接起来，它们就可以进行双向通信传输，双方都可以发送或接收操作。

IP协议是一种路由协议，该协议将数据分解成小包，然后通过网络传到一个地址，它并不确保传输的信息包一定到达目的地。TCP是一种较高的协议，它把数据信息包有力地捆绑在一起，在必要的时候对这些信息进行排序和重传，以获得可靠的数据传输。

三、IP地址和端口号

要想使网络中的计算机能够进行通信，必须为每台计算机指定一个标识号，通过这个标识号来指定接收数据的计算机或者发送数据的计算机。在TCP/IP协议中，这个标识号就是IP地址，它可以唯一标识网络中的一台计算机。

计算机与网络一般只有一个物理连接，网络数据通过这个连接流向计算机，但是计算机上一般有许多个进程在同时运行，为确保网络数据流向指定的进程，还需要指定端口号。在计算机中，不同的应用程序是通过端口号区分的。端口号是用两个字节（16位二进制数）表示的，它的取值范围是0～65535，其中0～1024之间的端口号用于一些知名的网络服务和应用，用户的普通应用程序需要使用1024以上的端口号。

典型工作环节2 网络编程

一、Socket编程概述

网络上的两个程序通过一个双向的通信连接实现数据的交换，这个双向链路的一端称为一个套接字Socket。Socket通常用来实现客户方和服务方的连接。Socket是TCP/IP协议的一个非常流行的方法，一个Socket由一个IP地址和一个端口号确定。

网络编程

一个Socket包括两个流：输入流和输出流。如果一个进程要通过网络向另一个进程发送数据，只需简单地写入与Socket相关联的输出流。一个进程通过与Socket相关联的输入流读取另一个进程所写的数据。

JDK在包java.net中提供了两个类Socket和ServerSocket，分别用来表示双向连接的客户端和服务端。

1. ServerSocket

在开发TCP应用程序时，首先需要创建服务器程序。服务器端的程序是使用ServerSocket类建立服务套接字实现与客户套接字的连接。

ServerSocket类的构造方法为：

ServerSocket（int port）

其中，port是一个端口号，port必须和客户呼叫的端口号相同。

当服务器的套接字server_socket建立后，可用accept()方法接收客户套接字clientsocket的连接请求。当接收到客户的套接字clientsocket后，把它放到一个已声明的Socket对象sc中，则sc就是clientsocket，这样服务器端的sc就可以使用方法getOutputStream()获取一个输出流，然后用这个输出流将信息写入“线路”中，发送给客户端。可以使用方法getInputStream()获得一个输入流，然后用这个输入流读取客户放入“线路”中的信息。

2. Socket

客户端的程序是使用Socket类建立与服务器套接字的连接。Socket类的构造方法为：Socket（String host，int port）。

其中，参数host是服务器的IP地址，port是一个端口号。

当套接字连接clientsocket建立后，可以想象一条通信“线路”已经建立起来。clientsocket可以使用方法getInputStream()获得一个输入流，然后用这个输入流读取服务器放入“线路”中的信息。clientsocket还可以使用方法getOutputStream()获得一个输出流，然后用这个输出流将信息写入“线路”中。

二、Socket编程实例

客户端和服务器端互发信息

范例8-6-1　客户端和服务器端互发信息。

步骤1　创建服务器端源代码Demo8_6_1.java，源代码如下。

```
public class Demo8_6_1{
  public static void main(String[]args){
    Demo8_6_1 server=new Demo8_6_1();
  }
  public Demo8_6_1(){
    try{
      //创建ServerSocket对象,在9999端口监听
      ServerSocket ss=new ServerSocket(9999);
      System.out.println("我是服务器,在9999端口监听");
      //调用ServerSocket的accept()方法等待客户连接
      Socket s=ss.accept();
      //读取s中传递的数据,转换成字符流
      InputStreamReader isr=new InputStreamReader(s.getInputStream());
      //将字符流转换成缓冲流
      BufferedReader br=new BufferedReader(isr);
```

```
        //读取信息
        String info=br.readLine();
        //在控制台输出客户端的信息
        System.out.println("服务器接收到: "+info);
        //创建打印流对象,向s中输出信息
        PrintWriter pw=new PrintWriter(s.getOutputStream(),true);
        pw.println("我是服务器,你好! ");
      }catch(Exception e){
        throw new RuntimeException(e);
      }
    }
}
```

步骤2　创建客户端源代码Demo8_6_2.java，源代码如下。

```
public class Demo8_6_2
  public static void main(String[]args){
    Demo8_6_2 client=new Demo8_6_2();
  }
  public Demo8_6_2(){
    try{
      //创建Socket对象,连接服务器端的9999端口
      Socket s=new Socket("127.0.0.1",9999);
      //创建打印流,用于向服务器端发送信息
      PrintWriter pw=new PrintWriter(s.getOutputStream(),true);
      pw.println("你好,我是客户端");
      //把从s中接收的服务器端的信息转换成字符流
      InputStreamReader isr=new InputStreamReader(s.getInputStream());
      //把字符流转换成缓冲流
      BufferedReader br=new BufferedReader(isr);
      //读取服务器端的信息
      String response=br.readLine();
      //在控制台输出服务器端的信息
      System.out.println("我是客户端,收到服务器回送的信息: "+response);
    }catch(Exception e){
      throw new RuntimeException(e);
    }
  }
}
```

步骤3　先运行服务器端Demo8_6_1.java，再运行客户端源代码Demo8_6_2.java，在控制台输出效果如图8-15、图8-16所示。

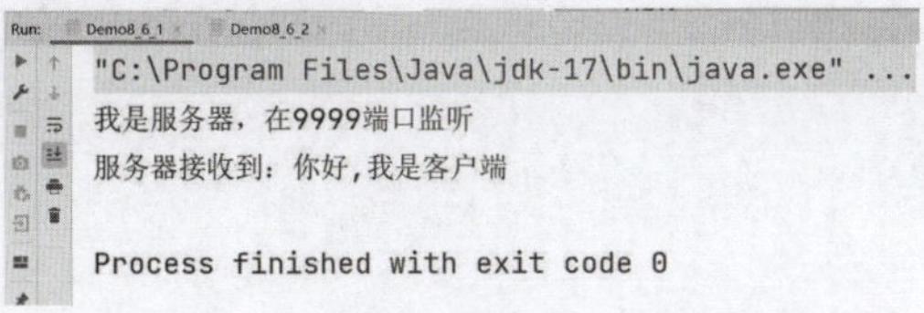

图8-15　服务器端控制台输出效果

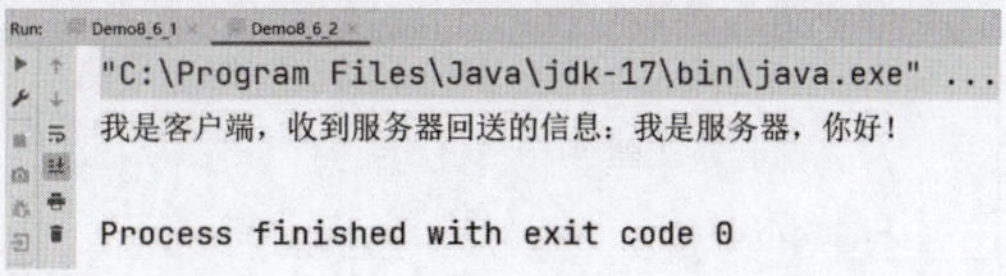

图8-16　客户端控制台输出效果

任务 7　QQ 聊天室功能的实现

任务描述

本任务主要学习Socket网络上传信息；通过案例的学习，能够结合多线程熟练使用Socket编程技术实现QQ聊天室的聊天功能。

任务目标

能够熟练使用Socket编程解决实际问题。

任务实现

典型工作环节1　Socket网络编程实例

范例8-7-1　QQ聊天室的实现。

QQ聊天室的实现

步骤1　创建服务器端类Demo8_7_1.java，该类继承JFrame，实现ActionListener接口，在类中声明聊天器使用的组件，源代码如下。

```
public class Demo8_7_1 extends JFrame implements ActionListener{
 //声明文本框组件
  JTextField jTextField=null;
  //声明文本域组件
  JTextArea jTextArea=null;
  //声明按钮组件
  JButton jButton=null;
  //声明面板组件
  JPanel jPanel=null;
```

```
    //声明滚动面板组件
    JScrollPane jScrollPane=null;
    //声明打印流组件
    PrintWriter pw=null;
  }
```

步骤2　在Demo8_7_1.java类的构造方法中创建组件对象、界面的布局以及服务器端通信的代码的编写，源代码如下。

```
public Demo8_7_1(){
    //创建文本框
    jTextField=new JTextField(20);
    //创建文本域
    jTextArea=new JTextArea();
    //创建发送按钮
    jButton=new JButton("发送");
    //创建面板
    jPanel=new JPanel();
    //把文本框加入面板
    jPanel.add(jTextField);
    //把发送按钮加入面板
    jPanel.add(jButton);
    //把文本域加入滚动面板
    jScrollPane=new JScrollPane(jTextArea);
    //设置窗体的标题
    this.setTitle("QQ聊天室-服务器端");
    //把滚动面板加入窗体的中部
    this.add(jScrollPane,"Center");
    //把面板加入窗体的内部
    this.add(jPanel,"South");
    //设置窗体的大小
    this.setSize(400,300);
    //获取显示器屏幕大小
    Dimension screenSize=Toolkit.getDefaultToolkit().getScreenSize();
    //获取显示器屏幕的宽度
    int screenWidth=screenSize.width;
    //获取显示器屏幕的高度
    int screenHeight=screenSize.height;
    //获取窗体的宽度
    int frameWidth=this.getSize().width;
    //获取窗体的高度
    int frameHeight=this.getSize().height;
    //使用窗体居中显示
```

```
    setLocation((screenWidth-frameWidth)/2,(screenHeight - frameHeight)/2);
    //设置关闭窗体
    this.setDefaultCloseOperation(JFrame.EXIT_ON_CLOSE);
    //设置窗体可显示
    this.setVisible(true);
    try{
      //创建ServerSocket对象,在9999端口监听
      ServerSocket ss=new ServerSocket(9999);
      //调用ServerSocket的accept()方法等待客户连接
      Socket s=ss.accept();
      //读取s中传递的数据,转换成字符流
      InputStreamReader isr=new InputStreamReader(s.getInputStream());
       //将字符流转换成缓冲流
      BufferedReader br=new BufferedReader(isr);
      //创建打印流对象,向s中输出信息
      pw=new PrintWriter(s.getOutputStream(),true);
      //循环读取客户端的信息,并在文本域中显示
      while(true){
        String info=br.readLine();
        jTextArea.append("客户端对服务器说:"+info+"\r\n");
      }
    }catch(Exception e){
      throw new RuntimeException(e);
    }
  }
```

步骤3　在Demo8_7_1.java类中重写ActionListener 接口中的方法，源代码如下。

```
@Override
public void actionPerformed(ActionEvent e){
  //判断是否点击发送按钮
  if(e.getSource()==jButton){
    //取出文本框中的信息
    String info=jTextField.getText();
    //在文本域中显示
    jTextArea.append("服务器对客户说: "+info+"\r\n");
    //把信息发送给客户端
    pw.println(info);
    //清空文本框
    jTextField.setText("");
  }
}
```

步骤4 在Demo8_7_1.java类的主方法中创建对象，源代码如下。

```
public static void main(String[]args){
  Demo8_7_1 server=new Demo8_7_1();
}
```

步骤5 创建客户端源类Demo8_7_2.java，该类继承JFrame，实现ActionListener接口，在类中声明聊天器使用的组件，源代码如下。

```
public class Demo8_7_2 extends JFrame implements ActionListener{
  //声明文本框组件
  JTextField jTextField=null;
  //声明文本域组件
  JTextArea jTextArea=null;
  //声明按钮组件
  JButton jButton=null;
  //声明面板组件
  JPanel jPanel=null;
  //声明滚动面板组件
  JScrollPane jScrollPane=null;
  //声明打印流组件
  PrintWriter pw=null;
}
```

步骤6 在Demo8_7_2.java类的构造方法中创建组件对象、界面的布局以及客户端通信的代码的编写，源代码如下。

```
public Demo8_7_2(){
  //创建文本框
  jTextField=new JTextField(20);
  //创建文本域
  jTextArea=new JTextArea();
  //创建发送按钮
  jButton=new JButton("发送");
  //创建面板
  jPanel=new JPanel();
  //把文本框加入面板
  jPanel.add(jTextField);
  //把发送按钮加入面板
  jPanel.add(jButton);
  //把文本域加入滚动面板
  jScrollPane=new JScrollPane(jTextArea);
```

```
    //设置窗体的标题
    this.setTitle("QQ聊天室-客户端");
    //把滚动面板加入窗体的中部
    this.add(jScrollPane,"Center");
    //把面板加入窗体的内部
    this.add(jPanel,"South");
    //设置窗体的大小
    this.setSize(400,300);
    //获取显示器屏幕大小
    Dimension screenSize=Toolkit.getDefaultToolkit().getScreenSize();
    //获取显示器屏幕的宽度
    int screenWidth=screenSize.width;
    //获取显示器屏幕的高度
    int screenHeight=screenSize.height;
    //获取窗体的宽度
    int frameWidth=this.getSize().width;
    //获取窗体的高度
    int frameHeight=this.getSize().height;
    //使用窗体居中显示
    setLocation((screenWidth - frameWidth)/2,(screenHeight - frameHeight)/2);
    //设置关闭窗体
    this.setDefaultCloseOperation(JFrame.EXIT_ON_CLOSE);
    //设置窗体可显示
    this.setVisible(true);
    try{
      //创建Socket对象,连接服务器端的9999端口
      Socket s=new Socket("127.0.0.1",9999);
      //把从s中接收的服务器端的信息转换成字符流
      InputStreamReader isr=new InputStreamReader(s.getInputStream());
      //把字符流转换成缓冲流
      BufferedReader br=new BufferedReader(isr);
      //创建打印流,用于向服务器端发送信息
      pw=new PrintWriter(s.getOutputStream(),true);
      //循环读取服务器端发送的信息,并在文本域中显示
      while(true){
        String info=br.readLine();
        jTextArea.append("服务器对客户端说:"+info+"\r\n");
      }
    }catch(Exception e){
      throw new RuntimeException(e);
    }
  }
```

步骤7　在Demo8_7_2.java类中重写ActionListener 接口中的方法，源代码如下。

```
@Override
public void actionPerformed(ActionEvent e){
  //判断是否点击了发送按钮
  if(e.getSource()==jButton){
    //从文本框中读取客户端向服务器端发送的信息
    String info=jTextField.getText();
    //把信息添加到文本域
    jTextArea.append("客户端对服务器说:"+info+"\r\n");
    //把信息发送给服务日历端
    pw.println(info);
    //清空文本框
    jTextField.setText("");
  }
}
```

步骤8　在Demo8_7_2.java类的主方法中创建对象，源代码如下。

```
public static void main(String[]args){
  Demo8_7_2 client=new Demo8_7_2();
}
```

步骤9　先运行服务器端Demo8_7_1.java，再运行客户端源代码Demo8_7_2.java，双方互相聊天，如图8-17所示。

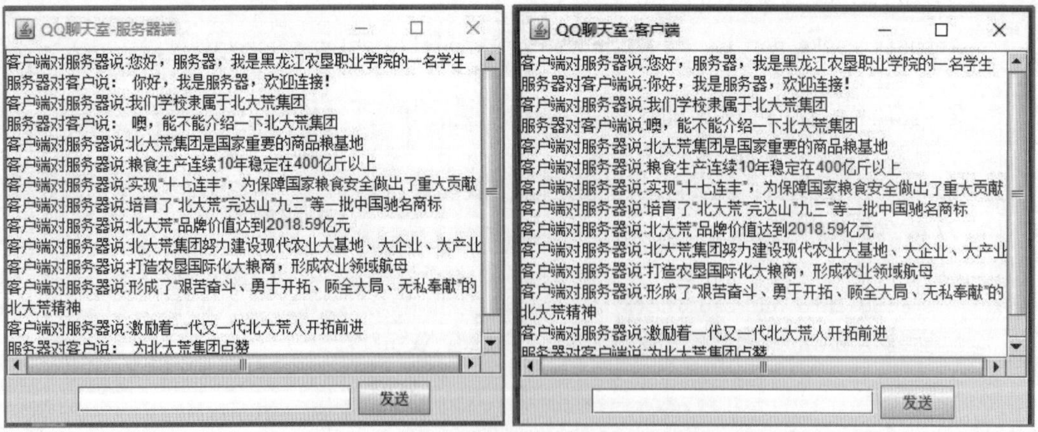

图8-17　QQ聊天器的界面开发运行效果

典型工作环节2　多线程的网络通信

由于存在单个服务器程序与多个客户程序通信的可能，所以服务器程序响应客户程序不应该等待很长时间，否则客户程序在得到服务前可能花费很多时间来等待通信的建立。而且服务器程序和客户程序的会话有可能是很长的，因此需要加快服务器对客户程序连接请求的响应，典型的方法是服务器端为每一个客户连接运行一个后台连接，这个后台线程负责处理服务器程序和客户程序的通信。实例8-7-3是在实例8-7-2的基础上，在服务器端启动多线程，完成与多个客户端进行通信。

QQ聊天室实现多个客户端连接服务器

范例8-7-2　QQ聊天室实现多个客户端连接服务器。

步骤1　创建服务器端类Demo8_7_3.java，该类继承JFrame，实现ActionListener接口，在类中声明聊天器使用的组件，源代码如下。

```
public class Demo8_7_3 extends JFrame implements ActionListener{
   //声明文本框组件
   JTextField jTextField=null;
   //声明文本域组件
   JTextArea jTextArea=null;
   //声明按钮组件
   JButton jButton=null;
   //声明面板组件
   JPanel jPanel=null;
   //声明滚动面板组件
   JScrollPane jScrollPane=null;
   //声明打印流组件
   PrintWriter pw=null;
}
```

步骤2　在Demo8_7_3.java类的构造方法中创建组件对象、界面的布局以及服务器端通信的代码的编写，源代码如下。

```
public Demo8_7_3(){
   //创建文本框
   jTextField=new JTextField(20);
   //创建文本域
   jTextArea=new JTextArea();
   //创建发送按钮
   jButton=new JButton("发送");
   //创建面板
   jPanel=new JPanel();
```

```
    //把文本框加入面板
    jPanel.add(jTextField);
    //把发送按钮加入面板
    jPanel.add(jButton);
    //把文本域加入滚动面板
    jScrollPane=new JScrollPane(jTextArea);
    //设置窗体的标题
    this.setTitle("QQ聊天室-服务器端");
    //把滚动面板加入窗体的中部
    this.add(jScrollPane,"Center");
    //把面板加入窗体的南部
    this.add(jPanel,"South");
    //设置窗体的大小
    this.setSize(400, 300);
    //获取显示器屏幕的大小
    Dimension screenSize=Toolkit.getDefaultToolkit().getScreenSize();
    //获取显示器屏幕的宽度
    int screenWidth=screenSize.width;
    //获取显示器屏幕的高度
    int screenHeight=screenSize.height;
    //获取窗体的宽度
    int frameWidth=this.getSize().width;
    //获取窗体的高度
    int frameHeight=this.getSize().height;
    //使用窗体居中显示
    setLocation((screenWidth-frameWidth)/2,(screenHeight-frameHeight)/2);
    //设置关闭窗体
    this.setDefaultCloseOperation(JFrame.EXIT_ON_CLOSE);
    //设置窗体可显示
    this.setVisible(true);
    try{
      ServerSocket ss=new ServerSocket(9999);
      //定义一个死循环，由主线程负责不断地接收客户端的Socket管道连接
      while(true){
        //每接收一个客户端的Socket管道,交给一个独立的子线程负责读取消息
        Socket s=ss.accept();
        new ServerThread(s).start();
      }
    }catch(Exception e){
      throw new RuntimeException(e);
    }
  }
```

步骤3　在Demo8_7_3.java类中重写ActionListener 接口中的方法，源代码如下。

```
@Override
public void actionPerformed(ActionEvent e){
  if(e.getSource()==jButton){
    String info=jTextField.getText();
    jTextArea.append("服务器对客户说: "+info+"\r\n");
    pw.println(info);
    jTextField.setText("");
  }
}
```

步骤4　在Demo8_7_3.java类中创建线程类ServerThread，实现与多个客户端进行通信，源代码如下。

```
class ServerThread extends Thread{
  private Socket socket;
  public ServerThread(Socket socket){
    this.socket=socket;
  }
  @Override
  public void run(){
    InputStreamReader isr=null;
    try{
      isr=new InputStreamReader(socket.getInputStream());
      BufferedReader br=new BufferedReader(isr);
      PrintWriter pw=new PrintWriter(socket.getOutputStream(),true);
       while(true){
         String info=br.readLine();
         jTextArea.append("客户端对服务器说:"+info+"\r\n");
       }
    }catch(Exception e){
      throw new RuntimeException(e);
    }
  }
}
```

步骤5　在Demo8_7_3.java类的主方法中创建对象，源代码如下。

```
public static void main(String[]args){
  Demo8_7_3 server=new Demo8_7_3();
}
```

步骤6 客户端程序与Demo8_7_2相同，先运行服务器端Demo8_7_3.java，再运行两个客户端源代码Demo8_7_2.java，与服务器进行聊天，如图8-18所示。

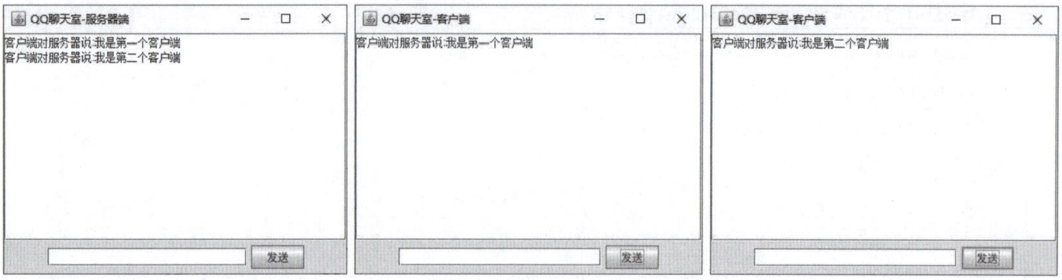

图8-18 多线程的QQ聊天室最终运行效果

巩固与提高

一、单选题

1. 以下哪个类是操作文件的字节输入流用于读取文件中的数据？（ ）

A. InputStream　　B. OutputStream

C. FileInputStream　　D. FileOutputStream

2. InputStream提供了与读相关的方法，其中用于获取流中还有多少个byte的数据可以读取的方法的是哪个？（ ）

A. int read()　　B. int available()

C. void close()　　D. int read(byte[] b)

3. OutputStream提供了与写数据有关的方法，其中用于刷新此输出流并强制输出所有缓冲的输出字节的方法是哪个？（ ）

A. void write(byte[] buffer)　　B. void close()

C. void flush()　　D. abstract void write(int b)

4. 下面哪个流不属于处理流？（ ）

A. BufferedInputStream　　B. BufferedReader

C. PrintWriter　　D. InputStream

5. 下面哪个流可以将字节流转换为字符流？（ ）

A. PrintWriter　　B. InputStreamReader

C. InputStream　　D. OutputStream

6. ServerSocket类用于接收来自客户端连接请求的方法是哪个？（ ）

A. get()　　B. receive()　　C. accept()　　D. getInputStream()

7. Socket编程中，用于客户端程序建立与服务器套接字的连接的类是（ ）。

A. ServerSocket　　B. Socket　　C. Client　　D. Server

二、简答题

1．简述File类提供的3个不同的构造方法。

2．简述IO流的分类。

3．简述Java字节流、字符流的区别。

4．简要说明转换流。

5．简述Socket类和ServerSocket类的作用。

三、编程题

1．编写一个Java程序实现文件的复制功能，将e:/src.txt中的内容复制到d:/dest.txt中。

2．编写一个Java程序实现将键盘输入的内容保存到文件。

3．编写程序实现在服务器端和客户端之间建立连接并发送数据。

参考文献

［1］叶安新．Java基础案例教程（微课版）［M］．北京：人民邮电出版社，2024.

［2］孙祥．Java程序设计［M］．3版．北京：电子工业出版社，2024.

［3］张玉叶．Java程序设计项目化教程（微课版）［M］．北京：人民邮电出版社，2023.

［4］王宗亮．Java程序设计任务驱动式实训教程［M］．2版．北京：清华大学出版社，2016.

［5］许敏，史荧中．Java程序设计案例教程［M］．2版．北京：机械工业出版社，2022.

［6］张梦玲．Java语言程序设计：面向对象的设计思想与实践［M］．2版．北京：机械工业出版社，2016.

［7］丁振凡．Java语言程序设计［M］．北京：清华大学出版社，2013.

［8］明日科技．Java从入门到精通［M］．4版．北京：清华大学出版社，2016.

［9］杨佩理．Java程序设计基础教程［M］．北京：机械工业出版社，2009.

［10］迟勇，赵景晖．Java语言程序设计［M］．4版．大连：大连理工大学出版社，2021.